孙卫东　尚学东　主编

鸡病诊疗
与处方手册

JIBING ZHENLIAO
YU CHUFANG SHOUCE

化学工业出版社
·北京·

图书在版编目（CIP）数据

鸡病诊疗与处方手册/孙卫东，尚学东主编. —北京：
化学工业出版社，2019.10
ISBN 978-7-122-35234-7

Ⅰ.①鸡…　Ⅱ.①孙…②尚…　Ⅲ.①鸡病-诊疗-手册
②鸡病-处方-手册　Ⅳ.①S858.31-62

中国版本图书馆 CIP 数据核字（2019）第 204766 号

责任编辑：邵桂林　　　　　　　　　装帧设计：史利平
责任校对：宋　夏

出版发行：化学工业出版社（北京市东城区青年湖南街 13 号　邮政编码 100011）
印　　刷：北京京华铭诚工贸有限公司
装　　订：三河市振勇印装有限公司
710mm×1000mm　1/16　印张 11¼　字数 250 千字　2020 年 1 月北京第 1 版第 1 次印刷

购书咨询：010-64518888　　　　　　售后服务：010-64518899
网　　址：http://www.cip.com.cn
凡购买本书，如有缺损质量问题，本社销售中心负责调换。

定　　价：39.80 元　　　　　　　　　　　　　版权所有　违者必究

编写人员名单

主　　　　编　孙卫东　尚学东

副　主　编　陈　甫　樊彦红　俞向前　叶佳欣

其他编写人员　（按姓氏笔画排列）

王　权　王玉燕　王金勇　刘永旺　何成华

余祖功　张　青　张忠海　金耀忠　崔锦鹏

程龙飞　鲁　宁　谭　勋　瞿瑜萍

前　　言

目前养鸡业已经成为我国畜牧业的一个重要支柱产业，在丰富城乡菜篮子、促进社会主义新农村的经济发展、调整农业产业结构、增加农民收入、改善人民生活等方面发挥了巨大的作用。然而集约化、连续式的生产使鸡病越来越多，致使鸡病呈现出老病未除、新病不断，多种疾病混合感染，非典型化疾病、营养代谢和中毒性疾病增多的态势，导致鸡群发病率高、死淘率高、产蛋率低、饲料转化率低、产品质量差，这不但危害了养鸡业的健康发展，直接损害了养鸡者的经济效益，而且由于生产中化药、抗生素药物的大量使用，使很多病原菌产生了耐药性，而且化药、抗生素具有一定的毒副作用，并可通过肉、蛋传给人类，亦成为食品卫生亟待解决的问题，这无疑给我国养鸡业的发展带来新的挑战。

目前广大养鸡者认识鸡病的专业技能和知识相对不足，使鸡场不能有效地控制好疾病，导致鸡场生产水平逐步降低，经济效益不高，甚至亏损，给养鸡者的积极性带来了负面影响，阻碍了养鸡业的可持续发展。对此，我们组织了多年来一直在养鸡生产第一线为广大养鸡场（户）做鸡病防治具有丰富经验的多位专家和学者，在总结鸡病防治现代方案的基础上，结合传统的中草药防治鸡病方剂的扶正祛邪、低毒、副作用小的特点和优势，借鉴了国内外有关鸡病文献的最新研究成果，并结合我国鸡场疾病发生的新特点，既注重各种鸡病简易鉴别诊断，又针对我国鸡场在疾病控制方面存在的薄弱环节，突出了传统良方和现代临床方案的有机结合在鸡场疾病控制中的作用，编写了这本《鸡病诊疗与处方手册》。

书中涉及鸡病的流行特点（病因）、临床症状、病理剖检、诊断及防治等方面的内容，引经据典、博采众家之长，结合作者从事兽医临床观察所得，综合归纳浓缩而成；传统良方来源，既收集整理在专业学术杂志上公开发表的论文，又对民间兽医使用的经方、验方、土法、土方进行收集、分析、甄别、整理，同时，收入作者从事兽医临床中所用传统良方的诊疗经验；现代临床方案则注重其临床的实用性和实效性。在编写过程中，既注重科学性、实用性、系统性、中西兽医结合的现代性及古为今用，又着重突出通俗实用、操作简便、易学易懂、疗效确实，力求让广大养鸡者一看就懂，一学就会，用后见效。本书可供鸡场饲养者、鸡场兽医和为鸡场提供兽医技术服务的临床兽医使用，亦可作为教学、科研人员的参考资料。

在编写本书时，编者虽然百般努力，力求广采博取，但由于水平所限，仍难免挂一漏万，珠砂并蓄。在此，笔者除向为本书提供资料、支持本书编写的同仁深表感谢外，还望各位前辈、广大读者和同行们对不妥之处给予指出，以便以后有重印或再版机会时予以修订补充。

在这本书即将付印之际，笔者要向本书的责任编辑对本书提出的宝贵意见表示衷心的感谢。书中引用的其他资料由于篇幅有限未能一一列出，在此谨一并表示谢意。

孙卫东

2019 年 11 月于南京农业大学

目　录

第三章　鸡普通病及疑难杂症的诊疗与处方

参考文献

第一章　鸡病临床诊断与防控基础

要想达到预防、控制、治疗鸡场疾病的目的，必须要对鸡病作出迅速、及时、正确的诊断。鸡病的发生和发展受多种因素的影响和制约，在诊断过程中不仅需要具备全面而丰富的疾病防治和饲养管理知识，而且需要规范的临床诊断方法和程序用来收集全面的症状，进行综合分析，避免误诊，为有效地组织和实施对鸡病的防治工作奠定基础。

第一节　鸡病的临床检查

临床检查是感知鸡病的第一步，是及时找出病因，提出有效防治措施的基础性工作。临床兽医应深入现场、亲自询问、实地察看、认真检查，在家禽生产的实际过程中不断解决问题，增长才干。现将常用于鸡病临床检查的临床检查法（"用耳听、用嘴问、用眼看、用鼻闻、用手摸"）简介如下。

一、用　耳　听

1. 听主诉

就是临床兽医认真听取鸡主/鸡饲养者/鸡场技术人员等对发病鸡群情况的叙述。在此过程中，临床兽医可结合查阅生产记录等资料，设法弄清楚以下几方面的问题：

（1）鸡病发生的时间节点　是在换料（水）前/后，是在饮水消毒前/后，是在上笼前/后，转群前/后，是在刚开产、产蛋高峰或淘汰前/后，是在清晨、午后或晚上，是在疫苗免疫前/后，是在饲料（饮水）中添加药物前/后，是在带鸡（场地）消毒前/后，对放养鸡是在下雨前/后等。

（2）病鸡的临床表现　是强壮的鸡还是弱小的鸡首先发病；是否有饮、食欲减少或增加；是精神沉郁还是精神兴奋；是否伴有咳嗽、喘息、呼吸困难、腹泻、尖叫、产蛋下降、运动姿势异常等症状；病鸡是否是无任何临床表现而突然死亡等。

（3）疾病发生后的进展　此次鸡群发病是群发还是散发；邻近鸡舍及附近鸡场是否有类似疾病的发生；患病鸡从发病到死亡的时间（潜伏期）有多长；目前鸡群与开始发病时病程度是减轻还是在不断加重；有无原有症状的消失或新病状的出现；是否对环境或鸡群进行消毒；是否进行某种疫苗的紧急接种；是否经过药物治疗，用什么药物治疗，其效果如何；是否进行饲料或饮水的更换，效果如何等。

（4）计算鸡群的发病率、死亡率、病死率　根据主诉人/生产记录提供的鸡群的总只数、发病病例数、死亡病例数分别进行计算，即：发病率＝鸡群的发病病例数/鸡群的总只数；死亡率＝鸡群的死亡病例数/鸡群的总只数；病死率＝鸡群的死亡病例数/鸡群的发病病例数。将以上计算出的数据绘制成鸡群的发病曲线图，以此判断其发病是符合疫病（如传染病）曲线还是中毒病曲线（图1-1）。

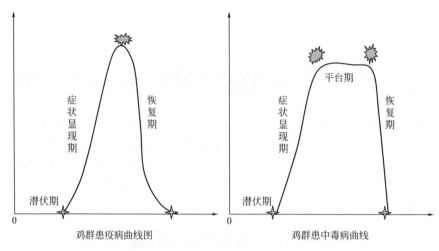

图 1-1 患病鸡群的发病率曲线图

在听主诉的过程中，针对主诉人所估计到的致病原因（是否与饲喂不当、换料、受凉、免疫失败、周围的传染等），应查阅相应的生产记录（如免疫记录、消毒记录、病原及免疫抗体检测记录、兽药使用记录、病死鸡无害化处理记录等）进行核实，同时将在对病鸡进行进一步检查中获得的信息及实验室检验项目的结果与主诉人的叙述进行比较，避免因主诉人的人为想象和主观认定带来的负面影响，达到去伪存真的目的。

2. 听鸡群的呼吸、鸣叫声

健康鸡的鸣声清脆，公鸡则鸣声响亮，进入产蛋高峰期的母鸡则发出明快的"咯咯哒——咯咯哒"声。发病鸡则鸣声低哑，或间杂呼吸啰音、呼噜声、怪叫声与咳嗽。病鸡叫声嘶哑、咳嗽的鉴别诊断（表1-1）。有经验的饲养者/兽医技术人员常把"夜晚听声、清早看粪"作为观察鸡群健康的基本方法之一。

表 1-1　病鸡叫声嘶哑、咳嗽的鉴别诊断表

声音变化	伴随临床表现	疑似病症
叫声嘶哑、咳嗽	口、鼻排出黏液、摇头、伸颈，张口呼吸，喉部发出"咯咯"声，打喷嚏，冠髯呈暗红色，体温升高，高死亡率；剖检见腺胃乳头出血，鼻腔、喉气管内充满黏液，黏膜充血、出血，心冠脂肪出血	呼吸型新城疫
	头部、颈部及声门出现水肿，伴呼吸湿啰音，发病突然，体温升高，眼睛潮红充血，流泪，有神经症状，高死亡率；剖检见腺胃乳头出血，气管环出血，肠道出血严重，心肌坏死，心冠脂肪出血，喙变紫，跖骨鳞片出血	慢性或亚急性高致病性禽流感
	雏鸡几乎全群同时发病，表现流鼻液、流泪、咳嗽、打喷嚏、呼吸费力，伸颈，张口喘息，死亡率因防控措施是否及时有很大差异；产蛋鸡约经1天波及全群，表现张口呼吸，不时有鸡咳嗽、打喷嚏，发出"喉喉"的声音，继而产蛋下降，出现畸形蛋。剖检见气管黏膜覆有淡黄色透明分泌物/白色痰状栓子，并自上而下逐渐充血潮红	鸡传染性支气管炎
	吸气时，头、颈前伸，眼半闭或全闭，尽力吸气，同时可听到"咯咯"声或啰音；当痉挛咳嗽时，猛烈摇头，常咳出带血的黏液，冠发紫，产蛋量急剧下降，病鸡多因窒息死亡；剖检见喉部及气管由黏液性炎症到黏膜出血、坏死形成的干酪样物质	鸡传染性喉气管炎

声音变化	伴随临床表现	疑似病症
叫声嘶哑、咳嗽	病初流黏性鼻液,2～3天后在口腔、咽喉和气管黏膜的表面生成白色的小结节,后增大形成黄色干酪样假膜("白喉"),伴呼吸干啰音,成年鸡死亡率一般在5%左右,雏鸡严重发病时死亡率可达50%	黏膜型(白喉型)鸡痘
	鼻窦发炎,先流出水样液体,继而流出浓稠样并有难闻气味的黏液,患鸡常摇头或以爪搔鼻部,颜面肿胀,当炎症蔓延至气管和肺部时,病鸡呼吸困难并伴有啰音	鸡传染性鼻炎
	呼吸困难,伴呼吸啰音;剖检见心包炎,肝周炎,气囊炎,心包积液;在麦康凯琼脂培养基上长出红色大菌落	鸡大肠杆菌病
	咳嗽,流涕,流泪,眼睑肿胀,结膜炎,鼻窦炎,气喘,逐渐消瘦,气囊浑浊增厚,有较多的黏液和絮状分泌物	鸡败血支原体病
	摇头,喉头发出"咔咔"声,驱赶后张口呼吸,消瘦,贫血;剖检可见虫体;镜检可见虫卵	鸡气管比翼线虫病
	呼吸困难,常伸颈张口吸气,细听有气管啰音,有时摇头,连续打喷嚏;剖检见肺脏有同心圆样肉芽肿结节	鸡曲霉菌病
	鸣叫,盲目运动,站立不稳,惊厥,极度兴奋,呼吸困难;有采食过量食盐且饮水不足的病史	食盐中毒
叫声停止	张口无音	见于濒死期的鸡

二、用 嘴 问

就是临床兽医以询问的方式向鸡主/鸡饲养者/鸡场技术人员等了解发病鸡群情况的检查方法。在此过程中,临床兽医主要应问清楚鸡/所用饲料/兽药/疫苗的来源(表1-2),鸡所处的环境状况及饲养管理(表1-3),鸡群的既往病史和现病史(表1-4)。

表1-2 问清楚鸡/所用饲料/兽药/疫苗来源部分项目的参照表

类别	项目	认症时参考
苗鸡/蛋鸡/种鸡	品种	一般引进的或地方培育的优良品种生产性能较好,土种较差
	厂家	无特定病原的正规厂家较好,非正规的厂家或土法上马的厂家较差
	接雏情况	根据距离合理安排,一般亲自接雏较好,而批发到户较差
	雏鸡7日龄内患病	一般考虑接雏途中受寒、受热("出汗"),育雏管理不善,种鸡健康状况不佳,种蛋储存时间过长,孵化场卫生消毒不严等
	上笼情况	上笼前鸡群体重达标,整齐度均一较好;反之则差
	上笼后7天内患病	一般考虑各种因素造成的应激,管理措施不到位等
饲料原料/饲料添加剂/预混料/全价饲料	品牌	一般国际品牌/国内知名品牌的产品质量较好,不知名/或无品牌的产品质量较差
	厂家	经过国际/国内质量认证的正规厂家较好,非正规的厂家或土法上马的厂家较差
	是否霉变/变质	重点检查能量饲料的霉变,蛋白质饲料的腐败变质等
	是否含违规药物	重点检查是否添加违规激素、抗生素类饲料添加剂等
	饲料配方	计算营养物质是否平衡,尤其注意蛋鸡的钙磷比例、饲料中食盐的含量等

类别	项目	认症时参考
兽药/疫苗	品牌	一般国际品牌/国内知名品牌的产品质量较好,不知名/或无品牌的产品质量较差
	厂家	经过 GMP 质量认证的正规厂家较好,非正规的厂家或土法上马的厂家较差
	标识是否完整	重点检查包装的内外标识内容是否一致,是否符合国家的相关规定
	是否霉变/变质/过期	重点检查产品是否有破损、霉变、沉淀(分层)、过期等情况
	是否含违规成分	重点检查其产品中是否有与标识不相同的成分及为提高疗效而添加的国家已经明令禁止的物质等

表 1-3 问清楚鸡所处的环境状况及饲养管理部分项目的参照表

类别	项目	认症时参考
饲养环境	饲养方式	网上平养或笼养有利于切断粪传染源,地面平养则差;全封闭鸡舍易于鸡舍内环境的控制,但造价和运行成本较高,简易鸡舍造价低,但鸡舍内环境的控制较难
	温度/湿度/光照/通风	给鸡创造适合其发挥最佳生产性能的环境,需要安装与之配套的防暑降温、防寒保暖、照明和通风的设备/设施及必要的特殊情况下能立即使用的应急设备/设施
	鸡舍内外/舍内器具的清洁	每周/天舍内外的清扫、消毒次数,水槽、食槽的清洗、消毒次数等
	鸡舍周围的环境	了解附近厂矿的三废(废水、废气、废渣)的排放、处理情况及其环境卫生学的评定结果
饲养管理	饮水	检查鸡舍内是否断水、缺水;水线的水位是否保存一致,水线的压力是否满足鸡群饮水的需求,水线的乳头出水是否流畅;水线中的水质如何,是否经过严格消毒
	采食	监测采食量的变化是否符合所饲养鸡种的饲养手册规定的标准,以便及时查找原因
	饲养密度	密度大,易诱发呼吸道疾病、啄癖的发生,不利于鸡最佳生产性能的发挥
	清粪是否及时	若不及时会引起有害气体浓度超标,损伤鸡的黏膜组织,诱发呼吸道疾病等的发生
	后备鸡的发育情况	可初步判断鸡场管理的综合水平
	饲养人员的责任心	可初步判断人为因素对鸡饲养及疾病的影响
	管理制度的执行	平时是否按已制定的正确合理的饲养、管理制度进行生产

表 1-4 问清楚鸡群的既往病史和现病史

类别	项目	认症时参考
既往病史	平时疫苗免疫情况	免疫程序、免疫方法、疫苗种类、使用剂量等是否合理
	是否为疫区	过去是如何扑灭的,是否采取过加强免疫的措施等
	曾用药情况	以往鸡群的用药情况,疗效如何;在药物疗效不佳的情况下是否进行药敏试验等

类别	项目	认症时参考
现病史	发病日龄	任何日龄均易发生的疾病(如新城疫、禽流感、传染性支气管炎、大肠杆菌病、慢性呼吸道病等),0～3周龄易发生的疾病(如胚胎病、沙门氏菌病、禽脑脊髓炎、传染性法氏囊炎、球虫病等),4～20周龄易发生的疾病(如传染性喉气管炎、禽霍乱、传染性鼻炎、马立克氏病、淋巴白血病、球虫病、传染性法氏囊病等),产蛋高峰期易发的疾病(如笼养鸡产蛋疲劳综合征、产蛋下降综合征、禽脑脊髓炎、传染性喉气管炎、禽霍乱、卵黄性腹膜炎等)
	发病前鸡群的处理情况	是否换料(水),饲喂制度发生变化,是否上笼,是否进行免疫接种等
	是否具有传染性	可根据传播速度初步判断是否为传染病,如鸡传染性支气管炎就是传播迅速的呼吸道传染病;了解附近鸡场的疫情,有无传入的可能等
	健壮鸡是否发病	若健壮鸡首先发病,可考虑中毒病的可能
	用药情况	当前已用药物是否合理、有效,用药过程中是否根据病情/病程的变化调整药物的使用,用药方式是否考虑到整群与个体用药相结合等
	死亡率、淘汰率	死淘率高时,应考虑重症疫病、中毒病、营养代谢病、混合感染等

三、用 眼 看

在听完主诉和问诊之后,应对鸡群的群体的状态进行观察。观察时往往先在鸡舍的一角或运动场外在不惊扰鸡群的情况下直接观察,重点查看鸡群的情况,必要时可将其中个别有代表性的(病)鸡挑出,仔细检查。观察时着重观察鸡群的精神状态、运动姿势、呼吸姿势、排泄物(粪便)的性状。

1. 看精神状态

健康鸡的精神活泼,听觉灵敏,白天视力敏锐,周围稍有惊扰便伸颈四顾,甚至飞翔跳跃,鸣声响亮,食欲良好,翅膀收缩有力,紧贴躯干,神志安详。鸡群的异常精神状态的初步诊断印象(表1-5)。

表1-5 鸡群的异常精神状态的初步诊断印象

精神状态	伴随临床表现	疑似病症
精神沉郁	食欲减少或废绝,两眼半闭,缩颈垂翅,尾羽下垂,早晨不离栖架,或蹲伏在舍内一角,或伏卧在产蛋箱内,体温显著升高	见于某些急性传染病、寄生虫病、营养代谢病等,如鸡新城疫、鸡传染性法氏囊病、急性禽霍乱、鸡球虫病、维生素 E/硒缺乏症等
精神极度委顿	食欲废绝,缩颈闭目、蹲卧伏地、不愿站立	见于濒死期的鸡
精神兴奋	不安尖叫、两翅剧烈拍打向前奔跑	见于肉鸡猝死综合征、一氧化碳中毒、氟乙酰胺中毒等
旁视	一侧眼睛失明,视力障碍	见于眼型马立克氏病、禽脑脊髓炎、一侧性细菌性眼炎、异物损伤等
炸群		见于有鼠害、噪声等引起的惊扰
精神尚可,蹲伏于地	运动障碍,常借助翅膀或跗关节着地向前行走	见于由传染病、营养代谢病或外伤等引起的腿部疾患,如病毒性关节炎、葡萄球菌性关节炎、佝偻病等

2. 看运动姿势

健康的鸡活动自如，姿势自然、优美，站立有神，行走稳健。鸡的异常运动姿势的初步诊断印象（表1-6）。

表1-6 鸡的异常运动姿势的初步诊断印象

项目	临床表现	疑似病症
"劈叉"姿势	表现为腿麻痹,不能站立,一肢前伸,一肢后伸	见于鸡马立克氏病
"观星"姿势	表现为两肢不能站立,仰头蹲伏	见于鸡维生素 B_1 缺乏症
"趾蜷曲"姿势	表现为两肢麻痹或趾爪蜷缩、瘫痪、不能站立	见于鸡维生素 B_2 缺乏症
"企鹅式"站立或行走姿势	表现为鸡的重心后移无法掌握平衡所致	见于肉鸡腹水综合征、蛋鸡输卵管积水、蛋鸡卵巢腺癌,偶见于鸡卵黄性腹膜炎
"鸭式"步态	表现为行走时像鸭走路一样,行走摇晃,步态不稳	见于鸡前殖吸虫病、球虫病、严重的绦虫病和蛔虫病
两腿呈"交叉"站立或行走姿势	运动时则跗关节着地	见于鸡维生素E缺乏症、维生素D缺乏症,也可见于鸡弯曲杆菌性肝炎等
行走间或呈蹲伏姿势	两腿行走无力	见于鸡佝偻病、成年鸡骨软病、笼养鸡产蛋疲劳综合征、葡萄球菌/链球菌性关节炎、传染性病毒性关节炎、肌营养不良、骨折、一些先天性遗传因素所致的小腿畸形等
滑腱症	站立时患腿超出正常的位置,行走时跛行	见于鸡锰缺乏症
向一侧倒伏	伴随头部震颤、抽搐	见于禽传染性脑脊髓炎
扭头曲颈	伴有站立不稳及翻转滚动等姿势	见于神经型新城疫、细菌性脑膜脑炎、维生素E缺乏症等

3. 呼吸姿势

健康鸡的呼吸自如，姿势自然，呼吸频率为20～35次/分钟。病鸡则会出现甩头（摇头）、伸颈、张口呼吸、气喘、呼吸困难等异常姿势。

4. 看排泄物（粪便）的性状

在健康鸡的粪便中混有尿的成分，刚出壳尚未采食的幼雏，排出的胎粪为白色或深绿色稀薄液体。成年健康鸡的粪便呈圆柱状、条状，多为棕绿色，粪便表面附有少量的白色尿酸盐。一般在早晨单独排出来自盲肠的黄棕色糊状粪便，有时也混有少量的尿酸盐。鸡粪便的异常往往是疾病的征兆，其异常的初步诊断印象见表1-7。

表1-7 鸡异常粪便的初步诊断印象

形态	病因/临床表现	疑似病症
白色粪便	尿酸盐增多	见于鸡白痢、鸡肾型传染性支气管炎、鸡传染性法氏囊病、鸡内脏型痛风、磺胺药物中毒、铅中毒等
红色粪便	肠道出血	见于鸡球虫病

形态	病因/临床表现	疑似病症
肉红色粪便	粪便呈肉红色,成堆如烂肉样	见于鸡绦虫病、蛔虫病、鸡球虫病和出血性肠炎的恢复期
绿色粪便	因胆汁不能够在肠道内充分氧化而随肠道内容物排出形成	见于鸡新城疫、禽流感
黄色粪便	由肠道壁发生炎症,吸收功能下降而引起	见于球虫病之后,或由堆型/巨型艾美球虫病同时激发厌氧菌或大肠杆菌感染而引起
黑色粪便	上消化道、胃、肠道前段出血后,血红蛋白被氧化	见于鸡小肠球虫病、鸡肌胃糜烂症、上消化道的出血性肠炎
水样粪便	高温,饲料/饮水食盐含量高,饲料中钙含量过高,肾脏功能损伤	见于鸡食盐中毒、蛋鸡水样腹泻、肾型传染性支气管炎等
硫黄样粪便		见于鸡组织滴虫病
饲料便	表现为鸡排出的粪便和饲喂的饲料没有什么区别	见于鸡饲料中小麦的含量过高或饲料中的酶制剂部分或全部失效,偶见于鸡消化不良

四、用鼻闻

首先可对鸡吃的饲料用鼻嗅闻,以判断其是否因霉烂变质而散发出的霉味、腐败味,其次可对鸡喝的饮水用鼻嗅闻,以判断其是否因饮水器具/饮水线长期未消毒或添加药物而散发出的馊味、青苔味、药物味等,第三可对鸡舍内的气味用鼻嗅闻,以判断鸡舍内有害气体的蓄积情况,最后可对病鸡的排泄物/分泌物用鼻嗅闻,以判断其是否因组织细胞的变性、坏死、脱落而散发出的特殊腥臭味,为下一步判断疾病的病因而奠定基础。

五、用手摸

在进行上述检查后,可挑选有代表性的病鸡用手触摸。触诊的内容包括:机体体表的温度、湿度、皮肤的肿胀物、皮下组织的状态、胸廓及腹部内脏器官的状态等。触诊可从头部开始,逐步触摸头颈部(颈部皮下是否出现气肿/皮下水肿、嗉囊是否出现积食)、胸廓及翅、腹部、腿和关节。一般检查后的病鸡不宜放回原鸡舍,应对其做进一步的病理剖检、实验室检验或作其他的无害化处理。

第二节 鸡病的诊断

鸡病诊断过程中,要正确处理个体与群体、部分与整体的关系,尽力找出鸡群中最为重要的问题,不能只关注个别鸡的没有代表性的症候。鸡病的诊断方法包括:现场诊断、病理学诊断和实验室诊断,实验室诊断又包括微生物学诊断和免疫学诊断。

一、现场诊断

是通过对发病现场鸡群病史、环境的调查,对发病鸡的精神状态、饮食情况、粪便、运动状况、呼吸情况等进行观察，对某些疾病作出初步诊断。

1. 病情调查

同熟悉情况的饲养员等相关人员详细了解通风、喂料和给水系统、生产/产蛋的详细记录、饲料消耗、饲料配方、体重、照明方案、断喙工作、育雏和饲养程序、日常用药和免疫接种、日龄、病前的情况、异常天气或养鸡场的异常事态及养鸡场的位置状况等，各种管理情况记录等均是很重要的线索。若鸡群发病突然，病程短，病鸡数量多或同时发病，可能是急性传染病或中毒病；如果发病时间较长，病鸡数量少或零星发病，则可能是慢性病或普通病。如果一个鸡舍内的少数鸡发病后在短时间内传遍整个鸡舍或相邻鸡舍，应考虑其传播方式是经空气传播，在处理这类疾病时应注重切断传播途径。有些疾病具有明显的季节性，若在非发病季节出现症状相似的疾病，可不考虑该病。如住白细胞原虫病只发生于夏季和秋初，若在冬季发生了一种症状相似的疾病，一般不应怀疑是住白细胞原虫病。应了解养鸡场过去发生过什么重大疫情，有无类似疾病发生，其经过及结果如何等情况，借以分析本次发病和过去发病的关系，如过去发生禽流感疫情，而未对鸡舍进行彻底的消毒，鸡也未进行疫苗防疫，可考虑是否是旧病复发。调查附近家禽养殖场的疫情是否有与本场相似的疫情，若有，可考虑空气传播性传染病，如新城疫、流感、传染性支气管炎等。若鸡场及周围场饲养有两种以上禽类，单一禽种发病，则提示为该禽的特有传染病；若所有家禽都发病，则提示为家禽共患的传染病，如禽霍乱、流感等。了解鸡群发病前后采用何种免疫方法、使用何种疫苗，通过询问和调查可获得许多对诊断有帮助的第一手资料。

2. 群体检查

在鸡舍内一角或外侧直接观察，也可以进入鸡舍对整个鸡群进行检查。因为鸡胆小、敏感，因此进入鸡舍应动作缓慢，以防止惊扰鸡群。检查群体主要观察鸡群的精神状态、活动状态、采食、饮水、粪便、呼吸及生产性能等。

正常状态下鸡对外界的刺激反应比较敏感，听觉敏锐，两眼圆睁有神，受到外界刺激时家禽头部高抬，来回观察周围动静，行动敏捷，活动自如。勤采食，粪便多表现为棕褐色，呈螺旋状，上面有一点白色的尿酸盐。

患病鸡采食、饮水减少，产蛋下降，薄壳蛋、软壳蛋、畸形蛋增多，发病鸡羽毛蓬松，翅、尾下垂，闭目缩颈，精神委顿，离群独居，行动迟缓，粪便颜色形状异常，泄殖腔周围和腹下绒毛经常潮湿不洁或沾有粪便，冠苍白或发绀，肉髯肿胀，鼻腔、口腔有黏液或脓性分泌物，呼吸困难，有喘鸣音，嗉囊空虚或有气体、液体。

3. 个体检查

通过群体检查选出具有特征病变的个体进一步做个体检查。体温变化是鸡发病的重要标志之一，可通过用手触摸鸡体或用体温计检查，正常鸡体温40～42℃，当有热源性刺激物作用时，体温中枢神经机能发生紊乱，产热和散热的平衡受到破坏，产热增多，散热减少而使体温升高，出现发热。正常状态下冠和肉垂呈鲜红色，湿润有光泽，用手触诊有温热感觉，检查冠、肉髯及头部无毛部分的颜色，是否苍白、发绀、发黄、出血及出现痘疹等现象，手压是否褪色；检查眼睛、口腔、鼻孔有无异常分泌物，口腔黏膜是否苍白、充血、出血，口腔与喉头部有无假膜或异物存在；听呼吸有无异常并压迫喉头和气管外侧，看能否诱发咳嗽；顺手触摸嗉囊有无积食、积气、积液；触摸胸、腿部肌肉是否丰满，并观察关节、骨骼有无肿胀等。最后检查被毛是否清洁、紧密、有光泽，并视检泄殖腔周围及腹下绒毛是否有粪污，检查皮肤的色泽、外伤、肿块及寄生虫等。

4. 病鸡的个体检查和与鸡病的初步诊断

（1）羽毛　羽毛是鸡皮肤特有的衍生物，刚出壳的雏鸡体表覆盖有均匀纤细的绒毛；成年健康鸡羽毛紧凑、平整、整洁、光滑且富有光泽。病鸡则羽毛逆立、蓬松，污秽，缺乏光泽，换羽提前或延迟。羽毛可见的异常变化有：

① 羽毛蓬松、污秽、无光泽　见于鸡副伤寒、慢性禽霍乱、鸡大肠杆菌病、鸡绦虫病、蛔虫病、吸虫病、维生素 A 缺乏症、维生素 B_1 缺乏症等。

② 羽毛蓬松、逆立　见于鸡的热性传染病引起的高热、寒战，如鸡新城疫、鸡传染性法氏囊病等。

③ 羽毛变脆、断裂、脱落　表现为鸡在非换羽季节的羽毛折断和脱落。见于鸡的啄癖、外寄生虫病（林刺膝螨、疥癣）、锌缺乏症、生物素缺乏症等。也可见于鸡自身啄羽、笼养鸡颈部羽毛脱落是与鸡笼摩擦的结果。

④ 羽毛稀少或脱色　见于鸡的叶酸缺乏症；也可见于鸡泛酸缺乏症、维生素 D 缺乏症。

⑤ 羽轴的边缘卷曲，且有小结节形成　见于鸡锌缺乏症、维生素 B_2 缺乏症或某些病毒的感染。

⑥ 羽虱　检查时用手逆翻头部、翅下及腹下的羽毛，可见到淡黄色或灰白色的针尖大小的羽虱在羽毛、绒毛或皮肤上爬动。

⑦ 羽毛囊炎　表现为羽毛囊处肿大，且有炎性渗出物渗出，见于皮肤型马立克氏病。

⑧ 纯种鸡长出异色羽毛　见于鸡的遗传性变异、一些营养素（如铁、铜、叶酸、维生素 D 等）的缺乏等。

⑨ 羽毛生长延迟　见于雏鸡的叶酸、泛酸、生物素、锌、硒等的缺乏。

（2）皮肤　鸡的皮肤较薄，没有汗腺和皮脂腺，有尾脂腺。皮肤的颜色因品种而异。检查时用手逆翻躯体各部分的羽毛，观察皮肤的色泽及其体表的肿胀物及皮下组织状态。常见异常变化有：

① 外伤　常见于母鸡的背部损伤，一般是在自然交配时被公鸡抓伤。

② 皮炎　传染性皮炎常引起皮肤坏死，如鸡葡萄球菌感染、皮肤型鸡痘；营养性皮炎（皮肤粗糙、有裂纹）见于鸡生物素或泛酸缺乏症。

③ 皮肤肿瘤　见于皮肤型鸡马立克氏病。

④ 皮下气肿　常发生在头、颈或身体的前部，手触有弹性；见于由阉割、剧烈活动等引起的气囊破裂使气体逸出至皮下所致。

⑤ 皮下水肿　见于雏鸡渗出性素质，多由硒/维生素缺乏引起。

⑥ 皮下黏液性水肿　见于鸡食盐中毒、饲料中棉籽饼的含量过高。

⑦ 皮下弥漫性出血　见于维生素 K 缺乏、住白细胞虫病等。

⑧ 蓝紫色斑块（尤其在腹部皮肤）　见于硒/维生素 E 的缺乏症、鸡葡萄球菌感染、坏疽型皮炎或尸绿。

⑨ 跖骨鳞片出血　见于禽流感。

⑩ 体癣、黄癣、毛囊癣　原因不明。

⑪ 跖骨鳞片发绿　原因不明。

（3）喙　鸡的喙是皮肤的衍生物，鸡的喙为锥形体。喙的异常变化有：

① 橡皮喙　表现为喙柔软如橡皮一样富有弹性，可弯曲成相应的形状，见于雏鸡佝偻病；也可见于腹泻或肠道寄生虫感染所致的钙磷吸收障碍。

② 喙的灼伤表现为喙上有一些结痂，见于喙被热（如烙铁）或化学物质灼伤。

③ 蛋鸡上喙过短或下颌过长多由断喙时所切位置不当所致。

④ 喙尖色泽发紫见于鸡传染性喉气管炎、鸡传染性支气管炎、禽霍乱、鸡卵黄性腹膜炎，也可见于禽流感、维生素 E 缺乏症、新霉素中毒等。

⑤ 喙色泽淡常见于某些慢性传染病、寄生虫病以及营养代谢病，如鸡马立克氏病、鸡球虫病、绦虫病、维生素 E/硒缺乏症等。

⑥ 喙交叉畸形多因遗传因素所致，宜淘汰。

（4）口腔及口角　健康鸡的口腔湿润，黏膜呈灰红色，口腔内温度适宜，口腔及上腭裂无异物。病鸡则口腔温度、湿度、黏膜颜色、上腭等发生明显的变化。

① 口腔内温度升高、干燥见于鸡急性热性传染病及口腔炎症，如鸡新城疫、禽流感、口炎等。

② 口腔内温度过低见于慢性传染病、寄生虫病以及慢性中毒所致的严重贫血；也可见于濒死期的鸡。

③ 口腔黏液、唾液分泌增加见于鸡新城疫、白色念珠菌感染、有机磷农药中毒、口炎等。

④ 口腔流涎，并伴有大蒜味见于散养鸡误食喷洒有机磷农药的蔬菜、谷物等引起的中毒。

⑤ 口腔或口角流血见于敌鼠钠中毒、鸡住白细胞虫病，偶见于鸡传染性喉气管炎。

⑥ 口腔或口角流出煤焦油样液体见于鸡肌胃糜烂症。

⑦ 口腔黏膜有黄白色隆起的小结节见于鸡维生素 A 缺乏症、烟酸缺乏症。

⑧ 口腔黏膜形成黄白色干酪样假膜或溃疡见于鸡白色念珠菌病；也可见于白喉型鸡痘。

⑨ 口腔上颚内有淡黄色干酪样物质见于鸡维生素 A 缺乏症、鸡波氏杆菌病，偶见于鸡传染性鼻炎。

⑩ 口腔外部及口角形成黄白色假膜见于鸡霉菌性口炎。

（5）鸡冠、肉髯、耳垂　正常鸡冠、肉髯及耳垂是鸡身体上无羽毛的部位，是由皮肤褶所形成的。鸡冠、肉髯、耳垂的异常变化有：

① 鸡冠、肉髯色泽苍白见于鸡考氏住白细胞虫病（白冠病）、鸡马立克氏病、鸡淋巴白血病、鸡传染性贫血、鸡结核病、鸡伤寒、鸡副伤寒、慢性鸡白痢、严重的绦虫病、蛔虫病、鸡的内出血（如肝破裂）、饲料中某些微量元素（如铁、钴）的缺乏。另外也见于产蛋高峰期的健康鸡。

② 鸡冠、肉髯发绀，触之高热见于鸡新城疫、禽流感、鸡传染性喉气管炎、禽霍乱、鸡李氏杆菌病、肉鸡腹水综合征等，也可见于鸡盲肠肝炎、鸡有机磷农药中毒。

③ 鸡冠、肉髯呈紫黑色，温度降低见于濒死的鸡。

④ 鸡冠、肉髯呈樱红色见于鸡一氧化碳中毒。

⑤ 鸡冠、肉髯呈蓝紫色见于鸡亚硝酸盐中毒、鸡蝰乙醇中毒、鸡亚硒酸钠中毒、鸡有机磷农药中毒、禽霍乱、成年鸡的维生素 B_1 缺乏。

⑥ 鸡冠、肉髯、耳垂有棕色或黑褐色结痂见于皮肤型鸡痘，也可由鸡的相互争斗啄伤所致。

⑦ 鸡冠、肉髯有一层黄白色鳞片状结痂，呈白色斑点或斑块状见于鸡皮肤真菌病（冠癣）。

⑧ 肉髯肿大、肥厚见于慢性禽霍乱、鸡传染性鼻炎、鸡黄脂瘤病、鸡的类脂肪中毒、鸡结核菌素阳性试验，也可见于肉鸡肿头综合征。

⑨ 鸡冠、肉髯发育不良或缩小见于鸡马立克氏病、鸡淋巴白血病或其他肿瘤性疾病、严重的寄生虫病、蛋白质缺乏症等。

⑩ 鸡冠倾倒见于去势的公鸡和停产母鸡。

（6）眼睛　鸡的眼睛包括上下眼睑和第三眼睑以及眼球等。检查时应首先观察眼睛的形状和清洁度，正常鸡的眼睛圆而有神。其异常变化为：

① 眼睑肿胀、流泪见于鸡传染性鼻炎、鸡传染性喉气管炎、慢性禽霍乱、鸡败血霉形体病、鸡大肠杆菌病眼炎，鸡舍内福尔马林气体、煤油燃烧气体以及氨气的刺激，也可见于鸡维生素 A 缺乏、禽流感、鸡嗜眼吸虫病、鸡眼内线虫病。

② 眼睑肿胀、瞬膜下形成球状干酪样物见于雏鸡霉菌性眼炎；眼结膜内有隆起的小溃疡灶及不易剥离的豆腐渣样渗出物，见于白喉型鸡痘；眼结膜内有黄白色凝块，见于鸡维生素 A 缺乏症。

③ 眼结膜充血、潮红见于鸡的急性热传染病。

④ 眼结膜充血或眼内出血见于鸡住白细胞虫病，也可见于禽流感，偶见于眼睛外伤。

⑤ 眼结膜有黏性或脓性分泌物见于雏鸡大肠杆菌性眼炎、衣原性眼炎、鸡副伤寒、雏鸡的生物素及泛酸缺乏症。

⑥ 眼结膜有出血斑点见于禽流感。

⑦ 眼结膜苍白见于慢性传染病及严重的寄生虫病，如鸡马立克氏病、鸡淋巴白血病、鸡传染性贫血、鸡结核病、鸡伤寒、鸡副伤寒、慢性鸡白痢、严重的绦虫病、蛔虫病、鸡的内出血（如肝破裂）。

⑧ 角膜混浊、流泪见于氨气灼伤；也可见于鸡维生素 A 缺乏。

⑨ 虹膜褪色、瞳孔缩小见于鸡马立克氏病；也可见于鸡的有机磷中毒。

⑩ 瞳孔散大见于阿托品中毒；也可见于濒死期的鸡。

⑪ 瞳孔反射消失、晶状体浑浊见于禽脑脊髓炎。

⑫ 眼的切迹综合征表现为眼睑上出现一个小痂或糜烂，然后发展成裂纹，一侧还贴附着一小片肉，多见于笼养产蛋鸡，目前病因不清。

（7）鼻腔和鼻液　鸡有两个互相连通的狭窄而呈圆形的鼻孔，位于上喙基部背侧。检查时可用右手固定鸡头，先看两侧鼻孔周围是否清洁，然后用左手拇指和食指稍用力挤压两鼻孔，观察鼻孔内有无分泌物或异物。其异常变化有：

① 鼻腔有多量黏液脓性或浆液性分泌物见于鸡传染性鼻炎、鸡传染性支气管炎、鸡传染性喉气管炎、鸡败血霉形体病、鸡大肠杆菌病、雏鸡曲霉菌病、慢性禽霍乱、禽流感、鸡慢性呼吸道病。

② 鼻腔有牛奶样或豆腐渣样分泌物见于鸡维生素 A 缺乏症、鸡传染性鼻炎。

(8) 眶下窦　眶下窦又称上颌窦，为一略呈三角形的小腔，有口与鼻腔相通。常见的异常变化有眶下窦肿胀：见于鸡慢性呼吸道病、鸡支原体病、鸡传染性鼻炎。

(9) 颈　鸡的颈部一般较长，由颈椎、肌肉、神经、皮肤和羽毛等组成，呈"S"形弯曲，运动灵活。颈部的异常变化有：

① 扭颈表现为禽的颈部不自主地向侧方、背侧方扭动，见于神经型鸡新城疫、大肠杆菌性脑膜脑炎、沙门氏菌性脑膜脑炎、寄生虫性脑膜脑炎、维生素 E 缺乏症、颈椎侧突凸出压迫神经等。

② 软颈表现为禽的颈部发软，不能抬起或平铺于地，见于鸡采食了含肉毒梭菌毒素的饲料而引起的中毒。

③ 颈部皮下气肿表现为颈部膨大，触压后很快恢复，触诊有捻发音，见于颈气囊或锁骨间气囊受外力作用破裂而使气体溢至皮下而引起。

④ 颈部肿胀物见于颈部的纤维瘤。

⑤ 皮下或颈下出血见于磺胺中毒。

(10) 嗉囊　鸡的嗉囊位于颈基部的胸腔入口之前，略偏于右侧，是食管扩大形成的，食物充满时呈纺锤形。检查时，用手触摸嗉囊内容物的数量及其性质，如水分、黏液、饲料、气体及异物等。健康鸡喂食后不久，嗉囊饱满而坚实，随后逐渐排空。嗉囊的异常变化有：

① 嗉囊积液、触之有波动感见于鸡新城疫、鸡传染性嗉囊炎、白色念珠菌病、鸡有机磷农药中毒，偶见于蛔虫引起的肠阻塞。

② 嗉囊坚硬、缺乏弹性见于嗉囊秘结、异物阻塞，也可见于隔日饲喂的鸡由于暴食过多干粉料所致。

③ 嗉囊触之有捏粉样感觉见于禽霍乱、鸡传染性法氏囊病、禽流感、嗉囊卡他、鸡食入易发酵的饲料。

④ 嗉囊空虚或食物不多见于某些慢性疾病或饲料的适口性差或鸡处于疾病的严重期，如鸡马立克氏病、鸡结核病、鸡盲肠肝炎等。

⑤ 嗉囊过度膨大或下垂见于马立克氏病导致的迷走神经的机能失调。此外，鸡在夏季过热天气、暴食或饮水过度时也可见到类似的情况。

(11) 翅　鸡的翅又称前肢，平时褶皱成"Z"字形紧贴于胸廓，活动时则运动自如。常见的异常变化有：

① 翅下垂表现为一侧或两侧翅下垂，甚至拖地。见于鸡马立克氏病、翅关节炎，也可见于抓鸡方法不当或机械原因所致翅骨骨折或翅关节脱位。

② 翅部皮下黑紫或皮下坏死见于翅部受伤或由梭状芽孢杆菌、葡萄球菌等引起的感染。

(12) 胸部及龙骨　鸡的胸部由胸椎、肋骨、胸骨和乌喙骨及锁骨、肌肉、神经等组成。

① 胸部龙骨"S"状弯曲见于维生素 D 缺乏，钙、磷缺乏或比例不当所致的雏鸡佝偻病。

② 胸腹侧部囊肿见于鸡滑膜霉形体感染，也可见于由饲养管理不善（如鸡运动的平面不平整或硬刺引起的损伤或料槽太低、禽长期卧地吃料等）等引起的损伤。

（13）腹部　正常鸡的腹部丰满，温暖，柔软而有弹性。检查时主要是用手指触诊，以检查其温度、软硬度、弹性和腹腔内脏器官有无异常变化等。其异常变化有：

① 硬脐（脐带炎）表现为雏鸡脐带发炎或呈现硬的结痂，见于鸡的大肠杆菌、沙门氏菌、葡萄球菌等的感染。

② 腹壁疝表现为腹壁受伤使腹腔内的器官突出皮下，临床上较少见。

③ 腹部膨大，触之有波动感多因鸡的腹腔积液所致，见于肉鸡腹水综合征、卵黄性腹膜炎的中后期、肝腹水、蛋鸡的输卵管积水、蛋鸡的卵巢腺癌所致的腹水等；腹部膨大，触之肝的固定位置大大超出胸骨后缘，甚至可达耻骨前缘，多因肝肿大所致，见于鸡的大肝大脾病；蛋鸡触之有软硬不均的物体，温度高且有痛感，见于腹腔中卵子变性所致卵黄性腹膜炎初期；触不到肌胃，多因禽的腹部脂肪过多所致。此外在鸡白痢、鸡伤寒、鸡支原体感染的病例中也可见到腹部膨大。

④ 腹部蜷缩表现为腹部缩小、干燥、发凉、失去弹性，见于禽结核病、鸡白痢、鸡马立克氏病、鸡盲肠肝炎、鸡蛔虫病、鸡绦虫病、鸡吸虫病等。

（14）泄殖腔　泄殖腔是粪道、尿道、生殖道的共同开口。泄殖腔的检查是检查者用左手抓住鸡的两腿，把鸡的两腿倒捻起来，此时应注意观察肛门周围的羽毛是否清洁，如果被稀粪污染（瘫痪鸡除外）是病态的标志。然后用右手指翻开肛门进行检查，主要检查肛门黏膜的颜色、松紧程度、干湿程度和异物等，正处在产蛋期的高产母鸡，肛门呈白色，湿润而松弛；低产或休产鸡，肛门色泽淡黄、干燥而紧缩。泄殖腔的常见异常变化有：

① 泄殖腔周围或局部发红肿胀，并形成一种有韧性、似白喉样的假膜，将假膜剥离后，留下粗糙的出血面见于鸡新城疫、慢性泄殖腔炎。

② 泄殖腔肿胀，周围覆盖有多量黏液状分泌物，其中有少量石灰质见于蛋鸡前殖吸虫病。

③ 泄殖腔明显突出，甚至外翻，并且充血、肿胀、发红或发紫见于高产母鸡或难产母鸡不断强烈努责而引起的泄殖腔脱垂，也可见于鸡的啄肛。

④ 泄殖腔周围的羽毛有稀粪沾污见于鸡白痢、鸡副伤寒、鸡新城疫、鸡大肠杆菌病、鸡传染性法氏囊病、某些寄生虫病等。

（15）关节

① 关节肿胀、触之有热痛感见于关节周围皮肤擦伤而引起的葡萄球菌、链球菌或大肠杆菌感染，也可见于慢性禽霍乱。如关节肿胀并沿肌腱扩散，则见于鸡滑膜霉形体感染。

② 胫跗关节肿大、畸形、长骨短粗质地坚硬见于雏鸡锰缺乏症、生物素缺乏症。

③ 关节肿胀、触之坚硬、无热感见于关节型痛风。

④ 骨关节肿大、骨质变软见于雏鸡佝偻病。

（16）跖骨

① 跖骨上的鳞片隆起，有白色痂片见于鸡突变膝螨病。

② 跖骨增厚和粗大，外观呈雨靴状见于鸡骨瘤。

③ 跖骨上的鳞片出血见于禽流感。

（17）脚爪和肉垫

① 脚爪皮肤干燥见于鸡的 B 族维生素缺乏症或多种原因引起的腹泻，也可见于内脏型痛风。

② 脚爪皮肤发紫或有出血点见于鸡新城疫、禽流感、急性禽霍乱雏鸡维生素 E 缺乏症。

③ 脚爪蜷曲、麻痹见于鸡维生素 B_2 缺乏症、鸡马立克氏病，也可见于成年鸡维生素 A 缺乏症。

④ 脚爪皮肤结痂干裂或脱落见于雏鸡泛酸缺乏症。

⑤ "红掌病"表现为脚垫皮层脱落，已露出真皮，呈红色，故名，见于鸡生物素缺乏症或脚垫受强氧化剂（如高锰酸钾）等腐蚀所致。

⑥ 脚爪和肉垫肿胀化脓多为脚爪受外伤后感染化脓菌（如葡萄球菌）、霉形体所致，鸡舍内垫料过湿也可见到类似的情况。

（18）鸡蛋形态异常或畸形蛋

① 砂壳蛋表现为蛋壳上发生白垩色颗粒状物沉积，蛋壳表面或两端粗糙。见于蛋鸡锌缺乏症、饲料中钙过量而磷不足，也可见于鸡传染性支气管炎、鸡新城疫等，偶见于母鸡产蛋时受到急性应激，使蛋在子宫内滞留时间长，蛋壳表面额外沉积多余的"溅钙"。

② 薄壳蛋常由产蛋母禽的饲料中钙含量不足或钙磷比例失调，或环境急性应激等因素，影响蛋壳腺碳酸钙沉积功能所致。见于笼养产蛋鸡疲劳综合征、骨软症、热应激综合征；也可见于某些传染病和其他营养代谢病，如鸡副伤寒、鸡大肠杆菌病、鸡白痢、鸡新城疫、锰缺乏或过量等。

③ 软壳蛋上述薄壳蛋产生的因素几乎都可能导致软壳蛋的出现。此外，还可见于蛋鸡锌缺乏症。

④ 粉皮蛋表现为蛋壳颜色变淡或呈苍白色，见于蛋鸡新城疫、禽流感等；也可因蛋鸡受营养或环境因素应激后，影响蛋壳腺分泌色素卵嘌呤的功能所致。

⑤ 双壳蛋（即具有两层蛋壳的蛋）见于母鸡产蛋时受惊后输卵管发生逆蠕动，蛋又退回蛋壳分泌部，刺激蛋壳腺再次分泌出一层蛋壳，从而成为双壳蛋。

⑥ 无壳蛋见于由鸡大肠杆菌或沙门氏菌所致的蛋鸡卵黄性腹膜炎；在蛋鸡内服四环素类药物或蛋鸡在产蛋时受到急性应激时也可见到类似的情况。

⑦ 血壳蛋常由于蛋体过大或产道狭窄引起蛋壳表面附有片带状血迹，见于刚开的蛋鸡；也可由蛋鸡蛋壳腺黏膜弥漫性出血所致。

⑧ 裂纹蛋（蛋壳骨质层表面可见明显裂缝）见于蛋鸡锰缺乏症、磷缺乏症。

⑨ 皱纹蛋（即蛋壳有皱褶）见于蛋鸡的铜缺乏症。

⑩ 血斑蛋见于产蛋鸡饲料中维生素 K 不足、苄丙酮豆素等维生素 K 类似物过量等。

⑪ 肉斑蛋见于由大肠杆菌、沙门氏菌等引起的输卵管炎。

⑫ 小黄蛋（即蛋黄体较正常蛋黄小）见于饲料中黄曲霉毒素超标，从而影响肝脏对蛋黄前体物的转运，阻滞了卵泡的成熟。

⑬ 无黄蛋见于异物（如寄生虫、脱落的黏膜组织）落入输卵管内，刺激输卵管的蛋白分泌部，使分泌的蛋白包住异物，然后再包上壳膜和蛋壳形成很小的无蛋黄畸形蛋。也可见于某些病毒严重感染输卵管上部所致，在产蛋鸡多见。

⑭ 双黄蛋见于食欲旺盛的高产母鸡，这是由于两个蛋黄同时从卵巢下行，同时通过输卵管被蛋白蛋壳膜和蛋壳包上，从而形成体积特别大的双黄蛋。

现场诊断时，需将发病史、群体检查和个体检查的结果综合分析，不要单凭个别或少数病例的症状就轻易下结论，以免误诊。在许多情况下，即使有丰富经验的鸡病工作者也很难根据现场观察和检查就可以作出诊断，而必须与其他诊断方法相配合。

二、病理学诊断

发病鸡一般都有一定的病理变化，而且有的疾病具有特征性病变，依据这些病变即可作出初步诊断。但对缺乏特征性病变或急性死亡的病例，需配合其他诊断方法，进行综合分析。

（一）血液采集

在病理学诊断的同时，采集血液样品用于实验室检查。对于大多数鸡来说，采集血样的最简单的方法是翅静脉穿刺。可从翅膀肱骨区的腹面拔取少许羽毛，暴露静脉，这样即在肱二头肌和肱三头肌间的深窝里见到翅静脉。若在局部先用70%酒精或其他无色消毒液涂湿则更明显。心脏采血是在胸骨和剑突之间的前方正中，或从两侧经过肋间，或者顺前后方向经胸腔入口刺入。

对于绝大多数血清学研究来说，2毫升血液所析出的血清足够。血液应无菌采取并置于洁净的容器中，容器要水平放置（或基本平放），直至血液凝固为止。将小瓶置于温箱中可促进血凝。新鲜血样在刚采出后不能立即放入冰箱，因为这样会阻止血凝过程。如欲进行凝集试验，血清不可冷冻，因为这样常引起假阳性反应。

如需要抗凝血样，应将血液注入装有枸橼酸钠、肝素或EDTA抗凝剂溶液的瓶中，并将混合物快速混匀。

如疑有血液寄生虫或血恶病质，应当用清洁的玻片制备全血涂片。为促进快速干燥，可将玻片进行预热。幼雏可刺破腿后内侧的静脉或剪破尚未成熟的鸡冠，采集一滴血液用于制备湿封片或涂片。

（二）病理剖检

病鸡可使用断颈或颈动脉放血致死。剖检前先将死鸡羽毛沾湿，然后将鸡尸体仰卧在解剖台上，依次将两条腿拉开，在两侧腹股沟之间切开皮肤，然后紧握大腿股骨处，向前、向下、再向外折去，直至股骨头和髋臼完全分离，两腿便可以平放在台上。在后腹中部横行切开腹壁，从腹壁两侧向前在椎肋与胸肋连接处剪开肋骨和胸肌，直至剪断乌喙骨和锁骨为止，最后将整个胸壁翻向头部，充分暴露胸腹腔器官。把肝脏与其他器官连接的韧带剪断，将脾脏、胆囊随同肝脏一起取出；再把食管与腺胃交界处剪断，将腺胃、肌胃和肠管一同取出体腔，最后剪喙角，打开口腔，把喉头与气管一同摘出，再将食管、嗉囊一同取出，然后进行详细的病理形态学观察。

应按照系统对所有的器官组织进行全面的检查。

1. 消化系统

口腔中有无黏液、泡沫，黏膜外有无外伤、溃疡，嘴角有无结痂；食管黏膜是否干燥，有无溃疡、脓疱；嗉囊有无食物、液体，黏膜上有无外伤、溃疡、渗出物；腺胃是否肿胀，乳头有无出血，腺胃和肌胃交界处、腺胃与食管移行部有无出血带；肌胃内容物的性状，是否发绿或变黑，有无杂物阻塞，角质膜是否溃烂，剥离角质膜，角质膜下有无出血；肠道是否肿胀，浆膜上有无出血点、白色结节、肿瘤、肉芽肿等。剖开肠管，注意内容物的性状，有无红色胶冻样内容物或干酪样栓子，盲肠有无出血，肠黏膜是否变薄，有无出血、肿瘤、溃疡、肉芽肿等；注意肝脏的大小、色泽、弹性有无变化，表面有无渗出物、出血点、坏死点、坏死灶，有无结节、肿瘤，有无白色的肉芽肿；胰脏有无出血、肿瘤、坏死点、肉芽肿。

2. 呼吸系统

鼻腔有无分泌物，鼻孔有无结痂，黏膜是否有出血，腭裂有无结痂；喉头是否有出血点、纤维素性渗出物；气管环有无出血、管腔内有无分泌物；气囊是否增厚、混浊、透明，囊腔中有无黄白色渗出物；肺脏有无出血、瘀血、水肿、结节、肿瘤等。

3. 泌尿系统

肾脏是否肿大，有无出血、肿瘤、坏死，是否苍白，有无尿酸盐沉积；输尿管是否扩张，有无尿酸盐沉积。

4. 免疫系统

脾脏是否肿大，有无出血、肿瘤、坏死等变化；腔上囊是否肿大，弹性、色泽如何，囊腔中有无脓性分泌物，皱褶有无出血、坏死等变化；盲肠扁桃体有无出血、溃疡。

5. 神经系统

坐骨神经、臂神经、迷走神经两侧神经是否粗细均匀，横纹是否清晰，有无水肿，小脑是否水肿，大脑脑膜有无充血、出血。

6. 生殖系统

注意卵巢、睾丸发育是否正常，有无肿瘤，卵泡有无出血、破裂、变形等，输卵管是否肿胀，有无黄白色分泌物。

7. 运动系统

触诊肋骨软骨的交界处，检查有无肿胀（"串珠状"）。纵切长骨骨骺，检查有无异常的钙化过程。弯曲和对折测定胫跗骨或趾骨的坚硬度，可以检查有无营养缺乏症。检查骨髓颜色是否变淡，关节有无渗出物。

（三）组织器官的剖检病变观察与鸡病的初步诊断

1. 皮下组织

（1）皮下水肿　常发生在胸、腹部及两腿之间的皮下，患部呈蓝紫色或蓝绿色，见于鸡的渗出性素质（鸡硒或维生素 E 缺乏）。

（2）皮下出血　见于某些传染病，如禽霍乱、禽流感、鸡大肠杆菌性败血症、鸡包涵体肝炎、鸡传染性贫血等。

（3）皮下化脓或坏死　常发生在胸骨的前部，见于由金黄色葡萄球菌、链球菌或大肠杆菌引起的胸骨（龙骨）囊肿。

2. 肌肉

（1）肌肉苍白　常见于各种原因引起的内出血。如鸡考氏住白细胞虫病、鸡脂肪肝综合征、鸡白痢、鸡弯曲杆菌病、硒/维生素 E 缺乏、磺胺药中毒、肝脏破裂等。

（2）肌肉出血　大头针大小的出血点，见于鸡考卡氏住白细胞虫病；胸肌、腿肌的条状出血，见于鸡传染性法氏囊病、维生素 K 缺乏症；另外在鸡传染性贫血、禽霍乱、黄曲霉素中毒等也可见到。

（3）肌肉坏死　见于鸡的维生素 E 缺乏症，由金黄色葡萄球菌、链球菌等感染性炎症引起的坏死，由厌氧梭菌感染引起的腐败变质，由注射油乳剂疫苗不当所致的局部肌肉坏死。

（4）肌肉表面有尿酸盐结晶　见于鸡内脏型痛风。

（5）肌肉出现肿瘤　见于鸡马立克氏病。

（6）腓肠肌断裂　见于鸡病毒性关节炎。

（7）肌肉表面出现霉菌斑块　见于鸡曲霉菌病。

（8）肌肉干燥无黏性　见于各种原因引起的失水或缺水，如鸡肾型传支、痛风等。

3. 腹腔

（1）腹腔内腹水过多　见于肉鸡腹水综合征、鸡大肠杆菌病、肝硬化、黄曲霉素中毒；也可见于鸡副伤寒、卵巢腺癌等。

（2）蛋鸡输卵管积液（囊肿）　见于传染性支气管炎病毒、沙眼衣原体感染、禽流感病毒、EDS$_{76}$病毒感染后的后遗症、大肠杆菌病、激素分泌紊乱等。

（3）腹腔内有血液或凝血块　见于各种原因引起的急性肝破裂，如脂肪肝综合征、鸡副伤寒、成年鸡的鸡白痢、鸡弯曲杆菌性肝炎、考卡氏住白细胞虫病等。

（4）腹腔有淡黄色或纤维素性或干酪样或胶冻样渗出物　见于由大肠杆菌或沙门氏杆菌引起的产蛋母鸡的卵黄性腹膜炎、鸡败血霉形体、肉鸡腹水综合征等。

（5）腹腔器官表面有石灰样物质沉着　见于鸡内脏型痛风。

（6）腹腔器官表面有许多菜花样增生物或大小不等的结节　见于鸡马立克氏病、鸡淋巴白血病、卵巢腺癌，也可见于成年鸡结核病、鸡的大肠杆菌性肉芽肿等。

4. 肝脏

（1）肝脏肿大，表面有圆形或不规则形的粟粒大至黄豆大小的坏死灶　见于鸡盲肠肝炎（组织滴虫病）。

（2）肝脏肿大，表面有呈放射状（星状）坏死灶　见于鸡弯曲杆菌性肝炎。

（3）肝脏肿大，表面有广泛密集的点状灰白色坏死灶　见于急性禽霍乱。

（4）肝脏肿大，表面有散在的灰白色或灰黄色坏死灶　见于急性鸡白痢、鸡伤寒、鸡副伤寒、鸡链球菌病、鸡大肠杆菌病，也可见于鸡衣原体病、鸡李氏杆菌病。

（5）肝脏肿大，表面有大小不等的肿瘤结节　见于鸡马立克氏病、鸡淋巴白血病、禽网状内皮增殖症。

（6）肝脏肿大，表面有灰白色斑纹　见于青年鸡、成年鸡急性鸡白痢、鸡伤寒等。

（7）肝脏肿大，有斑状出血　见于鸡包涵体肝炎、鸡磺胺类药物中毒、雏鸡应激综合征等。

（8）肝脏肿大并出现肉芽肿　见于鸡大肠杆菌性肉芽肿。

（9）肝脏肿大，表面有纤维素性物质覆盖（肝周炎）　鸡大肠杆菌病、霉形体病、肉鸡腹水综合征。

（10）肝脏肿大，呈青铜色或墨绿色　　见于鸡副伤寒、鸡大肠杆菌病，也可见于鸡葡萄球菌病、鸡链球菌病。

（11）肝脏肿大，硬化，呈土黄色，表面粗糙不平　　见于鸡慢性黄曲霉毒素中毒。

（12）肝脏肿大，呈淡黄色或土黄色，质地柔软易碎　　见于鸡脂肪肝综合征、维生素E缺乏症，也可见于鸡传染性贫血、鸡住白细胞虫病、鸡传染性法氏囊病。

（13）肝脏肿大，可延伸至泄殖腔处且质地柔软易碎　　见于鸡大肝大脾病。

（14）肝脏肿大，肝被膜下形成血肿　　常由肝破裂引起，见于鸡脂肪肝综合征等；有时也见于胸部肌内注射疫苗不当刺破肝脏后引起。

（15）肝脏萎缩，硬化　　见于肉鸡腹水综合征的晚期、成年鸡慢性黄曲霉毒素中毒。

（16）肝脏有多量灰白色或淡黄色结节，切面呈干酪样　　见于成年鸡结核病。

5. 胆囊及胆管

（1）胆囊、胆管内有寄生虫　　见于散养鸡的次睾吸虫病。

（2）胆囊充盈、肿大　　见于鸡的急性传染病，如禽霍乱、鸡白痢、鸡住白细胞虫病、某些药物中毒等。

（3）胆囊缩小、胆汁少、色淡或胆囊黏膜水肿　　见于鸡慢性消耗性疾病，如鸡马立克氏病鸡严重的绦虫病、蛔虫病、吸虫病、蛋白质营养缺乏症等。

（4）胆汁浓、呈墨绿色　　见于急性传染病死亡的病例，如急性禽霍乱、禽流感、鸡大肠杆菌性败血症等。

（5）胆囊空虚、无胆汁　　见于肉鸡猝死综合征。

6. 脾脏

（1）脾脏肿大、有原来的几倍甚至十几倍大　　见于鸡大肝大脾病。

（2）脾脏肿大、有散在的灰白色点状坏死灶　　见于鸡白痢、鸡伤寒、鸡副伤寒、禽霍乱、禽衣原体病，也可见于禽流感、禽葡萄球菌病、鸡住白细胞虫病等。

（3）脾脏肿大、表面有大小不等的肿瘤结节　　见于鸡马立克氏病、鸡淋巴白血病、禽网状内皮增殖症。

（4）脾脏有灰白色或淡黄色结节，切面呈干酪样　　见于成年鸡结核病。

（5）脾脏肿大、表面有灰白色斑驳　　见于鸡马立克氏病、鸡淋巴白血病、禽网状内皮增殖症，也可见于鸡白痢、鸡伤寒、鸡副伤寒、鸡大肠杆菌性败血症、鸡李氏杆菌病、鸡螺旋体病、鸡弯曲杆菌病等。

7. 腺胃

（1）球状肿大　　表现为腺胃肿胀得较肌胃还大，如其乳头并不肿胀，则见于饲料中纤维素缺乏，也有报道认为喂给大量劣质鱼粉时也会发生；如腺胃乳头肿大，见于鸡传染性腺胃炎。

（2）腺胃乳头或黏膜出血　　见于鸡新城疫、禽流感，喹乙醇中毒、急性禽霍乱，也可见于鸡传染性贫血等。

（3）腺胃乳头水肿、出血　　见于鸡马立克氏病、鸡旋形华首腺虫病，还可见于雏鸡的维生素E缺乏症、禽脑脊髓炎。

（4）腺胃膨大、胃壁增厚、切面呈煮肉样　　见于鸡内脏型马立克氏病、胃肠型的鸡传染性支气管炎。

（5）腺胃上的寄生虫　见于散养鸡旋形华首腺虫病、钩状唇口线虫病。

（6）腺胃与肌胃交界处形成出血带或出血点　见于鸡传染性法氏囊病，也可见于禽流感、禽螺旋体病。

8. 肌胃

（1）肌胃穿孔　多因肌胃内存在的铁钉或其他异物在肌胃收缩时，穿透肌胃壁所致，这种病鸡常伴有腹膜炎。

（2）肌胃糜烂、角质膜变黑脱落　在鸡多见于饲喂变质鱼粉、蚕蛹、霉变饲料或胆汁返流引起胆酸或氧化胆酸的作用所致，也可见于鸡的硫酸铜中毒。

（3）肌胃角质膜易脱落、角质层下有出血斑点或溃疡　见于鸡新城疫、鸡住白细胞虫病，也可见于禽流感、禽李氏杆菌病及某些中毒病。

（4）肌胃肌肉变性并有白色结节　多见于鸡白痢。

（5）肌胃肌肉的肿瘤样变　见于鸡内脏型马立克氏病。

（6）肌胃内的寄生虫　见于鸡木节状束首线虫，偶见于鸡蛔虫。

（7）肌胃内空虚、角质膜呈绿色　见于鸡的慢性疾病，多由胆汁返流所致。

（8）肌胃、腺胃黏膜坏死　见于鸡赤霉菌毒素中毒。

9. 肠道

（1）出血性肠炎　在小肠的上三分之一肠壁肿胀，上有白斑或出血点，黏膜表面有血液，多见于由巨型艾美球虫引起的小肠球虫病；小肠后半部肿胀，肠腔内充满红色黏液，多见于由毒害艾美尔球虫引起的小肠球虫病；盲肠肿胀，充满鲜血液或血凝块，病鸡排出鲜血样粪便，多见于盲肠球虫病。此外，鸡新城疫、禽流感、氟乙酰胺中毒、冠状病毒性肠炎也可见到类似的变化。

（2）坏死性肠炎　表现为肠道变色、肿胀、黏膜出血，有炎性渗出物（在回肠处变化最明显），小肠肠管增粗，肠道黏膜坏死或肠黏膜上覆盖一层灰白色伪膜，多见于鸡魏氏梭菌（C型）感染。

（3）溃疡性肠炎　急性病例为十二指肠出血，肠壁上有小点出血。慢性时从肠壁的浆膜和黏膜面上都能看到一种边缘出血的黄色小溃疡灶或呈圆形、凸起的较大溃疡，此种溃疡边缘常无出血，或由于溃疡的相互融合而形成一种大的固膜性坏死性斑块，多见于鸡棒状杆菌病。

（4）十二指肠前段有芝麻粒大的出血点　见于鸡副伤寒。也有人报道，在鸡新城疫强毒感染后也可见此种病变。

（5）寄生于十二指肠和空肠内的寄生虫　有鸡的蛔虫、节片戴文绦虫、赖利绦虫、有伞毛细线虫。

（6）寄生于盲肠内的寄生虫　有鸡的异刺线虫、组织滴虫、鸟类圆线虫。

（7）寄生于直肠内的寄生虫　有前殖吸虫。

（8）肠道黏膜坏死　见于慢性鸡白痢、鸡伤寒、鸡副伤寒、鸡大肠杆菌病、鸡维生素 E 缺乏症等。

（9）小肠某节段肠管呈现出血发紫且肠腔内有出血黏液或暗红色血凝块　见于鸡肠系膜疝、肠扭转。

（10）小肠肠管膨大、阻塞　见于鸡的肠梗死（常由饲料中的粗纤维和严重的蛔虫感染引起）。

（11）肠壁上有大小不等的肿瘤状结节　见于鸡马立克氏病、鸡淋巴白血病、禽网状内皮增殖症、鸡棘沟赖利绦虫病。肠壁上有出血小结节，可见于鸡住白细胞虫病。

（12）盲肠肿大，内含有黄色干酪样凝固渗出物　见于鸡盲肠肝炎。

（13）盲肠不肿大，内含有干酪样凝性栓塞　见于慢性鸡白痢、鸡伤寒、鸡副伤寒，也可见于恢复期的盲肠球虫病。

（14）直肠的条纹状出血　多见于鸡新城疫。

（15）直肠背侧的肿瘤　见于鸡淋巴肉瘤病。

（16）肠浆膜上有珍珠样结节　见于鸡结核病。

10. 盲肠扁桃体

（1）盲肠扁桃体肿大、出血　见于鸡新城疫、鸡传染性法氏囊病、鸡伤寒、鸡大肠杆菌病、禽流感、鸡球虫病、鸡喹乙醇中毒。

（2）盲肠扁桃体肿大、出血、坏死　见于鸡住白细胞虫病。

11. 胰腺

（1）胰腺肿大，有灰白色坏死灶　见于禽单核白细胞增多症。

（2）胰腺肿大，有出血性小结节　见于鸡住白细胞虫病。

（3）胰腺肿大、出血、滤泡增大　见于急性败血性传染病，如急性禽霍乱、鸡新城疫、禽流感、鸡白痢、鸡伤寒、鸡副伤寒、鸡脑脊髓炎、鸡大肠杆菌性败血症、鸡氟乙酰胺中毒、敌鼠钠中毒等。

（4）胰腺出现肿瘤或肉芽肿　见于鸡马立克氏病，鸡大肠杆菌、沙门氏杆菌引起的肉芽肿。

（5）胰腺萎缩、苍白而坚硬、腺管阻塞　见于肉鸡传染性生长障碍综合征（矮小综合征）；胰腺萎缩呈棉线状，见于鸡的慢性霉败饲料中毒；胰腺萎缩、腺细胞内有空泡形成，并有透明小体，见于鸡硒/维生素 E 缺乏症。

（6）胰腺液化　见于七彩山鸡的胰腺炎。

12. 肾脏、输尿管

（1）肾脏显著肿大，呈灰白色或有肿瘤结节　见于鸡马立克氏病、禽白血病；偶见于鸡大肠杆菌性肉芽肿。

（2）肾脏肿大，淤血　见于鸡伤寒、鸡副伤寒、鸡链球菌病、鸡住白细胞虫病、鸡螺旋体病，也可见于禽流感、脂肪肝肾出血综合征、鸡食盐中毒等。

（3）肾脏肿大且表面有尿酸盐沉着，呈"花斑肾"　见于鸡肾病型传染性支气管炎、鸡传染性法氏囊病、磺胺药中毒、铅中毒、内脏型痛风、高钙日粮、维生素 A 缺乏症、饮水不足等。

（4）肾脏有霉菌结节　见于鸡的霉菌感染。

（5）肾脏苍白　见于雏鸡副伤寒、鸡住白细胞虫病、严重的绦虫病、吸虫病、球虫病，也可见于各种原因引起的内脏出血等。

（6）输尿管有尿酸盐沉积（或结石）　见于鸡内脏型痛风、鸡肾病型传染性支气管炎、鸡传染性法氏囊病、磺胺药中毒、维生素 A 缺乏症、钙磷比例失调等。

13. 卵巢、输卵管或睾丸、阴茎

（1）卵巢形体显著增，呈煮肉样菜花状肿瘤　见于鸡卵巢腺癌、鸡内脏型马立克氏病等。

（2）卵泡形态不完整、皱缩、变性　见于成年母鸡的鸡白痢、鸡伤寒、鸡副伤寒、鸡大肠杆菌病，也可见于成年母鸡的传染性支气管炎、慢性禽霍乱。

（3）卵泡充血、出血或卵泡血肿　见于鸡新城疫、禽流感等。

（4）输卵管内有凝固性坏死物质　见于产蛋母鸡的卵黄性腹膜炎、鸡伤寒、鸡副伤寒；输卵管内有絮状凝固蛋白，则见于低致病性禽流感。

（5）输卵管内有寄生虫　见于鸡的前殖吸虫病。

（6）输卵管翻出泄殖腔外　见于产蛋母鸡的输卵管脱垂

（7）左侧输卵管细小　见于肾病型传染性支气管炎。

（8）输卵管积液（囊肿）　见于传染性支气管炎病毒、沙眼衣原体感染、禽流感病毒、EDS_{76}病毒感染后的后遗症、大肠杆菌病、激素分泌紊乱等。

（9）输卵管炎　见于大肠杆菌、沙门氏杆菌等引起的感染。

（10）公鸡一侧睾丸显著肿大、切面呈均匀灰白色　见于鸡内脏型马立克氏病。

（11）公鸡一侧或两侧睾丸肿大或萎缩、睾丸组织有多个坏死灶　见于公鸡的鸡白痢，睾丸萎缩、变性见于公鸡的维生素E缺乏症。

（12）阴茎脱垂、红肿、糜烂或有坏死小结节或结痂　见于公鸡的阴茎外伤感染。

14. 法氏囊

（1）法氏囊黏膜肿大、出血　见于鸡传染性法氏囊病、鸡隐孢子虫病，偶见于禽流感、严重的绦虫病。

（2）法氏囊形成肿瘤　见于禽淋巴白血病、鸡马立克氏病。

（3）法氏囊内有干酪样物质　见于恢复期的鸡传染性法氏囊病、鸡隐孢子虫病，也可见于其他引起法氏囊炎症的疾病。

（4）法氏囊萎缩　见于鸡包涵体肝炎、鸡传染性贫血、鸡马立克氏病、肉鸡传染性生长障碍综合征、鸡黄曲霉毒素慢性中毒、一些细菌内毒素引起的法氏囊萎缩，也可见于鸡正常的生理性退化、萎缩。

（5）寄生于法氏囊内的寄生虫　有前殖吸虫、隐孢子虫。

15. 胸腔

（1）胸腔积液　见于鸡的敌鼠钠中毒。

（2）胸腔有血凝块　见于鸡住白细胞虫病。

16. 心包和心脏

（1）心包膜有纤维素渗出　见于鸡大肠杆菌病、鸡败血霉形体病、衣原体病。

（2）心包膜有尿酸盐沉着　见于鸡内脏型痛风。

（3）心包积液或含有纤维蛋白　鸡大肠杆菌病、鸡败血霉形体病、禽霍乱、鸡白痢、鸡副伤寒、肉雏鸡硒/维生素E缺乏症，也可见于禽流感、鸡李氏杆菌病、衣原体病、鸡住白细胞虫病、鸡食盐中毒、氟乙酰胺中毒、磷化锌中毒。

（4）心肌有灰白色坏死或有小结节或肉芽肿　见于鸡白痢、鸡伤寒、鸡副伤寒、鸡大肠杆菌病、鸡李氏杆菌病、鸡马立克氏病鸡住白细胞虫病。

（5）心冠脂肪出血或心内膜有出血斑点　见于禽霍乱、禽流感、鸡伤寒、败血型雏鸡白痢、鸡大肠杆菌性败血症，也可见于鸡食盐中毒、磺胺药中毒、棉籽饼中毒、氟乙酰胺中毒。

（6）心肌缩小、心冠脂肪呈现透明样外观　见于慢性传染病、严重寄生虫病或严重的营养不良，如鸡结核病、鸡马立克氏病、淋巴白血病、慢性鸡伤寒、鸡副伤寒、严重的蛔虫病和绦虫病等。

（7）心内膜炎　见于鸡葡萄球菌病。

（8）右心衰竭　见于肉鸡腹水综合征。

（9）心脏圆而大　见于火鸡圆心病。

（10）房室间瓣膜增生　见于鸡丹毒病。

（11）心脏表面有菌丝状出血　见于鸡砷中毒。

（12）心脏表面有白色尿酸盐沉着　见于鸡内脏型痛风。

17. 肺脏和气囊

（1）肺脏有黄色粟粒大至豌豆大的结节　见于雏鸡曲霉菌病，也可见于成年鸡结核病。

（2）肺脏表面有灰黑色或淡绿色霉斑　见于青年鸡或成年鸡曲霉菌病。

（3）肺脏淤血、水肿　见于禽霍乱、禽链球菌病、雏鸡败血性鸡白痢、鸡传染性法氏囊病、鸡大肠杆菌性败血症，也可见于鸡住白细胞虫病、棉籽饼中毒。

（4）肺脏出现肉芽肿　见于肺炎型雏鸡白痢、雏鸡大肠杆菌病，也可见于鸡感染气囊螨病。

（5）肺脏出现肿瘤结节　见于鸡内脏型马立克氏病。

（6）肺脏有出血凝块　见于鸡住白细胞虫病。

（7）气囊浑浊、囊壁增厚、有纤维素性渗出物　见于鸡败血霉形体病、鸡大肠杆菌病、鸡副伤寒、禽流感、鸡传染性支气管炎、鸡传染性鼻炎、禽衣原体病，也可见于鸡链球菌病、鸡新城疫、鸡隐孢子虫病。

（8）气囊上有白色小点　见于鸡气囊螨感染。

18. 口腔、食道、嗉囊

（1）舌头被绳套套住　多因鸡采食了带丝线的食物或小孩用绑有蛙腿的细线逗鸡采食后所致。

（2）舌头边缘有白斑　见于蛋鸡和种火鸡的霉菌毒素中毒或禽舍内的湿度过低，也可见于雏鸡和火鸡的 Vomitoxin 中毒。

（3）口腔、咽喉部的黏膜上有"白喉型"假膜　见于鸡痘。

（4）口腔、食道、嗉囊上的白色假膜和溃疡　见于毛细线虫属的蠕虫、酵母菌、念珠菌、组织滴虫或某些霉菌的感染等。

（5）口腔、咽和食道有小的白色的脓疮，且可蔓延到嗉囊，脓疮的直径可达 2 毫米　见于鸡维生素 A 缺乏。

（6）食道下段黏膜有出血斑　见于鸡呋喃丹中毒。

（7）食道内的寄生虫　见于火鸡捻转毛细线虫、环行毛细线虫、嗉囊筒线虫。

（8）嗉囊内积满黏液　见于鸡新城疫。

（9）嗉囊内积满煤焦油样的液体　见于鸡肌胃糜烂。

（10）嗉囊内充满食物　见于鸡嗉囊异物阻塞。

（11）嗉囊内充满黄色液体　见于鸡喹乙醇中毒等。

（12）嗉囊内充满酸臭的内容物　见于鸡的嗉囊秘结。

（13）嗉囊内容物有刺鼻的蒜臭味　见于鸡有机磷中毒。

19. 喉头、气管、支气管

（1）喉头、气管出血　见于鸡新城疫、禽流感。

（2）喉头、气管有血性黏液或淡黄色干酪样附着物　见于鸡传染性喉气管炎。

（3）喉头、气管有黏液性渗出物　见于鸡新城疫、禽流感、雏鸡曲霉菌病、禽败血霉形体病、氨气过浓、鸡住白细胞虫病等。

（4）喉头、气管、支气管内的寄生虫　见于鸡比翼吸虫（寄生于气管、支气管内）、火鸡支气管杯口线虫（寄生于气管、支气管内）。

（5）喉头、气管黏膜上有干酪样坏死斑点　见于黏膜型鸡痘。

（6）气管、支气管环充血、出血　见于鸡新城疫、鸡传染性支气管炎。

（7）支气管内有渗出液或淡黄色干酪样凝固栓子　见于鸡支气管炎型的传染性支气管炎。

20. 胸腺

（1）胸腺肿大、出血　见于禽霍乱、鸡败血性大肠杆菌病等。

（2）胸腺肿大、坏死　见于鸡住白细胞虫病。

（3）胸腺出现玉米粒大小的肿胀　见于鸡结核病。

（4）胸腺形成肿瘤　见于禽淋巴白血病。

（5）胸腺萎缩　见于鸡马立克氏病，也可见于鸡传染性贫血、肉鸡传染性生长障碍综合征、鸡蛋白质缺乏症、鸡慢性黄曲霉毒素中毒。

21. 甲状旁腺

甲状旁腺肿大：见于笼养鸡产蛋疲劳综合征、雏鸡佝偻病、成年鸡骨软症、产蛋鸡骨质疏松症。

22. 鼻腔及眶下窦

（1）鼻腔肿胀，内有奶油样或豆腐渣样渗出物　见于鸡传染性鼻炎、雏鸡波氏杆菌病、维生素 A 缺乏症等。

（2）眶下窦肿胀　见于鸡慢性呼吸道病、鸡败血霉形体病。

23. 脑

（1）小脑软化、肿胀、有出血点或坏死灶　见于鸡维生素 E/硒缺乏症。

（2）脑水肿　见于鸡传染性脑脊髓炎。

（3）脑及脑膜有淡黄色结节或坏死灶　见于鸡霉菌性脑炎。

（4）大脑呈树枝状充血或有出血点、脑实质水肿或坏死　见于雏鸡脑炎型大肠杆菌或沙门氏杆菌感染。

（5）脑膜充血、水肿或点状出血　见于禽流感、鸡中暑，酚类消毒剂中毒等。

24. 外周神经

（1）坐骨神经、臂神经的体积显著肿大（多为一侧）　见于鸡马立克氏病、鸡维生素 B_2 缺乏症等。

（2）迷走神经支配嗉囊的分支受损　见于鸡嗉囊下垂。

（3）颈神经受损　见于肉毒梭菌毒素中毒、颈椎侧突凸出等。

25. 骨骼和关节

（1）后脑颅骨变薄、变软　见于鸡维生素 E 缺乏症、雏鸡的佝偻病。

（2）胸骨（龙骨）呈现 S 状弯曲　见于雏鸡佝偻病、严重的绦虫病。

（3）跖骨软、易弯曲　见于雏鸡佝偻病、成年鸡骨软症。

（4）跖骨较硬、易折断　见于饲喂含氟磷酸氢钙引起的鸡氟中毒。

（5）关节肿胀，有炎性渗出物　见于鸡葡萄球菌、链球菌、大肠杆菌、沙门氏杆菌、巴氏杆菌等引起的感染。

　　（6）关节内有尿酸盐结晶　见于鸡关节型痛风。

　　（7）腱滑脱　见于鸡锰缺乏症。

　　（8）肌腱出血、断裂　见于鸡传染性病毒性关节炎。

　　（9）骨髓发黑　见于葡萄球菌、大肠杆菌、腺病毒等感染引起的骨髓炎。

　　（10）骨髓结核　见于鸡结核病。

　　（11）骨髓白化　见于禽白血病。

　　（12）骨髓变黄　见于鸡包涵体肝炎。

　　按照上述检查内容进行综合分析，对病情进行初步判断，不能确诊的需进行进一步的实验室诊断。

　　（四）病理组织学检查

　　常常需要取组织脏器制备染色的组织切片，切片质量受到所取标本的质量和保藏技术的限制。分解迅速的脑组织和肾组织，必须在死后立即采取才能保存得好。应当用锋利的解剖刀轻轻切割组织，避免破坏其结构，然后将它们保存于其 10 倍体积的 10% 的福尔马林或其他固定液里。通常情况下，肺组织因为内含空气，总是浮在固定液的表面，在组织上面覆压浸湿的棉花保持其浸没状态可使固定效果较好。骨组织在固定后应将其浸入脱钙溶液中进行脱钙，脱钙溶液为等量的 8% 盐酸和 8% 蚁酸的混合液，脱钙时间一般为 1～3 天，时间的长短取决于骨块的大小和密度。若需要眼组织切片，应将整个眼球取出，去掉所有眼肌使固定液很快渗透。

三、实验室诊断

　　在现场诊断和病理学诊断的基础上，对某些疑难病症，特别是传染病，必须配合实验室诊断。根据检查方法不同，实验室诊断又分为微生物学诊断和免疫学诊断。

　　（一）微生物学诊断

　　运用微生物学的技术进行病原检查是诊断鸡传染病的重要方法之一。微生物学诊断包括病料直接抹片镜检、病原体的分离鉴定、动物接种等步骤。

　　进行微生物学诊断时，病料的采集具有决定性的意义。病料采取不当，不但不能检出真正的病原体，而且可能由于病料污染其他病原体而造成误诊。为此，应根据初步诊断结果，对不同的疾病，采取不同部位的病料，而且应无菌操作。一般来说，当疾病为全身性的或处于菌血症阶段时，从心、肝、脾、脑取材较为适宜。局部发病时，则应从有肉眼可见病变的组织器官取材。无论什么疾病，作为病原分离的病料，应该在疾病流行的早期还未进行药物治疗的病鸡中取材，因为在流行后期，或者经药物治疗后，虽然在一定程度上还表现出某些症状和病变，但往往很难分离出病原。也有某些疾病在流行后期，甚至在症状或病变消失后仍然可以分离出病原，但其分离的概率远不如流行初期高。

　　病料采取后应装于灭菌的器皿中，而且一般要求低温下运送和保存，以减少病原体的死亡，也抑制杂菌的生长。

　　1. 抹片镜检

　　通常用有明显病变的组织器官或血液涂片，待自然干燥固定后，用各种方法进行染色、镜检。

2. 病原体的分离和鉴定

根据各种病原微生物的不同特性，选择适宜的培养基进行接种培养。一般细菌可用普通琼脂培养基、肉汤培养基及血液琼脂培养基。真菌、螺旋体及某些有特殊要求的细菌则用特殊培养基。接种后，通常置 37 ℃恒温箱内进行培养，必要时进行厌氧培养。病毒的分离可接种于健康鸡胚，接种途径应根据病毒的性质而定，一般呼吸道感染的病毒如新城疫病毒、传染性支气管炎病毒接种于尿囊胚或羊膜腔；鸡痘病毒、传染性喉气管炎病毒接种于绒毛尿囊膜；嗜神经性病毒如禽脑脊髓炎病毒接种于卵黄囊、脑内或绒毛尿囊膜。胚龄的大小取决于接种途径，一般以 9～10 日龄为宜，胚龄太大（如超过 15 日龄），由于卵黄被利用，往往在鸡胚液中出现母源抗体，抑制相应病毒的生长繁殖。为避免接种材料的细菌污染，可在病料研磨液中加入青霉素、链霉素。病毒材料接种于鸡胚或细胞培养后，一定时间即引起接种对象的异常或死亡。但某些野外毒株不能很好地适应鸡胚或细胞培养，第一代接种可能没有明显异常，需连续继代多次，才出现病毒。如传染性支气管炎病毒的一般野外毒株在鸡胚接种后，需 3～5 代才引起胚体萎缩、畸形等病变。

3. 动物接种

动物接种是病原微生物分离和鉴定的一项重要方法。当病料受到比较严重的污染，要求提纯或由于病料在运输、保存过程中病原体大量死亡，残存数较少，需要增殖，或获得的病原体纯培养后，需要最后证实是否是引起该病的病原物，均可用动物接种的方法。所接种的动物，一般选择对该病原体最敏感的动物。动物接种的途径根据病原微生物的种类而异，能引起全身性疾病或菌血症的，一般采用皮下、

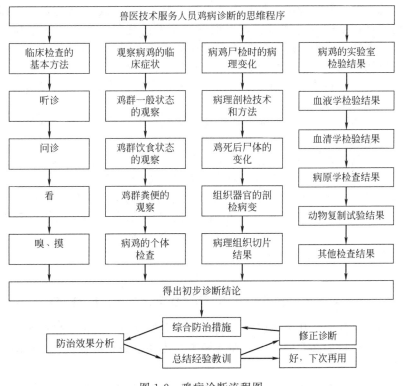

图 1-2　鸡病诊断流程图

肌内或静脉内接种，呼吸系统疾病进行气管内、腭裂或点眼、滴鼻接种；消化系统疾病，则逐只灌服或通过饲料、饮水口服接种。此外，还可根据具体疾病的特点，采取腹腔内注射、脑内注射、嗉囊内注射、皮内注射、皮肤刺种等接种方法。动物接种后应详细观察和记录，发病及死亡的动物应逐只剖检，必要时还应进行病原体的分离。

（二）免疫学诊断

免疫学诊断是鸡病诊断中常用的方法，在免疫学诊断中最常使用的方法有凝集试验（平板或试管凝集试验、红细胞凝集试验及红细胞凝集抑制试验）、沉淀试验（琼脂扩散试验、环状沉淀试验）、中和试验（病毒血清中和试验、毒素抗毒素中和试验）、酶联免疫吸附试验、免疫荧光试验等。这些试验的基本原理都是利用抗原与抗体的特异性反应，用已知的抗原或抗体检查未知的抗体或抗原。

四、鸡病诊断的流程

见图 1-2。

第三节 鸡场疫病的防控策略

一、鸡场疫病的防控原则

随着规模化、集约化、信息化养鸡场的大量出现，我国养鸡业得到了高速发展，现已成为世界养鸡大国。但是由于受到一些传统养殖观念等方面的束缚，我国养鸡业仍然存在疫病（传染病、寄生虫病）多发的现状，导致死淘率高、出栏率低、生产效率低，成为困扰我国养鸡业发展的瓶颈。因此，在鸡场疫病防控上必须转变防控疫病的观念，实行健康饲养，增强鸡的体质和天然免疫力，以全面落实生物安全要求的健康养殖为基础，牢固树立"养重于防、防重于治、养防结合、综合防控"的鸡病综合防控原则。

由于目前鸡场疫病具有发病非典型化、多病原混合感染和继发感染等现象。规模化鸡场要定期对鸡群进行病原学和血清抗体监测，推行"定点、定期、定量、定性"的四定监测模式，建立鸡群的健康档案，以便正确认识和处理鸡场疫病防控过程中群体与个体的关系，明确鸡场防疫的对象是群体而不是个体，鸡场防疫的着眼点应该是使整个群体具有较高的健康生产水平，淘汰残次病鸡，消除隐患。因而，必须树立防控鸡病的新观念，必须要加强饲养管理，满足鸡的营养需要，创造良好洁净的生长环境，尽可能减少鸡群遭受外来病原微生物的侵袭，以提高鸡群的健康水平和抗病能力，控制和杜绝鸡群中疫病的传播和蔓延，降低发病率和死亡率。

二、鸡场疫病流行的三个基本环节

鸡场的疫病是如何从个体感染发病，扩展到群体流行。这一过程的形成，必须具备三个相互连接的必要的环节，即传染源、传播途径和易感动物（见图 1-3）。

（一）传染源

指体内有病原微生物，并能通过一定途径（如唾液、鼻腔分泌物、粪便、尿

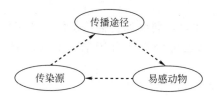

图 1-3　鸡场疫病流行的三个基本环节

液、血液）向体外排出这些病原的鸡称为传染源，包括患病鸡和带菌、带毒鸡。病原排出后所污染的外界环境（如土壤、水、工具、饲槽、饮水器、鸡舍、空气和其他动物等）称为传染媒介。患病鸡在前驱期和发病期排出的病原体数量大、毒力强、传染性强，是重要传染源。而那些带菌、带毒鸡，不表现明显临床症状，呈隐性传染，但病原可以在体内生长繁殖，并不断排出体外，因此它们是最危险的传染源，最容易被人们所忽视，只有通过实验室检验才能检查出来，还可以随动物的移动散播到其他地区，造成新的暴发或流行。病原由传染源排出的途径见图1-4。

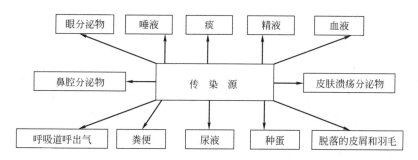

图 1-4　病原由传染源排出的途径示意图

（二）传播途径

病原由传染源排出后，经一定方式侵入其他易感鸡所经过的途径称为传播途径。传染病的传播可分为水平传播和垂直传播两大类，水平传播又分为直接接触传播和间接接触传播两种传播方式。

1. 水平传播

① 直接接触传播：指在没有任何外界因素参与下，由健康鸡与患病鸡直接接触（如交配）而引起的传染，此种传染方式的传播范围有限，传播速度缓慢，不易造成大的流行。

② 间接接触传播：空气传播，病原体通过空气（气溶胶、飞沫、尘埃）等传播，如鸡传染性喉气管炎、禽流感等呼吸道疾病的传播；经污染的饲料和水传播，患病鸡排出的分泌物、排泄物，或患病鸡尸体等污染了饲料、垫料、饮水等，或由某些污染的饲养管理用具、运输工具、禽舍、人员等辗转污染了饲料、饮水，当易感鸡采食这些被污染的饲料、饮水时，便能发生感染；经污染的土壤传播，某些传染病的病原体随着鸡排泄物、分泌物及其尸体落入土壤，其病原体能在土壤中生存很长时间，当易感鸡接触被污染的土壤时，可能发生感染；活的传播媒介，节肢动物（蚊、库蠓、蝇等）、野生动物（吸血蝙蝠等）、人类等。

2. 垂直传播

携带病原的产蛋种鸡可经卵将病原传播给子代，如鸡白痢、禽白血病、鸡产蛋下降综合征等。有些病例也可经输卵管传播，如大肠杆菌、沙门氏菌、疱疹病毒等。

病原体传播途径和入侵门户见图1-5。

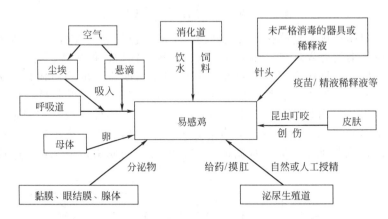

图1-5　病原体传播途径及入侵门户示意图

（三）易感鸡群

指对某种病原具有易感性（无免疫力）的鸡或易感鸡群。如鸡是鸡球虫的易感动物，是新城疫病毒的易感动物。如果鸡群中具有一定数量的易感鸡，则称其为易感禽群。

影响鸡群易感性的主要因素有：

（1）内在因素　不同种类的家禽对于同一种病原体的易感性有很大差异。

（2）外界因素　饲养管理、卫生状况等因素，也能在一定程度上影响动物的易感性。

（3）特异免疫状态　家禽个体不同，特异性免疫状态不同。禽群若有70％～80％的禽具有某种疾病的获得特异性免疫力，这种疾病就不会在该禽群大规模暴发式流行。

三、鸡场疫病的防控方法

鸡场疫病防控方法见表1-8。

表1-8　鸡场疫病防控方法

疫病流行的基本环节	疫病的流行环节	疫病防控方法	疫病防控目的
传染源	发病鸡	隔离	消灭传染源
	潜伏期和恢复期鸡	淘汰	
	症状不明显的鸡	治疗	
	健康带菌/毒鸡	尸体处理	

疫病流行的基本环节	疫病的流行环节		疫病防控方法	疫病防控目的
	直接接触传播		隔离	
传播途径	间接接触传播	土壤	卫生管理和消毒	切断传播途径
		空气		
		饮水		
		鸡舍		
		笼具		
		运输工具		
		排泄物		
		饲料	注意选购,防霉变	
		人员	消毒及行政管理	
		飞鸟	防鸟	
		啮齿动物	灭鼠	
		昆虫	灭虫	
易感鸡	年龄、性别、用途		隔离/淘汰/治疗	提高鸡的抵抗力
	遗传素质		育种改良	
	应激因素		减少应激,药物预防	
	免疫状况		免疫接种预防	
	营养状况		加强营养,药物预防	

第四节 鸡场生物安全措施的实施

鸡场生物安全体系的建设是一项系统工程,不仅要注重鸡场的总体合理规划,还要注意建立严格的卫生消毒管理制度。因此,加强养鸡场生物安全体系建设,采取规范的管理措施,执行严格的隔离消毒和防疫制度,落实各项防控措施,对降低鸡场鸡群的发病率、提高养殖效益具有重要意义。

一、鸡场场址的选择和布局

养鸡场应建在地势较高、气候干燥、便于排水、通风、水源充足、水质良好的地方,同时必须避开候鸟的迁徙路线和疫病的自然疫源地。既要远离交通要道、居民区和其他养禽场,又要考虑环保和交通便利。养鸡场可分为生产区、生活区和隔离区,各区既要相互联系,又要严格划分。生产区应建在上风地方,病死鸡剖检室、堆粪场、尸体处理等无害化处理设施应设在远离生产区和生活区的下风位置。

二、切断外来传染源

人员的流动是疾病传入养鸡场的最主要潜在原因之一。鞋靴是最容易传播疾病的媒介物，最常见的情况是人鞋靴粘上传染病原进入养鸡场饲养区。在检查病死鸡或排泄物时，手也会被污染，衣服及头发上也会受到灰尘、羽毛、粪便等污染。此外，研究发现新城疫病毒能在人呼吸道黏膜上存活几天，并能从痰里分离到病毒，因而携带新城疫病毒的人员可能引发鸡群新城疫的发生。为控制人员带来的病原，应要求生产人员不得随意进出养鸡场，进入生产区时要在消毒室漱口水清理口腔，用消毒棉棒清理鼻腔，经过冲淋洗澡后更换消毒的工作服、胶鞋，方可进入生产区。严格控制参观人员，必须进入的人员应更换消毒的衣、帽、靴，并认真消毒后由场内人员引导。所有的生产用具和运输工具都须经过严格冲洗消毒后才能进入养禽场。

养鸡场最好实行专业化生产，一个养鸡场只饲养一个品种的鸡，应避免多种家禽混养。从孵化、雏鸡饲养到成年鸡上市，应采取全进全出制度。鸡群一批出栏后，鸡舍经清洗、消毒后空舍1～2周，再引进下一批，这样可大大减少疫病的发生。许多疫病常表现一定的周期性，采用全进全出式饲养方式就不会给疫病循环的机会。

一些昆虫是疾病的传播者，有些是血液和肠道寄生虫的中间宿主，还有一些昆虫具有叮咬习性而起着机械传播病毒的作用（如禽痘）。野鸟可携带许多病原体和寄生虫，有些病原能引起野鸟发病，而有些病原野鸟只是机械携带者。现已证明新城疫、禽流感等病毒能感染麻雀，带毒麻雀在不同鸡舍间自由飞翔在病毒的散播过程中具有重要作用。因此，养鸡场需要搞好环境卫生，消灭蚊蝇滋生地、杀灭体外寄生虫，经常灭鼠，鸡舍安装防鸟网，消灭疫病的传播媒介。

三、鸡舍的清洁

清洁鸡舍是养殖过程中的重要环节，也是防止因各种因素引起疾病暴发的一个有效的保证，鸡舍整理完毕后2～3天可对鸡舍进行清洁。

清洁工作可以按照先上后下、先里后外的原则，这样能够保证清洁的效果和效率。清洁的顺序为：顶棚、笼架、料槽、粪板、进风口、墙壁、地面、储料间、休息室、操作间、粪沟，其中，墙角和粪沟等角落是冲洗的重点，避免形成死角。冲洗的废水通过禽舍后部排出舍外并及时清理或处理，防止其对场区和鸡舍环境造成污染。清洁完毕后，要对工作效果进行检查，储料间、鸡笼、粪板、粪沟、设备的控制开关、闸盒、排风口等部位均要进行检查，保证无残留饲料、鸡粪及鸡毛等污物。对于清洁不合格的，应立即重新冲洗，直到符合要求。

只要能够达到有效清洁消毒的目的，最好在不挪动设备的情况下对鸡舍加以清洁。否则，应该撤离全部设备，用水浸泡，然后彻底清洗，并使其干燥。高压水龙头能够有效地将设备清洗干净。凡是不能移动的设备应就地清洗，随后把内壁全部洗净。对饮水管与笼具接触处、线槽、料槽、电机、风机等冲洗不到或不易冲洗的部位进行擦洗。进入鸡舍的人员必须穿干净的工作服和工作鞋；擦洗时使用清洁水源和干净抹布；洗抹布的污水不能在禽舍内随意排放或泼洒，要集中到鸡舍外排放。

在鸡舍和设备清洁之后，病原体还会通过人员物品的流通、不洁净的衣物鞋子，或者清洁程序中的某环节未做到位等方式被带进鸡舍。因此，单靠清洁卫生并不能取得完全有效的预防效果。

四 、 垫料的使用和处理

鸡舍内大量堆积的粪便如果不及时处理，粪便发酵产生的大量氨气会使空气污浊，鸡易患呼吸道疾病，饲养人员的工作环境也不佳。有的养殖场采用垫料，目的是为了能够改善鸡舍内环境。但是，垫料也会使鸡舍内有害气体的含量升高，而且垫料过厚有利于寄生虫生存和繁殖，容易使鸡感染。因此，可根据垫料的潮湿程度，及时将肮脏、潮湿的垫料清除，并更换清洁、干燥的垫料。特别是饲养的商品肉鸡出栏时，应彻底更换。在更换垫料之前，可以通过阳光照射的方法先进行消毒。这是一种最经济、最简单的方法，将垫料等放在烈日下，曝晒 2～3 小时，能杀灭多种病原微生物。对于少量的垫草，可以直接用紫外线等照射 1～2 小时，可以杀灭大部分微生物。

有些饲养肉仔鸡的养殖场，为了降低成本，往往连续几批鸡使用同一垫料，因为肉鸡饲养期短，每一鸡场饲养单一龄组的鸡，使得每批饲养结束后可以完全清群。但是必须进行鸡舍清洁和消毒，否则会把疾病带给下一批鸡。饲养期超过 18 个月的产蛋鸡不宜进行垫料再利用，对种鸡群也不合适。在任何情况下，凡是要进行垫料再利用，就应当对可能带来的危险有充分的认识，并采取有效的防病措施，把风险减少到最低。当必须使用旧垫料时，保险的做法是清除掉有结块或大块粪污的垫料和积聚的羽毛。用同一垫料进行多批育雏的另一个缺点是会积聚大量灰尘，鸡吸入灰尘的同时细菌和真菌孢子也可以随之进入呼吸道，这也是疾病产生的一个隐患。

随着大型专业化养鸡场的发展，合理、经济地处理垫料和鸡粪便是一个重要课题。一般的方法是先将这些污物运到远离鸡舍的地方，并使其干燥，然后进行堆肥。在处理这些污物的时候最好有专门的运输人员，对于外来的工作人员，应清楚这些卡车和设备是否曾在另一个有疾病暴发的养鸡场工作过或用过。

某些疾病的性质可能决定了要对垫料采取某些额外的预防措施，如完全浸湿或用消毒剂浸泡、延期清理、掩埋、焚烧等。通常垫料或粪便经过堆肥后大多数致病因子都会被杀死。不论对垫料采取何种措施，必须意识到垫料散落或堆放的地方总会成为窝藏病原的地方，其持续期可能较长。

五 、 室外放牧场的消毒

对于长期生产基地、刚使用过的牧场必须采取有效的措施杀灭病原，清除残余有机物。半天然或天然牧场最好进行轮牧，这样至少可以空置一个完整的生产周期，从而利用日光和土壤的联合作用来杀灭大多数病原，以防止有害微生物滞留或滋生。

六 、 鸡舍周围的场地的消毒

鸡舍周围环境每 2～3 周可用火碱或生石灰消毒 1 次，养殖场周围及场内污水池、排粪坑、下水道出口等地，每月消毒 1 次。在养鸡场门口、鸡舍入口均须设消毒池，注意定期更换消毒液。路面每隔 1～2 周也需要进行消毒。被病鸡的排泄物和污染物污染的地面土壤，停放过病鸡尸体的场所，应对地面加以严格消毒。

昆虫是养禽场最常见的生物。许多寄生虫和致病因子可在禽舍中的昆虫体内持续隐匿存在，有的则需要某种昆虫完成中间的发育阶段（如绦虫），有的可以通过叮咬等方式在禽间传播（如禽痘病毒），因此防虫也是养鸡环境卫生的一个重要部分。进行清洁卫生时，在鸡群转出后立即向地面、垫料和鸡舍喷洒杀虫剂，作用几天后再进行清洁消毒，以便有效地杀灭昆虫。这对于前一批育雏中曾发生过虫媒疾病的鸡舍尤为重要。鸡舍在清洗以后，应该采用具有持续效果的杀虫剂再次喷洒，以防重新滋生。

堆积废料和废弃设备的地方是大鼠、小鼠、黄鼠等啮齿动物藏身和繁殖的良好场所，它们很可能成为疾病的储存宿主并通过接触或排泄物污染鸡舍。这类动物体型较小，有利于它们穿梭于设备之间的孔隙来摄取饲料，这样就有机会与鸡发生密切接触。一旦鸡舍中有大批的啮齿动物出没，要想清除它们就会比开始设法避免时困难得多。因此，有必要采用相应的措施来控制这些啮齿动物。

七、鸡舍的消毒

消毒前，首先应将鸡舍中的垫料、粪便、灰尘、污物等清理干净，特别是存在于运输工具、饲料槽、饮水器、蛋托、墙壁、地面、栖息处或笼具、室外地面及进入禽舍通道的污染物，否则病毒、细菌及球虫卵混在这些残留有机物中，消毒的效果会受到影响。彻底清洗后即可按程序进行消毒。

目前有许多效果好的消毒剂可供选择。消毒剂要按照制造商的说明进行选择，重要的是，在用消毒剂之前一定要将表面清理干净。在有积垢的表面使用清洁剂均无效，因为消毒剂很快会被脏物里的有机物灭活。在使用消毒药物时应根据不同环境特点，选择与其相适应的消毒药物。如饮水消毒常可选用漂白粉、百毒杀等；烧碱和生石灰常用于地面和环境的消毒；高锰酸钾与福尔马林溶液配合使用可用于清洁空舍的熏蒸消毒等。在引进鸡前应空舍2～4周，这样可以防止病原存留，但空舍只能作为一个辅助手段，不能代替彻底清洁、洗涤和消毒措施。

为了达到良好的效果，一定要正确使用消毒药物。消毒药物的用量要按规定执行，不减少用量，但如用量过高会对鸡机体产生毒害作用。消毒过程中要尽可能使药物长时间与病原微生物接触，一般消毒的时间不能少于30分钟。消毒药物应现用现配，防止久置氧化或日照分解而失效，在露天场所需长期使用的消毒药物应定期更换，以保证有足够的活性成分。消毒过程中还要注意交替或配合使用消毒药物。对各种病毒、细菌、真菌、原虫等只用一种消毒药物是无法消灭干净的，而且长期使用一种消毒药物会使病原微生物产生抗药性。根据不同消毒药物的消毒特性和原理，可选用多种消毒药物交替使用或配合使用，以提高消毒效果，但应注意药物间的配伍禁忌，防止配合后反而引起减效或失效。

八、消毒剂与杀虫剂

消毒就是清除致病性物质或微生物，或使微生物失去活性。消毒剂主要是指能消灭感染性因子（致病微生物），或者能够使其失去活性的药剂或物质。在养殖过程中，清洁卫生的作用是减少微生物的数量和防止微生物增殖，而消毒是消灭致病微生物的过程。

1. 消毒剂的选择

一种理想的消毒剂应该具备以下几种特征。

① 广谱：能够抑制和杀灭多种病毒、细菌、真菌、芽孢等。

② 高效：可快速杀灭病原体，且效力强大，不易产生抗药性。

③ 安全：对人、鸡无毒、无害、无刺激性、无残留，对容器和纤维织物没有破坏性。

④ 稳定：易于溶解，不易受有机物、温湿度、酸碱度和水的硬度影响，且不易氧化分解，能长期储存。可根据消毒需要采用喷雾、饮水、浸泡等方法消毒。

2. 消毒剂的种类和使用

（1）含氯消毒剂　含氯消毒剂主要是次氯酸盐和氯化石灰（漂白粉），而氯是次氯酸盐消毒剂的基础，约含70%的有效氯。次氯酸盐有粉末和液体两种形式，粉末有次氯酸钙和次氯酸钠，它们同水化磷酸钠结合在一起；液体形式主要含次氯酸钠。氯化石灰是由熟石灰饱和氯气构成的，是最早公认的消毒剂之一。

含次氯酸钠的产品基本上都是液体，浓度从1%～15%不等。可将成品溶液用水稀释后作为漂白剂和消毒剂使用。次氯酸盐的杀菌能力取决于溶液中的有效氯和pH（酸碱度），或者所形成次氯酸的量。pH的影响甚至比有效氯浓度的影响还大，尤其是在溶液中。pH升高会降低氯杀灭微生物的活性，pH降低反而会增加其活性。升高温度也会提高杀菌活性。

含氯消毒剂的主要优点是广谱、高效、价格便宜，适用于场舍、设备、粪便、水体和种蛋的消毒；缺点是性状不稳定，遇光和空气易分解，浓度过高对纤维、皮革和金属有腐蚀性，使用时必须谨慎。漂白粉的常用浓度为5%～20%，5%的溶液可在短时间内杀死大多数细菌，20%的溶液可在短时间内杀死细菌的芽胞。储备的次氯酸钠溶液应放于阴暗处，不用时必须盖紧容器，使用时现用现配，既可用于鸡舍的喷雾消毒也可用于带鸡消毒。

（2）含碘消毒剂　碘作为一种有效的消毒剂由来已久。早期的产品有许多缺点，现在通过将碘与有机物结合解决了这些问题，有时称为"驯化碘"（Tamed iodine）。"碘附"（Iodophor）就是碘和一种增溶剂的结合，用水稀释时，能慢慢释放出游离碘来。这类复合物通常是碘和某些具有去污作用的表面活性剂结合所形成的复合物。这些复合物能够增强碘的杀菌效果，并使碘变得无毒、无刺激和无染色性。去污剂还能使产物溶于水，在常规贮藏条件下稳定，去污剂还有清洁作用。

商品碘附种类繁多，用途广泛，能快速杀灭各种细菌繁殖体（包括结核杆菌），以及多数病毒、真菌，但不能杀灭细菌芽孢。目前常用的碘制剂有碘酊、碘伏、威力碘及速效碘等。其中有的产品本身还带有杀菌活性指示剂，随着溶液的消耗，正常的琥珀色会随之减弱，一旦成为无色，也就不再有效。这些产品可以用冷水和硬水混合。有机碘产品在养禽业的用途很广，可以用在所有的禽舍及养殖和孵化设备表面消毒。

（3）碱类消毒剂　生产上常用的碱类消毒剂有氢氧化钠和生石灰。氢氧化钠又名火碱，具有极强的杀菌作用，1%～2%的溶液可用于墙壁、地面、用具和车辆的消毒，加热后消毒力和去污力都增强。生石灰消毒效果也很好，可加水配制成10%～20%的石灰乳涂刷畜舍墙壁、畜栏、地面等进行消毒。生石灰（氧化钙）本身没有消毒作用，只有加入水后生成疏松的熟石灰，即氢氧化钙，其中解离出的氢氧根离子才具有杀菌作用。如果熟石灰放置时间过久，会与空气中的二氧化碳起化学反应生成碳酸钙，则丧失了消毒杀菌的作用。所以养殖场在入场或畜禽入口池中，堆满厚厚的干石灰，并不能起到消毒作用，即使使用熟石灰也需经常更换。还有的将石灰粉直接撒在舍内地面上，易将畜禽的肢蹄及皮肤灼伤，或因家畜舔食而灼伤口腔及消化道，并且致使石灰粉尘大量飞扬，引起动物咳嗽、打喷嚏等一系列呼吸道炎症，这些做法都不科学。

（4）甲醛　甲醛是一种气体。市场上都是以40％的水溶液出售的（以重量计为37％），称之为福尔马林。也可以买到粉剂，称为三聚甲醛。粉末在加热后释放甲醛气体，可以利用陶瓷（不宜用玻璃容器），将福尔马林与高锰酸钾混合后释放出甲醛。由于在反应时会出现大量的气泡和溢出现象，因此应当使用较深的容器。福尔马林液体大约是高锰酸钾的两倍（2毫升福尔马林加1克高锰酸钾），否则反应不完全，会造成浪费。甲醛和高锰酸钾有毒，需要将这两种物质存放在安全的容器里，置于安全处。

虽然甲醛是一种强有力的消毒剂，但它仍有许多缺点，尤其是挥发性和刺激性气味、腐蚀作用及使皮肤变硬等。甲醛对结膜和黏膜的刺激性尤强，有些人对它十分敏感。但是用其熏蒸最大的优点是不损坏设备并能够渗透到每个角落。用30％的氢氧化氨溶液可以中和甲醛，其用量不要超过福尔马林用量的一半，当表面完全干燥后，在撤出熏蒸箱时，可在室内喷洒氨水，释放的氨气将中和甲醛。

养鸡生产中广泛用甲醛熏蒸种蛋，以消灭蛋壳上潜在的致病病原。孵化结束并经彻底清洁后可用于孵化器和出雏器内部熏蒸。熏蒸孵化器和种蛋已经成为养禽业中的常规程序。对于种蛋蛋壳消毒的用量、湿度、温度和时间，可参考如下程序：每立方米空间使用21.4克高锰酸钾和42.8毫升福尔马林，在21.1℃、相对湿度为70％的条件下熏蒸20分钟。温度越高、湿度越大，熏蒸效果就越好。熏蒸结束后要打开排气管，把气体彻底排净后再打开房舍的门。

在现代养鸡企业中，种蛋通常只处理一次，即直接将其放在平底塑料盘中，摆放在蛋架上，通过熏蒸、运输和贮藏等过程，最后放入孵化器中。整个蛋架、小推车或密集堆积的蛋盘都需要放在大型熏蒸箱里熏蒸。为了产生适当浓度的甲醛，并使其渗透到蛋架叠层内部，应增加化学药品的用量（每立方米空间用高锰酸钾26.8克，福尔马林53.6毫升）、增加湿度（高达90％）、提高温度（高达32.2℃），并延长时间（可达30分钟）。纸质蛋盘会吸附甲醛，并在以后储存和操作期间还会继续发出气味，因此甲醛熏蒸应使用塑料蛋盘装蛋。

有时也用甲醛熏蒸消毒孵化器的内部及内容物（包括孵化18天的种蛋）。由于这些机器在室内，因此必须要有一定的措施保证熏蒸后的气体排出。排出甲醛时要保证进入的空气是干净的，否则种蛋表面潮湿会被再次污染。虽然甲醛的消毒作用需要一定的湿度，但是在熏蒸种蛋时表面不能湿润到可以看出来的程度，在熏蒸完后必须使其干燥。

（5）季铵盐表面活性剂　季铵盐产品的优点是无腐蚀性、无色透明、无味、含阳离子，对皮肤无刺激性，不产生耐药性，受外界环境和有机物影响较小，并有明显的去污作用；缺点是对杀灭囊膜病毒、芽孢效果较差。它们不含酚类、卤素或重金属，稳定性高，相对无毒性。大部分季铵盐化合物不能在肥皂溶液里使用。还要注意，待消毒的表面需要彻底清洗，清除所有参与的肥皂和阴离子去污剂，然后再用季铵盐消毒。季铵盐化合物也可用于种蛋和孵化室的表面、孵化器和出雏器、场地、料槽、饮水器和鞋等的消毒。常用的有百毒杀、1210、易克林、新洁尔灭等。

除上述消毒剂外，还有许多可替代的商品化消毒剂，其中许多都是几种有互补特性的消毒剂的混合物，有的还有较长久的后效活性。需要注意的是，用于饮水器的消毒剂，如有残留会灭活疫苗病毒。因此，进行疫苗饮水免疫前，必须用新鲜的水冲洗饮水器。

3. 杀虫剂（杀寄生虫剂、杀昆虫剂、杀害虫剂）

（1）杀虫剂的特性及使用　鸡易携带寄生虫，可影响禽类生产性能，并可能引起许多疾病问题。杀虫剂可杀灭动物寄生虫，如虱、螨、蜱和蚤等，也能杀灭其他昆虫，如苍蝇、甲虫、蚂蚁和臭虫。某些杀虫剂对人和鸡有很强的毒性，仅可作为卫生控制措施的一种辅助手段。合适的杀虫剂是指可以用于鸡或其周围环境，并且在接触和摄入时对人和鸡没有毒性，也不会因为吞食或吸收而在可食用的组织或蛋里积聚达到有害程度的药物。

控制这些体外寄生虫或有害昆虫最好的办法是其与杀虫剂直接接触。目前使用的鸡舍类型和生产系统很多，没有适用于各种系统的统一方法，应先确定最适用于特定的鸡舍类型和管理系统的杀虫药，然后按照说明使用。喷雾剂只有在鸡舍内部应用才能杀灭缝隙中及羽毛上的寄生虫。能控制光照和温度的鸡舍可使用含有增效剂的除虫菊，但在作业时必须停止自动通风系统，改为手控。寄生虫虫卵很难被杀灭，它们可以发育产生下一代寄生虫，因此应在第一次用药后2～3周内再用1次。通常需交替使用不同的方法或杀虫剂来确保杀虫效果。

许多杀虫剂对人类和动物可能带来伤害，施药时最好戴上防毒面具、橡皮手套，并穿上防护服。最重要的是在使用化学杀虫剂前阅读容器标签上的使用说明，以及可能带来的危害和解毒剂等资料。

（2）杀虫剂类型　一般有如下几种类型。

① 扩散性杀虫剂：除虫菊类产品以烟雾或湿雾的形式释放，这种药物可以采用喷雾、药浴或直接涂擦法用药。除虫菊对高等动物的毒性小，但对害虫的杀灭效果良好。

② 内吸性抑制剂：磺胺喹噁啉是一种广泛用于饲料和饮水、以控制球虫病和多种细菌感染的内吸性驱虫药物，也可控制禽螨。这种产品或其代谢产物能在宿主体内形成一种不利于寄生虫的条件，从而将寄生虫从鸡机体驱离。此药已禁止添加到用于产蛋鸡的饲料中。这类防螨作用的药物在感染寄生虫前掺入饲料的效果最好，但如在感染后用作治疗，效果则不大。

③ 粉剂和喷雾剂：几乎所有适用于防治家禽寄生虫的杀虫剂都有粉剂、乳剂或液体混悬剂，都能喷雾使用。不同杀虫剂各有其优点和用途。地面铺垫料的鸡舍可根据厂商的说明把杀虫药粉剂加到垫料里控制螨虫。大的笼具和铁丝网或条板地面的禽舍里也可设专一的散粉箱，可达到同样的目的。笼养鸡也可用撒粉器撒粉。粉剂必须吹进羽毛里接触寄生虫。

各种杀虫剂都有其优缺点，寄生虫也可对药剂产生抗药性，因而，需要不断有新的药物开发出来。养殖场家应关注那些更适合自己生产管理系统的产品、制剂。但无论如何，最好的办法是通过良好的管理达到预防寄生虫侵袭的目的。

第五节 疫苗接种免疫

养鸡生产中使用疫苗是为了预防或减少野毒感染。疫苗和疫苗免疫程序是影响免疫效果的关键因素。鸡的免疫接种就是用人工的方法给鸡接种疫苗，从而激发鸡产生特异性抵抗力，使对某一病原微生物易感的鸡转化为对该病原微生物具有抵抗力的非易感状态，避免疫病的发生及流行。简单地说，鸡免疫接种的目的，就是提高鸡对传染性疾病的抵抗力，预防疾病的发生，保证鸡的健康。对于种鸡来说，免疫接种除了可以预防种鸡本身发病外，还能将母源抗体经卵传给刚孵化的雏鸡，以提高后代雏禽的免疫力。母源抗体对鸡的保护作用一般可持续2～3周。

一、疫苗的类型

用于预防鸡传染病的疫苗可分为两大类：一类是灭活苗，是把病毒或细菌灭活后制成的；一类是活毒疫苗或弱毒疫苗，是用毒力较弱、一般不会引起发病的活的病毒或细菌制成的。鸡活苗和灭活苗的一般特点见表1-9。

表1-9 鸡活苗和灭活苗的一般特点

活苗	灭活苗
抗原量小，免疫反应依赖于疫苗毒在机体内的繁殖	抗原量大，免疫后不能繁殖
可进行大群免疫——饮水、喷雾	几乎全是注射免疫
一般无佐剂	需要佐剂
对体内存在的抗体敏感	在体内存在抗体时，免疫诱导作用更强
疫苗污染的危险性（污染白血病病毒、网状内皮组织增殖症病毒）	无疫苗污染危险
组织反应——通常在各种组织可发生疫苗反应	无微生物繁殖，因此不出现反应，体表的反应是佐剂造成的结果
由于多种微生物同时使用可能出现相互干扰（如传染性支气管炎病毒、新城疫病毒和传染性喉气管炎病毒），联合使用相对受限制	联合使用干扰性小
产生免疫力快速	产生免疫力较慢

活疫苗广泛应用，常用于群体免疫，并且比较经济。活苗产生的免疫一般持续时间较短，尤其是初次免疫，但有些疫苗，如传染性喉气管炎、禽痘、马立克病疫苗，一次免疫即可形成长期保护力。

活疫苗一般避光冷藏贮存于冰箱。对于细胞结合性疫苗，如马立克病疫苗，液氮冻存可保持细胞培养物的活力。稀释活苗使用的稀释剂要符合要求，如细胞结合性马立克病疫苗一般有专用的稀释剂，目的是为了保持在稀释和接种疫苗期间疫苗培养物的活性。一般用于点眼、滴鼻及注射的疫苗稀释剂是灭菌蒸馏水。用于饮水的稀释剂，用蒸馏水或去离子水，也可用洁净的深井水。最好使用水溶液稳定剂，如脱脂奶粉，水溶液稳定剂可降低氯、金属残余物及高温对疫苗毒的一些不良影响。注意稀释疫苗不能用含消毒剂的自来水，因为自来水中消毒剂会把疫苗病毒杀死。

随着遗传工程的发展，出现了活病毒和细菌载体疫苗及基因缺失苗等基因工程活疫苗。这类重组疫苗利用活病毒或细菌作为载体重组编码其他病原的保护性抗原基因，接种后可产生对这种病原的免疫力，如表达 H5 亚型禽流感病毒血凝素基因的重组新城疫病毒疫苗、表达传染性囊病毒 VP2 抗原的火鸡疱疹病毒载体疫苗等。疱疹病毒载体疫苗为细胞结合性疫苗，受抗体干扰较小，是比较有应用前景的基因载体疫苗。

鸡所用的灭活苗一般是全细菌或全病毒加佐剂制成，经皮下或肌内注射接种，可刺激产生较长时间的免疫力，或维持长时间的针对特定抗原的抗体水平。为增强灭活苗的免疫效果，常在疫苗中加入佐剂。佐剂能吸附抗原并在动物体内形成免疫贮存，从而提高疫苗免疫效果，如氢氧化铝、蜂胶、油乳剂等。佐剂吸附抗原缓慢而长时间地向机体细胞内释放，呈现对鸡机体的持续刺激，进而诱发坚强而持久的免疫力。某些佐剂本身还能刺激免疫活性细胞促使抗体产生细胞的分化和增殖。

二、疫苗的免疫途径

鸡免疫接种常用的方法有点眼、滴鼻、皮下或肌内注射、饮水、气雾、刺种、擦肛及拌料等，在生产中采用哪一种方法，应根据疫苗的种类、性质及养殖场的具体情况决定，既要考虑工作方便，又要考虑免疫效果。

1. 胚内免疫

胚胎免疫可在种蛋从孵化器转到出雏器的过程中进行。在蛋壳上打孔，在气室底部的尿囊膜下注射疫苗。对于鸡的马立克病预防，欧美国家普遍采用胚胎免疫法，即对孵化过程中的胚蛋（约 18 日龄）实施疫苗接种，这种方法有着速度快、接种量准确、不会漏免、没有应激、最早产生抵抗力、节省人力、节省疫苗等优点。但胚内免疫方法会在出雏最后几天的鸡胚上留下一孔，如果孵化场卫生条件差，出雏器被细菌或真菌感染，会导致幼雏早期存活率低。孵化厂应注意控制曲霉菌污染，这样才会保证蛋内注射的成功。

2. 滴鼻、点眼

滴鼻、点眼是使疫苗通过上呼吸道或眼结膜进入体内的一种接种方法，一般用于呼吸道疾病疫苗的免疫，如新城疫疫苗、传染性支气管炎疫苗的接种。这种接种方法尤其适合于雏鸡，它可以避免疫苗病毒被母源抗体中和，应激小，从而有比较良好的免疫效果。点眼、滴鼻法是逐只进行，能保证每只鸡都能得到剂量一致的免疫，免疫效果确实，抗体水平整齐。操作时免疫人员应在疫苗滴入鼻或眼后有短暂停顿，以保证疫苗完全吸收。也可以在稀释液中加入染料，通过观察鼻或眼周围的颜色检查免疫的质量。

3. 饮水免疫

饮水免疫是养鸡场普遍使用的一种免疫技术。该方法操作方便，对鸡群影响较小，能在短时间内达到整群免疫。但由于种种原因会造成鸡饮入疫苗的量不均一，造成抗体效价参差不齐。许多研究表明，饮水免疫引起的免疫反应最小，往往不能产生足够的免疫力，不能抵御强毒株的感染。

为使饮水免疫达到预期效果，免疫前两天饮水系统应做好适当的准备，去除所有消毒剂（如氯）。最好使用较稀的脱脂奶粉水溶液冲洗饮水系统来缓冲残余的消毒剂，可在水中加入脱脂奶粉，这种缓冲作用对于疫苗具有一定的保护效果。免疫前停水约2小时，使鸡群达到轻度口渴的程度，这样才会取得最好的效果。

4. 气雾免疫

气雾免疫是通过喷雾器或空压机，将疫苗液喷成气雾状被鸡群吸入呼吸道，以达到免疫的目的。气雾免疫不但省时省力，而且对于某些呼吸道有亲嗜性的疫苗特别有效，如新城疫弱毒疫苗、传染性支气管炎弱毒疫苗等。但是气雾免疫对鸡的应激作用较大，尤其会加重慢性呼吸道病及大肠杆菌引起的气囊炎的发生。所以，必要时可在气雾免疫前后在饲料中加入抗菌药物。

喷雾免疫时雾滴的大小非常重要，在喷雾前可以用定量的水试喷，掌握好最佳的喷雾速度、喷雾流量和雾化粒子大小。一般对6周龄以内的雏鸡气雾免疫，气雾粒子为50微米；而对12周龄雏鸡气雾免疫时，气雾粒子取20～30微米为宜。相对湿度低时，雾滴到达鸡体时的颗粒大小就会降低，可能导致雾滴太小。直径小于20微米的小雾滴可直接进入到呼吸道的深部，如果是呼吸道病疫苗可能会引起较强的免疫反应。

5. 皮下或肌内注射

免疫皮下注射是将疫苗注射入鸡的皮下组织，如马立克病疫苗，多采用颈背部皮下注射。皮下注射时疫苗通过毛细血管和淋巴系统吸收，疫苗吸收缓慢而均匀，维持时间长。

肌内注射接种的疫苗吸收快、免疫效果较好，操作简便、应用广泛、副作用较小。灭活疫苗必须采用肌内注射法，不能口服，也不能用于滴鼻、点眼。肌内注射可在胸肌和腿肌部位，但进针时要注意，不要垂直刺入，以免伤及肝脏、心脏而造成死亡。肌内注射时灭活疫苗的乳化剂在免疫部位会存留较长时间，临近上市的肉鸡应避免肌内注射油乳剂灭活苗，以免造成胴体质量下降。

6. 翅下刺种免疫

翅下刺种免疫主要适用于鸡痘疫苗。常用专用的刺种针，形状为约3厘米长的塑料把，顶端有两根坚硬的不锈钢尖头叉，约2厘米长，针尖端均有一个斜面。将接种针在疫苗溶液中蘸一下，就会沾上一头份疫苗。刺种于鸡翅膀内侧无血管处，7～10天后可触摸疫苗接种部位是否有结节状疤块来检查免疫的质量。

7. 擦肛

此法仅用于传染性喉气管炎强毒性疫苗的接种，将鸡倒提，泄殖腔向上，用手握腹，使泄殖腔黏膜翻出，用接种刷蘸取疫苗涂擦泄殖腔黏膜。

三、影响免疫效果的因素

疫苗免疫接种是控制鸡疫病的重要手段，几乎所有品种鸡群都需采取免疫接种，然而实际生产表明，免疫接种后仍然会有疫病的发生，这种在接种疫苗后仍然发生同一种疾病的现象常称为免疫失败。影响免疫效果的因素是多方面的，但主要为疫苗因素、鸡及人为因素。

1. 母源抗体的影响

由于种鸡各种疫苗的广泛应用，使雏鸡母源抗体水平可能很高，母源抗体具有双重性，既有保护作用，也影响免疫效果。母源抗体滴度高时，进行免疫接种，疫苗病毒会被母源抗体中和而不起保护作用。因此在进行免疫接种时要考虑母源抗体的滴度，最好在免疫接种前测定母源抗体滴度，根据母源抗体消退规律制定合理的免疫程序。

2. 应激及免疫抑制因素的影响

饥渴、寒冷、过热、拥挤等不良因素的刺激，能抑制机体的体液免疫和细胞免疫，从而导致疫苗免疫保护力的下降。鸡感染传染性法氏囊病病毒、白血病病毒、马立克病病毒、网状内皮组织增生病病毒、传染性贫血病病毒、病毒性关节炎病毒等免疫抑制性疾病后，鸡的免疫功能显著下降，降低了对疫苗的免疫应答，而导致免疫失败。一些疫苗（如中等毒力的传染性法氏囊病病毒疫苗）本身具有免疫抑制作用，若使用剂量过大，则会造成鸡的免疫抑制，降低对其他疫苗的免疫效果。此外，饲料中的霉菌毒素对免疫系统的破坏造成的免疫抑制也是疫苗免疫失败的主要原因。

3. 疫苗相关问题

疫苗作为一种特殊的商品，在运输过程中必须严格按特定温度保存，否则就会降低其效价甚至失效。温度要求：细胞结合性疫苗必须在液氮保存、冻干苗－15℃保存、灭活苗 2～8℃保存。疫苗在运输过程中如果不能达到低温要求，运输时间过长，中途周转次数过多，使活毒疫苗抗原失活，使疫苗的效价下降，影响疫苗的免疫效果。

有的养鸡场在饮水免疫时直接用井水稀释疫苗，由于工业污水、农药、畜禽粪水、生活污水等渗入井水中，使井水中的重金属离子、农药、含菌量严重超标，用这种井水稀释疫苗，疫苗就会被干扰、破坏，使疫苗失活。所以采用合格的稀释液（厂家提供专用稀释液、灭菌生理盐水等）是免疫成功的关键。

用疫苗的同时饮服消毒水；饲料中添加抗菌药物；舍内喷洒消毒剂；紧急免疫时同时用抗菌药物进行防治。上述现象的结果是鸡体内同时存在疫苗成分及抗菌药物，造成活菌苗被抑杀、活毒苗被直接或间接干扰，灭活苗也会因药物的存在不能充分发挥其免疫潜能，最终疫苗的免疫力和药物的防治效果都受到影响。

盲目联合应用疫苗主要表现在同一时间内以不同的途径接种几种不同的疫苗。如同时用新城疫疫苗点眼、传染性支气管炎疫苗滴鼻、传染性法氏囊病疫苗滴口、鸡痘疫苗刺种，多种疫苗进入体内后，其中的一种或几种抗原成分产生的免疫成分，可能被另一种抗原性最强的成分产生的免疫反应所遮盖，另外的疫苗病毒进入体内后，在复制过程中会产生相互干扰作用，而导致免疫失败。

免疫接种的途径取决于相应疾病病原体的性质及入侵途径。全嗜性的可用多渠道接种，嗜消化道的多用滴口或饮水，嗜呼吸道的用滴鼻或点眼等。若免疫途径错误也会影响免疫效果，如传染性法氏囊病病毒的入侵途径是消化道，该病毒是嗜消化道的，所以传染性法氏囊病疫苗的免疫应采用饮水，滴鼻效果就比较差。

有些养鸡场在免疫接种时常因经济原因而随意缩小疫苗剂量，或过于追求效果而加大剂量。这都不符合免疫要求，因为剂量过小就会造成免疫水平低，过大就会造成免疫耐受或免疫麻痹。

4. 血清型不同

有的病原微生物有多种血清型，由于各种因素的作用，病原微生物在增殖过程中会发生变异，形成多种血清型和亚型。因此，若疫苗所含毒株与本地区流行毒株的血清型不一致，免疫接种后就不可能达到预期的免疫效果，导致免疫失败。如现阶段我国用于防控 H5N1 亚型高致病性禽流感病毒的 Re-4 株疫苗虽然疫苗毒（A/chicken/Shanxi/2/2006）的基因型属于 Clade7 分支，但与我国鸡中流行的 Clade7.2 分支的野毒抗原性差异很大，免疫后虽然能够产生高水平抗体，但仍不能很好地抵抗 Clade7.2 分支 H5 亚型禽流感病毒的感染。

第六节　合理药物治疗

尽管养鸡业是向着提高疾病预防和管理水平的方向发展，但是疾病的暴发还是不可避免的。随着我国多种疫病的出现，各种鸡用药越来越多，应用也越来越普遍。防控鸡病用药是一项技术性很强的工作，因此必须充分了解所使用的药物和治疗程序，科学缜密地把握各个环节，才能达到快速、高效、安全的目的。

药物的治疗成功与否与许多方面有关，包括病原的鉴定、药物的选择、有效药物浓度、合适的剂量、给药途径及药物之间的相互作用等。鸡发生的许多疾病（特别是细菌病）多是其他原发感染所引起的继发感染，确定原发感染的原因对最大限度降低现代化养禽业生产中药物的滥用极为重要。需要注意的是，药物治疗只是控制疾病暴发的一种手段，不是对管理疏漏和营养缺乏的一种补救。

一、治疗给药的途径

在养鸡生产中，针对鸡的药物给药方法很多，但由于一些养鸡场、养鸡户不了解给药途径的使用范围，常导致药物浪费或防治效果差，或药物中毒，造成不必要的经济损失。鸡给药方式主要有以下几种。

1. 混饲给药

是将药物按一定比例均匀拌入饲料，供鸡自由采食。此法适用鸡保健和鸡病的预防治疗，特别适用于大群饲养的鸡，以及不溶于水、适口性差的药物。混饲的药物有粉剂和液剂。拌药时先取少量的饲料，与药粉或药液充分拌匀，再将这些"预混料"拌到饲料中。对于液剂药物，应先用适量的水稀释，再参照粉剂的方法进行拌料。

2. 饮水给药

这种方法是最为方便、最为常用的给药方式，即把药物直接拌入水中，充分拌均匀后分别装到饮水器中。加入水中的药物应该是较易溶于水的粉剂或液剂。对油剂及难溶于水的药物不能用此法给药；对其水溶液稳定性较差的药物（如青霉素），要现配现用，饮用时间一般不宜超过 6 小时。此外，对于短期或紧急使用的药物，在配药饮用前，应先停止饮水 2～3 小时，饮用时摆放要均匀，尽量使每只鸡都能饮到。

3. 经口灌服

此法多用于用药量较少或用药量要求较精确的鸡群，对饲养较少的专业户或只有少量饲养的农户也可用此法。

4. 注射给药

主要是治疗疾病注射抗生素针剂时使用，优点是药液吸收快，用药量容易精确掌握，缺点是操作麻烦、工作量大。

5. 气雾法

即利用气雾发生器形成雾化粒子，均匀漂浮于空气中，通过鸡呼吸道给药的一种方法。这种方法吸收快、作用迅速，是一种既能局部作用又能经肺部吸收，并对呼吸道刺激不大的给药方式。

二、鸡药使用注意事项

鸡用药除了要掌握各种药物的药理作用、合理用药外，还要注意根据家禽的特点选择和使用药物，避免套用家畜甚至人医临床用药经验。

1. 鸡用药特点

与家畜相比，鸡具有一些不同的生理特点，这些特点与选用药物有密切关系。

① 不同鸡的食性不同。如鸡可采食粉料和颗粒料，可混饲给药，也可采用饮水给药。鸡有挑食饲料中颗粒的习性，饲料中添加氯化钠、碳酸氢钠、乳酸钠、丙酸钠时应严格控制其比例、粒度和搅拌均匀度，否则会出现矿物质中毒。根据鸡的食性，在临床用药时应注意药物的物理特性、饲料的混合均匀度及是否采用饮水给药等。

② 鸡味觉不灵敏。常会无鉴别地挑食饲料中的食盐颗粒而引起中毒。在饲料中添加食盐时，一定要注意其粒度大小，且要注意混合均匀并严格按标准添加。

③ 鸡的肠道长度与体长的比值较哺乳动物小，食物从胃进入肠后，在肠内停留的时间一般不超过一昼夜，添加在饲料或饮水中的药物可能未经充分消化就随粪便排出体外，有时药物尚未被完全吸收进入血液循环就被排到体外，药效维持时间短。因此，在生产实际中，为了维持较长时间的药效，常常需要长时间或经常性添加药物才能达到治疗目的。

④ 鸡无膀胱，尿在肾脏中生成后，经输尿管直接输送到泄殖腔，与粪便一起排出。鸡尿一般呈弱酸性（pH 6.2～6.7）。磺胺类药物的代谢产物乙酰化磺胺在酸性尿液中会出现结晶，从而导致肾损伤。因此，在应用磺胺类药物时，要适当添加一些碳酸氢钠，以减少乙酰化磺胺结晶，减轻对肾的损伤。

⑤ 禽类无汗腺，高温季节热应激时，应加强物理降温措施，也可在日粮或饮水中添加小苏打、氯化钾、维生素 C 等药物。

2. 家禽对药物的敏感性

家禽对某些药物具有较高的敏感性，应用药物时必须慎重，防止引起中毒。如鸡对有机磷酸酯类非常敏感，所以鸡一般不能用敌百虫作驱虫药内服。家禽对氯化钠较为敏感，日粮中超过 0.5%，易引起不良反应，雏鸡饮用 0.9% 食盐水，可在 5 天内致雏鸡 100% 死亡。

鸡对磺胺类药物的吸收率较其他动物高，当药量偏大或用药时间过长，对鸡特别是外来纯种鸡或雏鸡会产生较强的毒性作用。磺胺类药物还能影响肠道微生物对维生素 K 和维生素 B 的合成。故磺胺类药物一般不宜作饲料添加剂长期应用，在治疗鸡肠炎、球虫病、禽霍乱、传染性鼻炎等疾病时应选择乙酰化率低、与蛋白结合程度低、乙酰化物溶解度高而容易排泄的磺胺类药物，并同时使用小苏打以碱化尿液促进乙酰化物排出。鸡对链霉素、卡那霉素也比较敏感，应用不当时易致中毒。鸡长期大剂量使用四环素可以引起肝的损伤，甚至引起肝脏急性中毒而造成鸡死亡；四环素还可以引起肾小管的损伤、尿酸盐沉积及造成肾功能不全。长期口服四环素和金霉素可刺激胃肠道蠕动增强，影响营养物质吸收，造成呕吐、流涎、腹泻等症状。聚醚类抗生素（莫能菌素、盐霉素、马杜霉素和拉沙菌素等）对鸡的常用剂量的安全范围较窄，易产生毒性。同时，这类药物禁止与泰妙菌素（支原净）、泰乐菌素、竹桃霉素合用，因这些药物可影响聚醚类抗生素的代谢，合用时导致中毒，引起鸡生长迟缓、运动失调、麻痹瘫痪，直至死亡。家禽禁用药详见本书附录《食品动物禁用的兽药及其他化合物清单》。

3. 饲料对药物作用的影响

有些饲料能降低药效，阻碍药物被吸收，达不到治病的目的，因此，对鸡使用某些药物时必须注意饲料对药效的影响，以确保治疗效果。如用四环素、铁制剂等药物时应停止喂石粉、骨粉、贝壳粉、蛋壳粉等含钙质饲料；用维生素 A 时停用棉籽饼，因棉籽饼可以影响维生素 A 的吸收利用；使用磺胺类药物时少用或停喂富含硫的饲料；因硫可加重磺胺类药物对血液的毒性，引起硫化血红蛋白血症。在应用含硫药物如硫酸链、硫酸钙、硫酸钠、人工盐时，也应停止用含磺胺类药物饲料。用硫酸亚铁治疗鸡贫血时要停喂麦麸。在治疗因钙磷失调而患的软骨症或佝偻病时，应停喂麸皮。因麸皮是高磷低钙饲料，含磷量为含钙量的 4 倍以上。在以下情况应限制或停喂食盐：一是在用溴化物制剂时，食盐中的氯离子可促进溴离子加快排泄；二是在口服链霉素时，食盐可降低链霉素的疗效；三是治疗肾炎期间，因食盐中的钠离子可使水分在体内滞留，引起水肿，使肾炎加重。

4. 药物的配合使用

不同的药物都有其独特的物理和化学特性。药物之间不合理的配伍使用会造成药物之间发生作用，轻者影响药物的效果，重者造成家禽死亡。例如，微酸性的药物不能与微碱性的药物混合使用。微酸性药物有磺胺药和青霉素，微碱性的药物有红霉素、链霉素、庆大霉素、新霉素、四环素和林可霉素。有些药物，如磺胺药和青霉素在碱性溶液中（pH＞7）效果更好，而红霉素和四环素在酸性溶液中（pH 6～7）效果更好。抗生素中添加维生素和电解质会影响抗生素贮存液的 pH，青霉素与维生素混合使用会出现拮抗作用，因此不能混合使用。此外，有的药物之间作用还会产生沉淀、失效、毒性增强等负面效果。

第二章 鸡疫病的诊疗与处方

第一节 鸡常见病毒病的诊疗与处方

一、禽流感

禽流感是由 A 型禽流感病毒引起的一种禽类传染病。该病毒属于正黏病毒科，根据病毒的血凝素（HA）和神经胺酸酶（NA）的抗原差异，将 A 型禽流感病毒分为不同的血清型，目前已发现 16 种 HA 和 9 种 NA，可组合成许多血清亚型。毒株间的致病性有差异，根据各亚型毒株对禽类的致病力的不同，将禽流感病毒分为高致病性、低致病性和无致病性病毒株。

（一）高致病性禽流感

高致病性禽流感，又名真性鸡瘟或欧洲鸡瘟，是由高致病性禽流感病毒 H5 和 H7 亚型（H5N1、H5N2、H7N1、H7N9）引起的一种急性、高度致死性传染病。临床上以鸡群突然发病、发热、羽毛松乱、成年母鸡产蛋停止、鸡呼吸困难、冠髯发紫、颈部皮下水肿、腿鳞出血，高发病率和高死亡率，胰腺出血坏死、腺胃乳头轻度出血等为特征。该病已被世界动物卫生组织（OIE）规定为 A 类传染病，中华人民共和国农业部关于《一、二、三类动物疫病病种名录》的公告（第 1125 号）将其列为一类疫病。自 2004 年在我国周边国家暴发以后，在我国的广西等十多个省市先后也暴发了禽流感的疫情，造成了重大的经济损失和较大的社会影响。目前，我国高度重视高致病性禽流感的防控，免费发放疫苗并实行强制免疫。与此同时，为了保障养殖业生产安全和公共卫生安全，农业部办公厅于 2017 年 6 月 5 日下发了关于做好广东、广西 H7N9 免疫工作的通知。2017 年 7 月 10 日农业部关于切实做好全国高致病性禽流感秋季免疫工作的通知指出，从 2017 年秋季开始，在家禽免疫 H5 亚型禽流感的基础上，对全国家禽全面开展 H7N9 免疫，并组织制定了全国高致病性禽流感免疫方案。据报道，有些病毒毒株（如 H5N1、H7N9）可以引起人的发病和死亡，应引起注意。

1. 诊断要点

（1）流行特点

① 易感动物：多种家禽、野禽和（迁徙）鸟类均易感，但以鸡和火鸡易感性最高。

② 传染源：主要为病禽（野鸟）和带毒禽（野鸟）。野生水禽是自然界流感病毒的主要带毒者，鸟类也是重要的传播者。病毒可长期在污染的粪便、水等环境中存活。

③ 传播途径：主要通过接触感染禽（野鸟）及其分泌物和排泄物、污染的饲料、水、蛋托（箱）、垫草、种蛋、鸡胚和精液等媒介，经呼吸道、消化道感染，

也可通过气源性媒介传播。

④ 流行季节：本病一年四季均可发生，以冬春季节发生较多。

（2）临床症状　不同日龄、不同品种、不同性别的鸡均可感染发病，潜伏期为3~5天，发病率高，可造成大批死亡。急性病例病程极短，常无任何临床症状而突然死亡。病程1~2天时，病鸡精神极度沉郁，体温升高达43℃以上，不食，蛋鸡产蛋停止。鸡冠、肉垂和眼的周围呈紫红色或紫黑色，头部、颈部及声门出现水肿，伴呼吸湿啰音，鼻腔有灰色或红色渗出物，脚部鳞片出血呈紫黑色。有的病鸡见腹泻，粪便呈灰绿色或红色，后期出现神经症状，头颈麻痹、抽搐，甚至出现眼盲，最后衰竭死亡。

（3）剖检病变　病/死鸡剖检时可见头部、眼周围、耳和肉垂有水肿，皮下可见黄色胶冻样液体；胸部肌肉、脂肪及胸骨内面有小出血点，腺胃乳头肿胀、轻度出血，腺胃和肌胃的交界处黏膜出血；胰腺出血、表面有少量的白色或淡黄色坏死点；消化道黏膜广泛出血，尤其是十二指肠黏膜和盲肠扁桃体出血更为明显；呼吸道黏膜充血、出血；心冠脂肪、心肌出血，肝脏肿大、淤血；脾脏、肺脏、肾脏出血；在蛋鸡或种鸡，卵泡充血、出血，卵巢萎缩，输卵管内可见乳白色分泌物或凝块，有的见卵泡破裂引起的卵黄性腹膜炎。

（4）实验室诊断　必须依靠病毒的分离鉴定和血清学试验。主要血清学检查方法有血凝和血凝抑制试验、琼脂扩散试验、病毒中和试验。此外，利用基因扩增方法（PCR）直接检出病毒的基因，此方法较常规的病毒分离法速度快、特异性高，而且可克服因野外取料混有其他病毒造成的误诊。

（5）鉴别诊断　该病与新城疫在临床症状、剖检病变方面十分相似，极易混淆，临床上应注意鉴别，最简便实用的方法是血凝抑制试验。此外，该病的有关病变与鸡传染性喉气管炎（ILT）、肿头综合征（SHS）、减蛋综合征（EDS-76）、衣原体病、支原体病等类似，应注意区别。

2. 防治措施

（1）预防

① 免疫接种：目前使用的疫苗品种有灭活疫苗和重组活载体疫苗两大类。灭活疫苗有 H5 亚型、H9 亚型、H5-H9 亚型二价、H7-H9 亚型二价和变异株疫苗五类。H5 亚型有 N28 株（H5N2 亚型，从国外引进，曾用于售往香港和澳门的活鸡免疫）、H5N1 亚型毒株、H5 亚型变异株（2006 年起已在北方部分地区使用）、H5N1 基因重组病毒 Re-1 株（是 GS/GD/96/PR8 的重组毒，广泛用于鸡和水禽）等；H9 亚型有 SS 株和 F 株等，均为 H9N2 亚型。重组活载体疫苗有重组新城疫病毒活载体疫苗（rl-H5 株）和禽流感重组鸡痘病毒载体活疫苗。为了达到一针预防多病的效果，目前已经有禽流感与其他疫病的二联和多联疫苗，在临床上可根据鸡场的情况选用。

a. 蛋鸡（包括商品蛋鸡与父母代种鸡）参考免疫程序　14 日龄首免，肌内注射 H5N1 亚型禽流感灭活苗或重组新城疫病毒活载体疫苗。35~40 日龄时用同样免疫进行二免。开产前再用 H5N1 亚型禽流感灭活苗进行强化免疫，以后每隔 4~6 个月免疫一次。在 H9 亚型禽流感流行的地区，应免疫 H5 和 H9 亚型二价与 H7 和 H9 亚型二价灭活苗。

b. 肉鸡参考免疫程序　7~14 日龄时肌内注射 H5N1 亚型或 H5 和 H9 二价、

H7 和 H9 亚型二价禽流感灭活苗即可，或 7～14 日龄时用重组新城疫病毒活载体疫苗首免，2 周后用同样疫苗再免。

② 加强检疫和抗体监测：检疫物包括进口的鸡、水禽、野禽、观赏鸟类、精液、禽产品、生物制品等，严防高致病性禽流感病毒从国外传入。同时，做好免疫鸡群的抗体检测工作，为优化免疫程序和及时免疫接种提供参考依据。

③ 强化饲养管理和生物安全：坚持全进全出和/或自繁自养的饲养方式，在引进种鸡及产品时，一定要来自无禽流感的养鸡场；采取封闭式饲养，饲养人员进入生产区应更换衣、帽及鞋靴；严禁其他养禽场人员参观，生产区设立消毒设施，对进出车辆彻底消毒，定期对鸡舍及周围环境进行消毒，加强带鸡消毒；设立防护网，严防野鸟进入鸡舍；定期消灭养鸡场内的有害昆虫（如蚊、蝇）及鼠类。

（2）治疗　该病一旦发生，必须严格按《中华人民共和国动物防疫法》的要求，采取果断措施扑杀感染鸡群（高温处理或深埋或烧毁），常可收到阻止蔓延和缩短流行过程的效果。严禁将病鸡、死鸡和污染肉品出售。对鸡舍，饲槽、饮水器、用具、栖架及环境进行清扫和消毒。垃圾、粪便、垫料、吃后剩余饲料等清除、堆积发酵，或深埋或烧掉。对受到传染威胁的鸡群进行详细观察和检查，对临床健康的鸡群进行禽流感疫苗的紧急接种。

【处方】预防用

禽流感灭活疫苗　　　　　　　　　　　　500 毫升

用法：首免每只鸡 0.3 毫升皮下或肌内注射，二免每只鸡 0.5 毫升皮下或肌内注射。三免在开产前进行，每只鸡 0.5 毫升皮下或肌内注射。商品蛋鸡和种鸡在产蛋中期的 240 日龄左右可进行四免。

说明：为了避免由于使用低劣疫苗而导致免疫效果欠佳甚至免疫失败，建议在免疫前和免疫后 15 日或在 1～3 日龄、25～28 日龄、50～60 日龄和 120 日龄进行禽流感的抗体监测，根据其监测结果进行及时采取必要的措施。

（二）低致病性禽流感

低致病性禽流感主要由中等毒力以下禽流感病毒（如 H9N2）引起，以产蛋鸡产蛋率下降或青年鸡的轻微呼吸道症状和低死亡率为特征，感染后往往造成鸡群的免疫力下降，易发生并发或继发感染。

1. 诊断要点

（1）流行特点　同高致病性禽流感。

（2）临床症状　病初表现体温升高，精神沉郁，采食量减少或急骤下降，排黄绿色稀便，出现明显的呼吸道症状（咳嗽、啰音、打喷嚏、伸颈张口、鼻窦肿胀等），后期部分鸡有神经症状（头颈后仰、抽搐、运动失调、瘫痪等）。产蛋鸡感染后，蛋壳质量变差、畸形蛋增多，产蛋率下降，严重时可停止产蛋。

（3）剖检病变　剖检病/死鸡可见口腔及鼻腔积存黏液，并常混有血液；腺胃乳头及其他内脏器官轻度出血；产蛋鸡卵泡充血、出血、变形、破裂，输卵管内有白色或淡黄色胶冻样或干酪样物。

（4）诊断　同高致病性禽流感。

2. 防治措施

（1）预防　免疫程序和接种方法同高致病性禽流感，只是所用疫苗必须含有与养禽场所在地一致的低致病性禽流感的毒株即可。H9 亚型有 SS 株和 F 株等，均为 H9N2 亚型。

（2）治疗　根据低致病性禽流感的发病特点，采用中西结合的方法进行辅助治疗（仅供参考）。

【处方1】预防用　同高致病性禽流感。

【处方2】禽流感多价卵黄抗体或抗血清　　　　　适量

用法：雏鸡 1～2ml，青年鸡和成年鸡 2～3ml，肌内注射，1 天 1 次，连用 2 天。

【处方3】

① 板蓝根注射液（口服液）　　　　　　　　　适量

② 阿莫西林　　　　　　　　　　　　　　　　适量

用法：每羽成年鸡按板蓝根注射液（口服液）1～4ml，一次肌内注射/口服；阿莫西林按 0.01%～0.02% 浓度混饮或混饲，每天 2 次，连用 3～5 天。

说明：也可选用双黄连注射液（口服液）、柴胡注射液（口服液）、黄芪多糖注射液（口服液）、芪蓝囊病饮、金银花注射液（口服液）、斯毒克口服液、四季抗病毒口服液等结合抗生素试治。联用的抗菌药可对症选择，如针对大肠杆菌的可用阿莫西林+舒巴坦，或阿莫西林+乳酸环丙沙星，或单纯阿莫西林；针对呼吸道症状的可用罗红霉素+氧氟沙星，或多西环素+氧氟沙星，或阿奇霉素；兼治鼻炎可用泰灭净。但在这些药物中，多西环素与某些中药口服液混饮会加重苦味，如鸡群厌饮、拒饮，可改用其他药物。病情较重时，用中药口服液的原液（不加水）适量灌服，1 天 1～2 次，连续 2～4 天。

【处方4】

金丝桃素（贯叶连翘提取物）　　　　　　　　适量

用法：预防剂量为每吨饲料中添加 400g，连续使用 7 天。治疗剂量为每只鸡服用 50～70mg，连续使用 3～4 天。

【处方5】禽用基因干扰素　　　　　　　　　　适量

用法：早期肌内注射/口服禽用基因干扰素，每只 0.01ml，每天 1 次，连用 2 天，有一定疗效。

【处方6】聚肌胞　　　　　　　　　　　　　　适量

用法：早期每羽成年鸡肌内注射聚肌胞，每只 0.5～1mg，每 3 日 1 次，连用 2～3 次，有一定疗效。

【处方7】银翘散

金银花 60g，连翘 45g，薄荷 30g，荆芥 30g，淡豆豉 30g，牛蒡子 45g，桔梗 45g，淡竹叶 20g，甘草 15g。

用法：按每只鸡 1～3g，拌料饲喂，连用 3～5 天。

说明：若呼吸不畅，同时伴有发热时，配合麻杏石甘散效果更佳。

【处方8】荆防败毒散

荆芥 45g，防风 30g，羌活 25g，独活 25g，柴胡 30g，前胡 25g，枳壳 30g，茯苓 45g，桔梗 30g，川芎 25g，甘草 15g，薄荷 15g。

用法：按每只鸡 1～3g，拌料饲喂，连用 3～5 天。

【处方9】金叶清瘟散

金银花 320g，大青叶 320g，板蓝根 240g，蒲公英 160g，紫花地丁 160g，柴胡 240g，鹅不食草 128g，连翘 160g，甘草 160g，天花粉 120g，白芷 120g，防风 80g，赤芍 48g，浙贝母 112g，乳香 16g，没药 16g。

用法：按每千克饲料 5～10g，混饲，连用 5～7 天。

【处方10】瘟毒克散

穿心莲 363g，板蓝根 163g，鱼腥草 120g，连翘 100g，石菖蒲 40g，广藿香 40g，蟾酥 9g，冰片 60g，芦根 65g，石膏 40g。

用法：按每只鸡 0.5g，拌料饲喂，连用 3～5 天。

【处方11】双黄连散

金银花 375g，黄芪 375g，连翘 750g。

用法：按每只鸡 0.75～1.5g，拌料饲喂，连用 3～5 天。

【处方12】茵陈金花散

茵陈 70g，金银花 50g，黄芩 60g，黄柏 40g，柴胡 40g，龙胆草 60g，防风 60g，荆芥 60g，甘草 40g，板蓝根 120g。

用法：按鸡每千克体重 0.5g 拌料饲喂，1 天 2 次，连用 3 天。

【处方13】二黄穿虎散

穿心莲 30g，黄芩 30g，黄连 10g，虎杖 20g，马缨丹 20g，白花蛇舌草 20g，酒饼叶 20g，墨旱莲 20g，郁金 10g，雄黄 10g，冰片 4g，甘草 10g。

用法：按鸡每千克体重 0.4～0.8g 拌料饲喂，1 天 2～3 次，连用 3 天。

【处方14】金银花 120g，连翘 120g，板蓝根 120g，蒲公英 120g，青黛 120g，甘草 120g。

用法：水煎取汁，100 只鸡 1 次饮服，1 天 1 剂，连服 3～5 剂。

【处方15】柴胡 10g，陈皮 10g，双花 10g。

用法：煎水灌服，5～8 只鸡 1 次用量，1 天 1 剂，连服 3～5 剂。

【处方16】大黄 10g，黄芩 10g，板蓝根 10g，地榆 10g，槟榔 10g，栀子 5g，松针粉 5g，生石膏 5g，知母 5g，藿香 5g，黄芪 10g，秦艽 5g，芒硝 5g。

用法：用开水泡 1 夜，上清液饮用，药渣拌料喂之，也可共研过 20 目筛，拌料喂服，连用 2～3 天。

说明：该方是 50 羽鸡 1 天的治疗量或 100 羽鸡 1 天的预防量。

【处方17】大青叶 40g，连翘 30g，黄芩 30g，菊花 20g，牛蒡子 30g，百部 20g，杏仁 20g，桂枝 20g，黄柏 30g，鱼腥草 40g，石膏 60g，知母 30g，款冬花 30g，山豆根 30g。

用法：煎汤饮水，供 300～500 只鸡 1 次饮服，1 天 1 剂，连用 2～3 剂。

【处方18】其他处方请参照非典型新城疫治疗条目下的处方。

二、新　城　疫

是由鸡新城疫病毒引起的禽的一种传染病。毒株间的致病性有差异，根据各亚型毒株对鸡的致病力的不同，将其分为典型新城疫和非典型新城疫。

（一）典型新城疫

是由新城疫病毒强毒力或速发型毒株引起鸡的一种急性、热性、败血性和高度接触性传染病。临床上以发热、呼吸困难、排黄绿色稀便、扭颈、腺胃乳头出血、肠黏膜、浆膜出血等为特征。该病的分布广、传播快、死亡率高，它不仅可引起养鸡业的直接经济损失，而且可严重阻碍国内和国际的禽产品贸易。世界动物卫生组织（OIE）将其列为必须报告的动物疫病，我国将其列为一类动物疫病。

1. 诊断要点

（1）流行特点

① 易感动物：鸡、野鸡、火鸡、珍珠鸡、鹌鹑均易感，以鸡最易感。历史上有好几个国家因进口观赏鸟类而导致了本病的流行。

② 传染源：病禽和带毒禽是本病主要传染源，鸟类也是重要的传播媒介。病毒存在于病鸡全身所有器官、组织、体液、分泌物和排泄物中。

③ 传播途径：病毒可经消化道、呼吸道、眼结膜、受伤的皮肤和泄殖腔黏膜侵入机体。

④ 流行季节：本病一年四季均可发生，但以春秋季多发。

（2）临床症状

① 最急性型：发病急、病程短，一般无特征性症状而突然死亡，多见于疾病流行初期和雏鸡。

② 急性型：起初体温升高达 43～44℃，突然减食，饮欲增加，精神沉郁，食欲减退，闭目缩颈，尾下垂，离群呆立一隅，冠、髯呈紫色，嗉囊积液。将病死鸡倒提时，从口腔中流出大量黏液。呼吸困难，张口呼吸，喉部发出"咯咯"声，有时打喷嚏，排黄绿色或黄白色恶臭稀粪，产蛋鸡还表现产蛋停止。发病后 2～3 天鸡的死亡数量明显增多。

③ 亚急性型和慢性型：疾病的后期部分鸡出现神经症状，如站立不稳，跛行，垂翅，头颈转向一侧，当惊扰或抢食时，常可见到个别病鸡突然后仰倒地，抽搐就地旋转，数分钟后又恢复正常。成年鸡发病时死亡率较低，但产蛋率急剧下降、蛋壳褪色、软壳蛋增多及剧烈腹泻等。

（3）剖检病变　见口腔、鼻腔、喉气管内有多量浑浊黏液；喉头和气管黏膜充血、出血；嗉囊肿大，内充满酸臭液体和气体；腺胃黏膜水肿，乳头出血；小肠黏膜有枣核形的出血区，略突出于黏膜表面；盲肠扁桃体肿大、出血和溃疡；直肠黏膜呈条纹状出血。产蛋鸡卵泡充血、出血，有的卵泡破裂使腹腔内有蛋黄液。

（4）诊断　由于急性、典型新城疫的症状和病变与高致病性禽流感相似，因此仅凭症状和病变很难做出准确的诊断。可参考鸡群的免疫程序和血凝抑制抗体滴度做出判断，如已有明显的新城疫临床症状和病理变化，而又有新城疫免疫失败、抗体滴度很低的记录，则可做出初步诊断。确诊需要做病毒学（病毒的分离、鉴定）、血清学（血凝和血凝抑制试验、免疫荧光抗体技术、血清中和试验、ELISA、单克隆抗体技术等）和分子生物学（核酸探针等）等方面的工作。

2. 防治措施

（1）预防

① 免疫接种：非疫区（或安全鸡场）的鸡群一般在 10～14 日龄用鸡新城疫Ⅱ系（B1 株）、Ⅳ系（LaSota 株）、C30、N79、V4 株等弱毒苗滴鼻或点眼，25～28 日龄时用同样的疫苗进行饮水免疫，并同时肌内注射 0.3 毫升新城疫油佐剂灭活苗。疫区鸡群于 4～7 日龄用鸡新城疫弱毒苗首免（滴鼻或点眼），17～21 日龄用同样的疫苗同样的方法二免，35 日龄三免（饮水）。利用监测手段掌握抗体水平，若在 70～90 天之间抗体水平偏低，再补做一次弱毒苗的气雾免疫或Ⅰ系苗接种，

120天和240天左右分别进行一次油佐剂灭活苗加强免疫即可。近年来在靠近水禽养殖场的鸡场的鸡群需要注意基因Ⅶ新城疫毒株的影响。

②重视抗体监测：有条件的鸡场（无条件的鸡场可委托有关单位测定）应定期对不同大小的鸡群，抽样检查HI抗体，以便及时了解鸡群的抗体水平的变化情况，为及时采取相应的措施和完善免疫程序提供依据。

③严格执行卫生消毒措施：请参照第一章中有关鸡场消毒的描述，同时防止其他禽类（如鸭、鹅）、候鸟、犬、猫、鼠等动物进入鸡舍，避免一切可能带进病原的因素。

（2）治疗　该病一旦发生，必须严格按《中华人民共和国动物防疫法》的要求，采取果断措施扑杀全部病鸡（高温处理或深埋或烧毁），常可收到阻止蔓延和缩短流行过程的效果。严禁将病鸡、死鸡和污染肉品出售。对鸡舍、饲槽、饮水器、用具、栖架及环境进行清扫和消毒。垃圾、粪便、垫草、吃后剩余饲料等清除、堆积发酵，或深埋或烧掉。对受到传染威胁的鸡群进行详细观察和检查，对临床健康的鸡群进行2～3倍剂量的鸡新城疫弱毒疫苗进行点眼、滴鼻或皮下/肌内注射紧急接种。

【处方】预防用
鸡新城疫弱毒疫苗Ⅱ系或Ⅳ系或其他毒株的弱毒疫苗　　　1羽份
鸡新城疫油佐剂苗　　　　　　　　　　　　　　　　　　0.5～1ml

用法：鸡7日龄、21日龄时用鸡新城疫弱毒疫苗Ⅱ系或Ⅳ系（N79）或其他毒株的弱毒疫苗滴鼻、点眼、喷雾或饮水；42日龄、120日龄用油佐剂疫苗肌内注射。120日龄时也可用鸡新城疫-传染性支气管炎-产蛋下降综合征-禽流感四联苗0.5～1ml肌内注射。首免日龄最好依据所测母源抗体的高低而定。

（二）非典型新城疫

近十几年来，发现鸡群免疫接种新城疫弱毒型疫苗后，以高发病率、高死亡率、暴发性为特征的典型新城疫已十分罕见，代之而起的低发病率、低死亡率、高淘汰率、散发的非典型新城疫却日渐流行。

1. 诊断要点

（1）流行特点　同典型新城疫。

（2）临床症状　非典型新城疫多发生于30～40日龄的免疫鸡群和有母源抗体的雏鸡群，发病率和死亡率均不高。患病雏鸡主要表现为明显的呼吸道症状，病鸡张口伸颈、气喘、呼吸困难，有"呼噜"的喘鸣声，咳嗽，口中有黏液，有摇头和吞咽动作。除有死亡外，病鸡还出现神经症状，如歪头、扭颈、共济失调、头后仰呈观星状，转圈后退、翅下垂或腿麻痹、安静时恢复常态，尚可采食饮水，病程较长，有的可耐过，稍遇刺激即可发作。成年鸡和开产鸡症状不明显，且极少死亡。蛋鸡产蛋量急剧下降，一般下降20%～30%，软壳蛋、畸形蛋和粗壳蛋明显增多。种蛋的受精率、孵化率降低，弱雏增多。

（3）剖检病变　肉眼可见病变不明显。雏鸡一般见喉头和气管明显充血、水肿、出血、有多量黏液；30%病鸡的腺胃乳头肿胀、出血；十二指肠淋巴滤泡增生或有溃疡；泄殖腔黏膜出血，盲肠、扁桃体肿胀出血等；成鸡发病时病变不明显，仅见轻微的喉头和气管充血；蛋鸡卵巢出血，卵泡破裂后因细菌继发感染引起腹膜炎和气囊炎。

（4）诊断　同典型新城疫。

2. 防治措施

（1）预防　加强饲养管理，严格消毒制度；运用免疫监测手段提高免疫应答的整齐度，避免"免疫空白期"和"免疫麻痹"；制定合理的免疫程序，选择正确的疫苗，使用正确的免疫途径进行免疫接种。表 2-1 为临床实践中已经取得良好效果的预防鸡非典型新城疫的疫苗使用方案，供参考。

表 2-1　临床上预防鸡非典型新城疫的疫苗使用方案

免疫时间	疫苗种类	免疫方法
1 日龄	C30＋Ma5	点眼
21 日龄	C30	点眼
8 周龄	IV系、N79、V4 等	点眼/饮水
13 周龄	IV系、N79、V4 等	点眼/饮水
16～18 周龄	IV系、N79、V4 等 新支减流四联油乳剂灭活疫苗	点眼/饮水 肌注
35～40 周龄	IV系、N79、V4 等 新流二联油乳剂灭活疫苗	点眼/饮水 肌注

注：为加强鸡的局部免疫，可在 16～18 周龄与 35～40 周龄中间，采用喷雾法免疫 1 次鸡新城疫弱毒苗，以获得更全面的保护。

（2）治疗　宜采取抗体疗法，同时配合抗病毒、抗感染辅助疗法。仅供参考。

【处方 1】

抗鸡新城疫高免血清　　　　　1ml

用法：1 只鸡 1 次肌内注射，必要时在第 2 天可再注射一次。

说明：同时配合使用安乃近或卡巴匹林钙和维生素 C，可以缓解病毒引起的高热症。

【处方 2】

抗鸡新城疫卵黄抗体　　　　　1～3ml

用法：1 只鸡 1 次颈背皮下或肌内注射，必要时在第 2 天可再注射一次。

说明：也可用高免蛋按 1 天 1 只鸡 1 个蛋黄，拌入料中，连用 2 次。早期治疗可收到一定的效果。

【处方 3】

糖萜金康　　　　　　　　　适量

用法：按每 100g 兑水 400kg，或按每 100g 拌料 200kg，连用 3～5 天。集中使用，效果更佳。

说明：也可选用黄金萜、复方糖萜素等类似的产品，剂量按说明书使用。

【处方 4】清瘟败毒散

石膏120g，地黄 30g，水牛角 60g，黄连 20g，栀子 30g，牡丹皮 20g，黄芩25g，赤芍 25g，玄参 25g，知母 30g，连翘 30g，桔梗 25g，甘草 15g，淡竹叶 25g。

用法：按 1 只鸡 1～3g 拌料饲喂，连用 3～5 天。

【处方 5】普济消毒散

大黄 30g，黄芩 25g，黄连 20g，甘草 15g，马勃 20g，薄荷 25g，玄参 25g，牛蒡子 45g，升麻 25g，柴胡 25g，桔梗 25g，陈皮 20g，连翘 30g，荆芥 25g，板蓝根 30g，青黛 25g，滑石 80g。

用法：按 1 只鸡 1～3g，拌料饲喂，连用 3～5 天。

【处方 6】板青颗粒

板蓝根 600g，大青叶 900g。

用法：按 1 只鸡 0.5g，拌料饲喂，连用 3～5 天。

【处方 7】

金银花 120g，连翘 120g，板蓝根 120g，蒲公英 120g，青黛 120g，甘草 120g。

用法：水煎取汁，供 100 只鸡 1 次饮服，1 天 1 剂，连用 3～5 剂。

【处方 8】 其他处方请参考低致病性禽流感治疗条目下的处方。

三、鸡传染性法氏囊病

是由鸡传染性法氏囊病毒引起的一种急性、高度接触性传染病。临床上以排石灰水样粪便，法氏囊显著肿大并出血，胸肌和腿肌呈斑块状出血为特征。该病病毒主要侵害鸡的体液免疫中枢器官——法氏囊，所以鸡群发生本病后，不仅会造成一部分鸡死亡，更重要的是导致鸡体液免疫机能障碍，并可诱发多种疫病和多种疫苗的免疫失败。该病传入我国以来，造成了很大的经济损失，是严重威胁我国养鸡业的重要传染病之一。

1. 诊断要点

（1）流行特点

① 易感动物：主要感染鸡和火鸡，鸭、珍珠鸡、鸵鸟等也可感染。火鸡多呈隐性感染。

② 传染源：主要为病鸡和带毒禽。病禽在感染后 3～11 天排毒达到高峰，该病毒耐酸、耐碱，对紫外线有抵抗力，在鸡舍中可存活 122 天，在受污染饲料、饮水和粪便中 52 天仍有感染性。

③ 传播途径：主要经消化道、眼结膜及呼吸道感染。

④ 流行季节：本病无明显季节性。

（2）临床症状 主要表现为腹泻、颤抖、严重脱水、极度虚弱。潜伏期一般为 2～3 天，最初发现有些病鸡羽毛蓬松、啄肛。采食减少，病鸡畏寒打堆，精神不好，出现腹泻，排出白色黏稠和水样稀粪，泄殖腔周围的羽毛被粪便污染。严重的病鸡通常感染后第 3 天开始死亡，7 天左右达到高峰后很快平息，表现为高峰死亡和迅速康复的曲线。

（3）剖检病变 见病死鸡严重脱水，特征性的病变出现在法氏囊。法氏囊水肿和出血，体积增大，数天后法氏囊开始萎缩，法氏囊内黏液增多，切开后黏膜皱褶多浑浊不清，黏膜表面有出血点。有的法氏囊内有干酪样渗出物。肾脏有不同程度的肿胀。腺胃和肌胃交界处有条状出血点。腿部和胸部肌肉出血。组织学变化可见法氏囊髓质区的淋巴细胞坏死和变性。

（4）诊断 根据流行病学、临床症状和剖检病变可做出初步诊断。确诊要通过病原分离鉴定和血清学等方法，中和试验、酶联免疫吸附试验（ELISA）、琼脂扩散试验是常用的诊断方法。

2. 防治措施

（1）预防

① 免疫接种：鸡传染性法氏囊病的疫苗有两大类——活疫苗和灭活苗。活疫苗分为三种类型，一类是温和型或低毒力型的活苗如 A80、D78、PBG98、LKT、Bu-2、LID228、CT 等；一类是中等毒力型活苗如 J87、B2、D78、S706、BD、BJ836、TAD、Cu-IM、B87、NF8、K85、MB、Lukert 细胞毒等；另一类是高毒力型的活疫苗如初代次的 2512 毒株、J1 株等。灭活苗如 CJ-801-BKF 株、X 株、强毒 G 株等。制订免疫程序时，应根据当地本病的流行特点、饲养管理条件、疫苗毒株的特点、鸡群母源抗体水平等来决定，以便选择适当的免疫时间，有效地发挥疫苗的保护作用。现仅提供几种免疫程序，供参考。a. 对于母源抗体水平正常的种鸡群，可于 2 周龄时选用中等毒力活疫苗首免，5 周龄时用同样疫苗二免，产蛋前（20 周龄时）和 38 周龄时各注射油佐剂灭活苗 1 次。b. 对于母源抗体水平正常的肉用雏鸡或蛋鸡，10～14 日龄选用中等毒力活疫苗首免，21～24 日龄时用同样疫苗二免。对于母源抗体水平偏高的肉用雏鸡或蛋鸡，18 日龄选用中等毒力活疫苗首免，28～35 日龄时用同样疫苗二免。c. 对于母源抗体水平低或无的肉用雏鸡或蛋鸡，1～3 日龄时用低毒力活疫苗如 D78 株首免，或用 1/2～1/3 剂量的中等毒力活疫苗首免，10～14 日龄时用同样疫苗二免。

② 抗体被动免疫：对于受到鸡传染性法氏囊病威胁的鸡群或病毒污染比较严重的鸡场，每只鸡皮下注射 1.0～1.5 毫升高免血清或高免卵黄抗体，可有效地控制该病的发生和蔓延。

注意：当采用上述疫苗或高免血清或高免卵黄抗体免疫的鸡群，仍然不能控制鸡传染性法氏囊病的发生时，在排除了疫苗及抗体的质量和其他并发症等因素之后，应考虑变异株传染性法氏囊病的存在，宜采取当地鸡传染性法氏囊病毒分离株制备疫苗，或用病死鸡的病理组织制成组织灭活疫苗进行预防接种。

③ 在本病流行区的鸡场，在前后两批鸡的间隔期间，应对鸡舍要进行彻底打扫、消毒，加强隔离措施，严格限制无关人员进入鸡舍。

（2）治疗　发病后隔离病鸡，舍内外彻底消毒，适当提高鸡舍温度，供给充足的饮水，适当降低饲料中蛋白质 2%～3%。同时采取抗体疗法，配合抗病毒、抗感染辅助疗法。

【处方 1】预防用

鸡传染性法氏囊病弱毒疫苗　　　　　　　　1～4 羽份

鸡传染性法氏囊灭活油佐剂苗　　　　　　　0.5ml

用法：10～14 日龄、28～30 日龄各用弱毒苗饮水或滴口，饮水剂量 2～4 羽份；120 日龄和 280 日龄各用灭活苗 1 羽份肌内注射。也可在 7～10 日龄时皮下注射灭活苗 0.3～0.5ml。

说明：在使用中毒毒力的疫苗毒株进行免疫时，切忌增加剂量，尤其是滴口时，否则可能会引起免疫抑制。

【处方 2】

鸡传染性法氏囊病高免血清　　　　　　　　1ml

用法：1 只鸡 1 次皮下或肌内注射。

说明：抗体治疗的效果一方面取决于治疗时间的早或晚，另一方面取决于抗体效价的高低，对于重症或发病中后期患鸡的治疗效果较差。如果在抗血清中加入干扰素，效果更好。

【处方3】

抗鸡传染性法氏囊病高免卵黄抗体　　　　1～2ml

用法：1只鸡1次肌内注射或皮下注射，必要时第2天再注射1次。

说明：同时在饮水中加入如恩诺沙星（25mg/kg体重）、复合多维和黄芪多糖等，可显著提高疗效。利用高免卵黄抗体治疗时可能存在的问题：一是卵黄抗体中可能存在垂直传播的病（如禽白血病、减蛋综合征等）和病菌（如大肠杆菌病或沙门氏菌等），接种后造成新的感染；二是卵黄中含有大量蛋白质，注射后可能造成应激反应和过敏反应等；三是卵黄液中可能含有多种疫病的抗体，注射后干扰预定的免疫程序，导致免疫失败。

【处方4】

复方炔诺酮片（每片含炔诺酮0.6毫克、炔雌酮0.035毫克）　　　适量

用法：按1kg体重0.5片，口服或混于饲料中饲喂，1天2次，连用2～3天。

说明：在饮水中加入肾肿解毒药/肾肿消/益肾舒/激活/肾宝/活力健/肾康/益肾舒/口服补液盐（氯化钠3.5克、碳酸氢钠2.5克、氯化钾1.5克、葡萄糖20克，水2500～5000毫升）等水盐及酸碱平衡调节剂让鸡自饮或喂服，1天1～2次，连用3～4天。同时在饮水中抗生素（如环丙沙星、氧氟沙星、卡那霉素等）和5％的葡萄糖，效果更好。

（3）防治本病的商品中成药有　速效管囊散、速效囊康、独特（荆防解毒散）、克毒Ⅱ号、瘟病消、瘟喘康、黄芪多糖注射液（口服液）、芪蓝囊病饮、病菌净口服液，抗病毒颗粒等结合抗生素试治。

【处方5】扶正解毒散

板蓝根60g，黄芪60g，淫羊藿30g。

用法：按1只鸡0.5～1.5g拌料饲喂，连用3～5天。

【处方6】法氏宁散

黄芪150g，板蓝根150g，大青11～100g，猪苓100g，金银花80g，党参70g，苍术60g，茯苓80g，当归70g，红花30g，栀子70g，甘草40g。

用法：混饲，按每100kg饲料2kg，重症鸡1kg体重2g，预防用量酌减。使用时也可以按上述用量将药用开水适量浸泡1小时，取上清液供鸡饮用，药渣拌料饲喂，连用3～5天。

【处方7】救鸡汤

大青叶、板蓝根、连翘、金银花、甘草、柴胡、当归、川芎、紫草、龙胆草、黄芪、黄芩各60g。

用法：以上药材浸泡后煎熬，取汁自由饮水或自由采食，用于1000～2000只鸡，一般饮水1～2次即可；治疗量可略大，病鸡可滴鼻、灌服。亦可将药材粉碎，再按1％～2％比例拌料混饲。

【处方8】清解汤

生石膏130g，生地、板蓝根各40g，赤芍、丹皮、栀子、玄参、黄芩各30g，连翘、黄连、大黄各20g，甘草10g。

用法：将药在凉水中浸泡 1.5 小时，然后加热至沸，文火维持 15～20 分钟，得药液 1500～2000ml。复煎 1 次，合并混匀，供 300 只鸡 1 天饮服，连用 2～3 天即可。给药前断水 1.5 小时。

【处方 9】攻毒汤

党参 30g，黄芪 30g，蒲公英 40g，金银花 30g，板蓝根 30g，大青叶 30g，甘草（去皮）10g，蟾蜍 1 只（100g 以上）。

用法：将蟾蜍置沙罐中，加水 1500kg 煎沸，稍后加入其他中药，文火煎沸，放冷取汁，供 100 只中雏 1 天 3 次混饮用或混饲，连用 2～3 天。

【处方 10】白虎汤加减

生石膏 60g，金银花 30g，知母 30g，生地 30g，大青叶 30g，板蓝根 30g，连翘 30g，紫草 30g，白茅根 50g，牡丹皮 40g，甘草 30g。

用法：水煎取汁，供 500 鸡饮服，1 天 1 剂，连用 3～5 天。

【处方 11】清营汤合犀角地黄汤加减

竹叶心 20g，金银花 20g，生地 60g，玄参 60g，大青叶 20g，板蓝根 20g，党参 30g，连翘 20g，牡丹皮 20g，丹参 20g，麦冬 20g，紫草 20g，白茅根 50g，栀子 20g，甘草 20g。

用法：水煎取汁，供 600 只鸡饮服，1 天 1 剂，连用 3～5 天。

【处方 12】三黄金花散

黄芪 200g，黄连 80g，蒲公英 200g，板蓝根 200g，金银花 100g，黄芩 100g，金荞麦 200g，茵陈 100g，茯苓 200g，党参 200g，大青叶 200g，红花 200g，藿香 100g，甘草 150g，石膏 50g。

用法：按 1kg 体重 0.5～0.8g 拌料，喂服，1 天 3 次，连用 3～5 天。

【处方 13】石穿散

生石膏 500g，板蓝根 300g，穿心莲 300g，葛根 200g，黄连 200g，地黄 200g，白头翁 300g，白芍 200g，木香 150g，秦皮 200g，连翘 150g，黄芪 200g，甘草 100g。

用法：按 1kg 体重 0.6～0.9g 拌料，喂服，1 天 2 次，连用 3～5 天。

【处方 14】金翘败毒散

金银花 40g，连翘 40g，黄芩 40g，栀子 40g，板蓝根 40g，知母 40g，丹参 40g，绵马贯众 30g，大青叶 40g，赤芍 30g，石膏 100g，黄连 20g，玄参 40g，地黄 40g，黄柏 40g，牡丹皮 40g，甘草 30g。

用法：按 1kg 体重 0.4～0.5g 拌料，喂服，1 天 1～2 次，连用 3～5 天。

【处方 15】板二黄散

黄芪 600g，白术 450g，淫羊藿 400g，板蓝根 600g，连翘 300g，黄柏（盐炙）350g，山楂 300g，地黄 350g。

用法：按 1kg 体重 0.6～0.8g 拌料，喂服，1 天 2 次，连用 2～3 天。

【处方 16】党参 100g，黄芪 100g，板蓝根 150g，蒲公英 100g，大青叶 100g，金银花 50g，黄芩 30g，黄柏 50g，藿香 30g，车前草 50g，甘草 50g。

用法：将上述药物装入砂罐内用凉水浸泡 30min 后煎熬，煎沸后文火煎 30min，连煎 2 次。混合药液浓缩至 2000ml 左右。给鸡群自饮，对病重不饮水的鸡用滴管灌服，每次1～2毫升/只，1天3次，连用3天。

【处方17】

金银花100g，连翘50g，茵陈50g，党参50g，地丁30g，黄柏30g，黄芩30g，甘草30g，艾叶40g，雄黄20g，黄连20g，黄药子20g，白药子20g，茯苓20g。

用法：共研为细末，按6％～8％拌入饲料中喂服。连用2～3天。

【处方18】

蒲公英200g，大青叶200g，板蓝根200g，双花100g，黄芩100g，黄柏100g，甘草100g，藿香50g，生石膏50g。

用法：加水煎成3000～5000ml，1只鸡1次服5～10ml，1天4次，连用3天。

【处方19】清瘟败毒散、金叶清瘟散及其他处方请参照非典型新城疫和低致病性禽流感治疗条目下的处方。

四、传染性支气管炎

是由鸡传染性支气管炎病毒引起的鸡的一种急性、高度接触性传染性呼吸道疾病。其特征是病鸡咳嗽、喷嚏和气管发生啰音。在雏鸡还可出现流涕、产蛋鸡产蛋减少和质量变劣。肾病变型肾肿大，有尿酸盐沉积。该病具有高度传染性，病原系多血清型，使免疫接种复杂化，且感染鸡生长受阻，耗料增加，产蛋下降，死淘率增加，给养鸡业造成巨大经济损失。

1. 诊断要点

（1）流行特点

① 易感动物：各种日龄的鸡均易感，但以雏鸡和产蛋鸡发病较多。

② 传染源：病鸡和康复后的带毒鸡。

③ 传播途径：病鸡从呼吸道排毒，主要经空气中的飞沫和尘埃传播，此外，人员、用具及饲料等也是传播媒介。该病在鸡群中传播迅速，有接触史的易感鸡几乎可在同一时间内感染，在发病鸡群中可流行2～3周，雏鸡的病死率在6％～30％，病愈鸡可持续排毒达5周以上。

④ 流行季节：多见于秋末至翌年春末，冬季最为严重。

（2）临床症状　潜伏期36小时或更长一些。病鸡看不到前驱症状。突然出现呼吸症状，并迅速波及全群为本病特征。4周龄以下鸡常表现伸颈、张口呼吸、喷嚏、咳嗽、啰音。病鸡全身衰弱，精神不振，食欲减少，羽毛松乱，昏睡、翅下垂。常挤在一起，借以保暖。个别鸡鼻窦肿胀，流黏性鼻汁，眼泪多，逐渐消瘦。康复鸡发育不良。5～6周龄以上鸡，突出症状是啰音、气喘、咳嗽，同时伴有减食，沉郁或下痢症状。成年鸡出现轻微的呼吸道症状，产蛋鸡产蛋下降，并产软壳蛋、畸形蛋或粗壳蛋。蛋的质量变差，如蛋白稀薄呈水样，蛋黄和蛋白分离以及蛋白附着于壳膜表面等。病程一般为1～2周，有的拖延至3周。雏鸡的死亡率可达25％，6周龄以上的鸡死亡率很低。康复后的鸡具有免疫力，血清中的相应抗体至少有一年可被测出，但高峰期是在感染后3周前后。肾型毒株感染鸡，呼吸道症状轻微或不出现，或呼吸症状消失后，病鸡沉郁，持续排白色或水样粪便，迅速消瘦，饮水量增加。雏鸡死亡率为10％～30％，6周龄以上鸡死亡率在0.5％～1％。

（3）剖检病变　主要病变是气管、支气管、鼻腔和窦内有浆液性、卡他性和干酪性渗出物。气囊可能浑浊或含有黄色干酪样渗出物。死亡鸡的后段气管或支气管中可能有一种干酪性的栓子。在大的支气管周围可见到小灶性肺炎。产蛋母鸡的腹腔内可以发现有液状的卵黄物质，卵泡充血、出血变形。18 日龄以内的幼雏有的见输卵管发育异常，致使成熟期不能正常产蛋。肾病变型，肾肿大出血，多数呈斑驳状的花肾，肾小管和输尿管因尿酸盐沉积而扩张。在严重病例，白色尿酸盐沉积可见于其他组织器官表面。

（4）诊断　确诊需要实验室诊断。通常采用鸡胚试验（出现特征性的蜷缩胚）、干扰试验（病毒在鸡胚内可干扰新城疫 V-B1 株血凝素的产生）、气管环试验等，另外，血清学检查方法主要有酶联免疫吸附试验、免疫荧光及免疫扩散、中和试验、血凝抑制试验等。本病在初期不易诊断，因为它的早期症状与其他呼吸道病，如新城疫、传染性喉气管炎和传染性鼻炎很相似，须通过鉴别诊断而确诊。

2. 防治措施

（1）预防

① 免疫接种：在 4～5 日龄或 2 周龄用 H_{120} 弱毒苗或新城疫-传染性支气管炎二联苗滴鼻、点眼、气雾免疫和饮水，5 周龄或 1 月龄接种第 2 次，种用鸡在 2～4 月龄加强 1 次，用毒力较强的 H_{52} 疫苗。免疫期 5～6 个月。种鸡和蛋鸡在开产前用油乳剂灭活苗（或多联苗）肌内注射 1 次，以使雏鸡在 3 周龄内获得母源抗体的保护。

② 做好引种和卫生消毒工作：防止从病鸡场引进鸡只，做好防疫、消毒工作，加强饲养管理，注意鸡舍环境卫生，做好冬季保温，并保持通风良好，防止鸡群密度过大，供给营养优良的饲料，有易感性的鸡不能和病愈鸡或来历不明的鸡接触或混群饲养。

（2）治疗　选用抗病毒药抑制病毒的繁殖，添加抗生素防止继发感染，用黄芪多糖等提高鸡群的抵抗力，配合清肺化痰、止咳平喘等对症疗法。

【处方 1】预防用

传染性支气管炎弱毒疫苗（H_{120} 或 H_{52}）	1 羽份
传染性支气管炎灭活油佐剂苗	0.5ml

用法：弱毒苗可点眼、气雾免疫或饮水，油苗皮下注射或肌内注射。免疫程序为 5～7 日龄用 H_{120} 首免，24～30 日龄用 H_{52} 二免，120～140 日龄用灭活油佐剂苗三免。

【处方 2】

复方磺胺甲噁唑（复方新诺明）	40～50mg

用法：按 1kg 体重 20～25mg 用药，一次喂服，1 天 2 次，连用 2～4 天。

【处方 3】

链霉素	5 万～10 万单位
注射用水	适量

用法：1 只鸡 1 次肌内注射，1 天 2 次，连用 3～5 天。

【处方 4】麻杏石甘散

麻黄 30g，苦杏仁 30g，石膏 150g，甘草 30g。

用法：按 1 只鸡 1 天 1～3g 拌料饲喂，1 天 1 次，连用 3～5 天。

【处方5】白矾散

白矾60g，浙贝母30g，黄连20g，白芷20g，郁金25g，黄芩45g，大黄25g，葶苈子30g，甘草20g。

用法：按1只鸡1天1~3g拌料饲喂，1天1次，连用3~5天。

【处方6】定喘散

桑白皮25g，苦杏仁（炒）20g，莱菔子30g，葶苈子30g，紫苏子20g，党参30g，白术（炒）20g，关木通20g，大黄30g，郁金25g，黄芩25g，栀子25g。

用法：按1只鸡1天1~3g拌料饲喂，1天1次，连用3~5天。

【处方7】清肺止咳散

桑白皮30g，知母25g，苦杏仁25g，前胡30g，金银花60g，连翘30g，桔梗25g，甘草20g，橘红30g，黄芩45g。

用法：按1只鸡1天1~3g拌料饲喂，1天1次，连用3~5天。

【处方8】金叶清瘟散

金银花320g，大青叶320g，板蓝根240g，蒲公英160g，紫花地丁160g，柴胡240g，鹅不食草128g，连翘160g，甘草160g，天花粉120g，白芷120g，防风80g，赤芍48g，浙贝母112g，乳香16g，没药16g。

用法：按1kg饲料5~10g混饲，连用3~5天。

【处方9】呼炎康散

麻黄24g，苦杏仁50g，生石膏90g，甘草60g，板蓝根80g，鱼腥草80g，黄芩60g，山豆根75g，桔梗50g，连翘50g，射干75g。

用法：按1kg体重1g，内服，1天1次，连用5天。

【处方10】禽喘康复散

板蓝根80g，麻黄100g，桔梗80g，苦杏仁100g，穿心莲80g，鱼腥草120g，黄芪100g，茯苓60g，石膏200g，葶苈子100g。

用法：按1kg饲料20g混饲，连用5天。

【处方11】复方麻黄散

麻黄300g，桔梗300g，薄荷120g，黄芪30g，氯化铵300g。

用法：按1kg饲料8g混饲，连用5天。

【处方12】镇咳涤毒散

麻黄150g，甘草100g，穿心莲100g，山豆根100g，蒲公英100g，板蓝根100g，石膏100g，连翘70g，黄芩50g，黄连30g。

用法：按1kg饲料8g混饲，连用5天。

【处方13】板青连黄散

板蓝根50g，大青叶40g，连翘20g，麻黄20g，甘草20g。

用法：按1kg饲料4g混饲，连用5天。

【处方14】加减清肺散

板蓝根150g，金银花50g，连翘70g，黄芪100g，山豆根100g，知母90g，百部50g，桔梗80g，葶苈子100g，玄参50g，紫菀70g，浙贝母5魄，黄柏100g，陈皮50g，苍术70g，泽泻100g。

用法：按1kg饲料20g混饲，连用5天。

【处方15】痢喘康散

白头翁 20g，黄柏 20g，黄芩 20g，陈皮 20g，板蓝根 10g，半夏 20g，大黄 20g，白芍 10g，石膏 30g，桔梗 20g，甘草 10g。

用法：按 1kg 饲料 2～4g 混饲，连用 5 天。

【处方 16】紫青散

紫草 50g，大青叶 50g。

用法：按 1kg 饲料 5～10g 混饲，连用 5 天。

【处方 17】银翘清肺散

金银花 10g，连翘 20g，板蓝根 30g，陈皮 20g，紫菀 15g，黄芪 15g，葶苈子 20g，玄参 30g，黄柏 15g，麻黄 20g，甘草 10g。

用法：按 1kg 饲料 2g 混饲，连用 3～6 天。

【处方 18】百部射干散

虎杖 91g，紫菀 114g，百部 114g，白前 114g，射干 68g，半夏 34g，党参 91g，黄芪 14g，甘草 68g，桔梗 91g，荆芥 91g，干姜 10g。

用法：按 1kg 饲料 10g 混饲，连用 5 天。

【处方 19】银黄板翘散

黄连 50g，金银花 50g，板蓝根 45g，连翘 30g，牡丹皮 30g，栀子 30g，知母 30g，玄参 20g，水牛角浓缩粉 15g，白矾 10g，雄黄 10g，甘草 15g。

用法：按 1 只鸡 1 天 1～2g 拌料饲喂或口服，1 天 1 次，连用 3～5 天。

【处方 20】鱼枇止咳散

鱼腥草 240g，枇杷叶 240g，麻黄 100g，蒲公英 240g，甘草 80g。

用法：按 1kg 饲料 5g 混饲，连用 5～7 天。

【处方 21】忍冬黄连散

忍冬藤 500g，黄芩 250g，连翘 250g。

用法：按 1kg 体重 0.5～1.0g 内服，1 天 2 次，连用 5 天。

【处方 22】

双花 10g，板蓝根 30g，银翘 30g。

用法：煎水至 100ml 左右，分上、下午对鸡群喷雾，为 100 只鸡每天用量；病情严重的鸡可用药液 0.5～1ml 直接滴口。2～3 天为一个疗程。

【处方 23】紫菀 20g，细辛 20g，大腹皮 20g，龙胆草 20g，甘草 20g，茯苓 40g，车前子 40g，五味子 40g，泽泻 40g，大枣 30g。

用法：研末，过筛，按 1 只鸡 1 天 0.5g，加入 20 倍药量的 100℃ 开水浸泡 15～20 分钟，再加入适量凉水，分早、晚两次饮用。饮药前断水 2～4 小时，2 小时内饮完。

说明：本方用于治疗肾型传染性支气管炎，效果显著。同时在饮水中添加复方碳酸氢盐电解质（碳酸氢钠 879g、碳酸氢钾 100g、亚硒酸钠 1g、碘化钾 10g、磷酸二氢钾 10g，混饮，每升水加 1～2g，连用 3 天，夏季仅上午使用）和多种维生素，降低饲料中蛋白质的含量，供应充足的饮水等措施可缓解肾炎的症状。

【处方 24】

生地黄 9g，白头翁 12g，蒲公英 9g，黄连 9g，板蓝根 12g，黄芩 9g，黄柏 9g，甘草 6g，鱼腥草 12g，焦山楂 15g，炒麦芽 15g。

用法：混匀，浸泡 30 分钟，煎煮后供 200 只鸡饮用，1 天 1 剂，连用 5 剂。

说明：本方用于治疗腺胃型传染性支气管炎。

五、传染性喉气管炎

是由鸡传染性喉气管炎病毒引起的一种急性、高度接触性上呼吸道传染病。临床上以发病急、传播快、呼吸困难、咳嗽、咳出血样渗出物、喉头和气管黏膜肿胀、糜烂、坏死、大面积出血和产蛋下降等为特征。在发病早期，患部细胞的胞核见有包涵体。该病是集约化养鸡场的重要疫病之一。

1. 诊断要点

（1）流行特点

① 易感动物：不同品种、性别、日龄的鸡均可感染本病，多见于育成鸡和成年产蛋鸡。

② 传染源：病鸡、康复后的带毒鸡以及无症状的带毒鸡。

③ 传播途径：主要是通过呼吸道、眼结膜、口腔侵入体内，也可经消化道传播，是否经种蛋垂直传播还不清楚。

④ 流行季节：本病一年四季都可发生，但以寒冷的季节多见。

（2）临床症状　潜伏期6～12天，急性患禽的特征症状是鼻孔有分泌物和呼吸时发出湿性啰音，继而咳嗽和喘气。严重病例，呈现明显的呼吸困难，咳出带血的黏液，有时死于窒息。喉部黏膜上有淡黄色凝固物附着，不易擦去。病鸡迅速消瘦，鸡冠发紫，有时排绿色稀粪，衰弱死亡。病程5～7天或更长。有的逐渐恢复成为带毒者。有些比较缓和的呈地方流行性，其症状为生长迟缓，产蛋减少，流泪，结膜炎，严重病例见眶下窦肿胀，病程长短不一，病鸡多死于窒息，呈间歇性发生死亡。

（3）剖检病变　病死鸡剖检的特征性病变为喉头和气管黏膜肿胀、充血、出血，甚至坏死，气管内有血凝块、黏液，淡黄色干酪样渗出物，有时喉头和气管完全被黄色干酪样渗出物堵塞，干酪样物易剥离。

（4）诊断　用已知抗血清与病毒分离物做中和试验，可确诊。注意鉴别诊断，与本病相似的疫病有新城疫、传染性支气管炎、传染性鼻炎、黏膜型鸡痘及慢性呼吸道病。但是本病有下述特异性特征：幼、中雏咳出痰液，大鸡咳出血样或黄白色痰液；喉头和气管表面有厚厚的黄白色或血样渗出物附着，且容易剥离。

2. 防治措施

（1）预防

① 免疫接种：现有的疫苗有冻干活疫苗、灭活苗和基因工程苗等。制订免疫程序时，应根据当地本病的疫情状况、饲养管理条件、疫苗毒株的特点、鸡群母源抗体水平等来决定，以便选择适当的免疫时间，有效地发挥疫苗的保护作用。现仅提供几种免疫程序，供参考。a. 未污染的蛋鸡和种鸡场：50日龄首免，选择冻干活疫苗，以点眼的方式进行，90日龄时同样疫苗同样方法再免一次。b. 污染的鸡场：30～40日龄首免，选择冻干活疫苗，以点眼的方式进行，80～110日龄用同样疫苗同样方法二免；或20～30日龄首免，选择基因工程苗，以刺种的方式进行接种，80～90日龄时选用冻干活疫苗，以点眼的方式进行二免。

② 加强饲养管理：改善鸡舍通风，注意环境卫生，并严格执行消毒卫生措施。不要引进病鸡和带毒鸡。病愈鸡不可与易感鸡混群饲养，最好将病愈鸡淘汰。

（2）治疗　在严格隔离病鸡、加强消毒等基础上，进行疫苗紧急接种、抗菌消炎、清热解毒、化痰、通利咽喉等对症疗法。

【处方1】预防用

鸡传染性喉气管弱毒疫苗　　　　　　　　　1羽份

用法：按上述免疫程序进行点眼、滴鼻。

注意：弱毒疫苗能使鸡带毒，本处方仅在该病流行地区使用。

说明：用传染性喉气管炎活疫苗对鸡群作紧急接种，采用泄殖腔接种的方式。具体做法为：每克脱脂棉制成10个棉球，每只鸡用1个棉球，以每个棉球吸水10毫升的量计算稀释液，将疫苗稀释成每个棉球含有3倍的免疫量，将棉球浸泡其中后，用镊子夹取1个棉球，通过鸡肛门塞入泄殖腔中并旋转晃动，使其向泄殖腔四壁涂抹，然后松开镊子并退出，让棉球暂留于泄殖腔中。

【处方2】

吗啉胍（病毒灵）　　　　　　　　　　　　20～40g

用法：拌入100kg饲料中喂服，连喂3～5天。

【处方3】

链霉素　　　　　　　　　　　　　　　　　5万～10万单位

注射用水　　　　　　　　　　　　　　　　适量

用法：1只鸡1次肌内注射，1天2次，连用3～5天。

说明：呼吸困难时，也可一次肌内注射20%樟脑水注射液0.5～1ml。

【处方4】

氢化可的松，土霉素　　　　　　　　　　　各0.5g

用法：溶解在10ml注射用水中，用口鼻喷雾器喷入鸡喉部，每次0.5～1ml，1天2次，连用2～3天。

【处方5】

食醋或酸醋　　　　　　　　　　　　　　　适量

用法：1∶3兑水，用羹匙或注射器从口腔灌服，1天2次，连用3天。

【处方6】

青黛　硼砂　冰片　各等份

用法：共研成极细末，1只鸡1次取0.1～0.5g，吹入咽喉部，1天2次，连用3天。

【处方7】喉炎净散

板蓝根840g，蟾酥80g，合成牛黄60g，胆膏120g，甘草40g，青黛24g，玄明粉40g，冰片28g，雄黄90g。

用法：按1只鸡1天0.05～1.5g，拌料饲喂，连用5～7天。

【处方8】镇喘散

香附300g，黄连200g，干姜300g，桔梗150g，山豆根100g，皂角40g，甘草100g，合成牛黄40g，蟾酥30g，雄黄30g，明矾50g。

用法：按1只鸡1天0.5～1.5g，拌料饲喂，连用5～7天。

【处方9】呼炎康散

麻黄24g，苦杏仁50g，生石膏90g，甘草60g，板蓝根80g，鱼腥草80g，黄芩60g，山豆根75g，桔梗50g，连翘50g，射干75g。

用法：按 1kg 体重 1g 内服，1 天 2 次，连用 5 天。

【处方 10】金叶清瘟散

金银花 320g，大青叶 320g，板蓝根 240g，蒲公英 160g，紫花地丁 160g，柴胡 240g，鹅不食草 128g，连翘 160g，甘草 160g，天花粉 120g，白芷 120g，防风 80g，赤芍 48g，浙贝母 112g，乳香 16g，没药 16g。

用法：按 1kg 饲料 5～10g 混饲，连用 5 天。

【处方 11】清肺止咳散

桑白皮 30g，知母 25g，苦杏仁 25g，前胡 30g，金银花 60g，连翘 30g，桔梗 25g，甘草 20g，橘红 30g，黄芩 45g。

用法：按 1 只鸡 1 天 1～3g，拌料饲喂，连用 5～7 天。

【处方 12】复方麻黄散

麻黄 300g，桔梗 300g，薄荷 120g，黄芪 30g，氯化铵 300g。

用法：按 1kg 饲料 8g 混饲，连用 5～7 天。

【处方 13】镇咳涤毒散

麻黄 150g，甘草 100g，穿心莲 100g，山豆根 100g，蒲公英 100g，板蓝根 100g，石膏 100g，连翘 70g，黄芩 50g，黄连 30g。

用法：按 1kg 饲料 8g 混饲，连用 5～7 天。

【处方 14】加减清肺散

板蓝根 150g，金银花 50g，连翘 70g，黄芪 100g，山豆根 100g，知母 90g，百部 50g，桔梗 8 吨，葶苈子 100g，玄参 50g，紫菀 7 吨，浙贝母 5 魄，黄柏 100g，陈皮 50g，苍术 70g，泽泻 100g。

用法：按 1kg 饲料 20g 混饲，连用 5～7 天。

【处方 15】银翘清肺散

金银花 10g，连翘 20g，板蓝根 30g，陈皮 20g，紫菀 15g，黄芪 15g，葶苈子 20g，玄参 30g，黄柏 15g，麻黄 20g，甘草 10g。

用法：按 1 只鸡 1 天 2g，拌料饲喂，连用 3～6 天。

【处方 16】茵陈金花散

茵陈 70g，金银花 50g，黄芩 60g，黄柏 40g，柴胡 40g，龙胆 60g，防风 60g，荆芥 60g，甘草 40g，板蓝根 120g。

用法：按 1kg 体重 0.5g，一次口服，1 天 2 次，连用 3 天。

【处方 17】桔梗栀黄散

桔梗 60g，山豆根 30g，栀子 40g，苦参 30g，黄芩 40g。

用法：按 1 只鸡 1 天 2～3g，拌料饲喂，连用 5～7 天。

【处方 18】麻黄 30g，知母 30g，贝母 30g，黄连 30g，桔梗 25g，陈皮 25g，紫苏 20g，杏仁 20g，百部 20g，薄荷 20g，桂枝 20g，甘草 15g。

用法：水煎 3 次，合并药液，供 100 只成年鸡混饮，1 天 1 剂，连用 3 剂。

【处方 19】

矮地茶 20g，野菊花 20g，枇杷叶 20g，冬桑叶 20g，扁柏叶 20g，青木香 20g，山荆芥 20g，皂角刺 20g，陈皮 20g，甘草 20g。

用法：水煎取汁拌料或作饮水喂 50 只鸡，1 天 1 剂，连用 3 剂。

六、鸡　痘

是由鸡痘病毒引起鸡的一种急性、热性、高度接触性传染病。临床上以传播快、发病率高、病鸡在皮肤无毛处形成增生性皮肤损伤形成结节（皮肤性），或在上呼吸道、口腔和食道黏膜引起纤维素性坏死和增生性损伤（白喉型）为特征。本病广泛分布于世界各国，在大型鸡场更易流行。引起病鸡生长缓慢、产蛋减少，若并发其他传染病、寄生虫病和卫生条件、营养状况不良时，也可引起大批死亡，尤其是对雏鸡，造成严重的损失。

1. 诊断要点

（1）流行特点

① 易感动物：各种品种、日龄的鸡和火鸡都可受到侵害，但以雏鸡和青年鸡较多见，大冠品种鸡的易感性更高。所有品系的产蛋鸡都能感染，特别是产褐壳蛋的种鸡最易感。此外，野鸡、松鸡等也有易感性。

② 传染源：病鸡。

③ 传播途径：病毒随病鸡的皮屑和脱落的痘痂等散布到饲养环境中，通过受损伤的皮肤、黏膜或蚊子、蝇和其他吸血昆虫等的叮咬传播。

④ 流行季节：无明显的季节性。

（2）临床症状　潜伏期为 4～8 天。一般分为皮肤型、黏膜型、混合型和败血型（较少见）。

① 皮肤型：起初在头、腿等无羽毛皮肤上出现轻度隆起的微红色小斑点和小结节，一两天后发生小丘疹，并迅速发展成为宽大的痘痂，同时全身受到扰乱，病禽出现羽毛蓬松、食欲降低等。

② 黏膜型：由痘病毒侵害上呼吸道和上消化道的黏膜而引起，起初黏膜红肿，接着由于细菌感染而产生附着牢固的黄白色假膜，粟粒至蚕豆大小，它们使采食受到阻碍。当侵害到呼吸道时，则使呼吸困难。

③ 混合型：皮肤黏膜均被侵害。

（3）剖检病变　皮肤型痘病的特征病变是局灶性上皮组织增生。初期为小的白色病灶，很快体积增大、变黄，形成结节状。鸡经皮内感染时，第 4 天才出现很少的初级病灶，第 5 或第 6 天形成丘疹，接着是水疱期，形成广泛的厚痂，约 2 周，病灶基部发炎并出血。结痂的形成可能持续 12 周，随着上皮层的脱落而完成。白喉型病例，可在黏膜表面形成微隆起、白色不透明结节。这些结节迅速增大，并常愈合而成黄色的伪白喉，如将其剥去，可见出血糜烂，也可以引起咽喉部和食管发炎。

（4）诊断　可采用琼脂扩散沉淀试验、血凝试验、血清中和试验等方法进行诊断。

2. 防治措施

（1）预防

① 免疫接种：免疫预防使用的是活疫苗，常用的有鸡痘鹌鹑化疫苗 F282E 株（适合 20 日龄以上的鸡接种）、鸡痘汕系弱毒苗（适合小日龄鸡免疫）和澳大利亚引进的自然弱毒 M 株。疫苗开启后应在 2 小时内用完。接种方法采用刺种法或毛囊接种法。刺种法更常用，是用消过毒的钢笔尖或带凹槽的特制针蘸取疫苗，在鸡

翅内侧无血管处皮下刺种。毛囊接种法适合 40 日龄以内鸡群，用消毒过的毛笔或小毛刷蘸取疫苗涂擦在颈背部或腿外侧拔去羽毛后的毛囊上。刺种后 7 天左右需要检查刺种效果，如果刺种部位产生痘痂，说明有效，否则必须再刺种 1 次，一般刺种后 14 天即可产生免疫力。雏鸡免疫期为 2 个月，成年鸡免疫期为 5 个月。一般免疫程序为：20～30 日龄时首免，开产前二免；或 1 日龄用弱毒苗首免，20～30 日龄时二免，开产前再免疫一次。

② 平时做好卫生防疫工作，杜绝传染源：引进鸡种时应隔离观察，证明无病时方可入场。加强饲养管理，饲喂优质饲料，搞好环境卫生，饲养密度适中，通风良好，定期消毒与临时消毒相结合，尽量避免蚊虫叮咬及各种原因引起的啄癖或机械性外伤等措施可以降低发病率。

（2）治疗 一旦发现本应隔离病鸡，再进行治疗。对重病鸡或死亡鸡应作无害化处理。

【处方 1】预防用

鸡痘鹌鹑化弱毒疫苗   1 羽份

用法：按上述免疫程序进行一次皮肤刺种。

【处方 2】

碘甘油   适量

用法：剥离痘痂后涂布创面，1 天 2 次，至病鸡痊愈。

说明：剥离的痘痂、假膜或干酪样物质要集中销毁，避免散毒。饲料或饮水中添加抗生素如环丙沙星和氧氟沙星等防止继发感染。在饲料中增添维生素 A、鱼肝油等有利于鸡体的恢复。

【处方 3】

高锰酸钾粉   适量

用法：创面撒布。也可将其配成 0.1% 高锰酸钾溶液，冲洗。

说明：眼部肿胀的，可用 2% 硼酸溶液或 0.1% 高锰酸钾液冲洗干净，再滴入一些 5% 的蛋白银溶液。

【处方 4】

患过鸡痘的康复鸡血液   适量

用法：1 天给 1 只病鸡注射 0.2～0.5 毫升，连用 2～5 天，疗效较好。

【处方 5】用于治疗皮肤与黏膜混合型鸡痘

金银花、连翘、板蓝根、赤芍、葛根各 20 克，蝉蜕、甘草、竹叶、桔梗各 10 克。

用法：水煎取汁，为 100 只鸡用量，用药液拌料喂服或饮服，连服 3 天。

【处方 6】

大黄、黄柏、姜黄、白芷各 50 克，生南星、陈皮、厚朴、甘草各 20 克，天花粉 100 克。

用法：共研为细末，备用。临用前取适量药物置于干净盛器内，水酒各半调成糊状，涂于剥除鸡痘痂皮的创面上，每天 2 次，第 3 天即可痊愈。

【处方 7】

用于治疗混合型鸡痘。

龙胆草 90g，板蓝根 60g，升麻 50g，金银花 40g，野菊花 40g，连翘 30g，甘草 30g。

用法：加工成细粉，按 1 只鸡 1 天 1.5g 拌料饲喂，1 天 2 次，连用 3～5 天。

【处方 8】用于治疗黏膜型鸡痘

板蓝根 75g，麦冬 50g，生地黄 50g，牡丹皮 50g，连翘 50g，莱菔子 50g，知母 25g，甘草 15g。

用法：水煎，制成 1000ml 药液，供 500 只鸡拌料混饲或灌服，连用 3～5 天。

【处方 9】

用于治疗皮肤型鸡痘。

栀子 100g，牡丹皮 50g，黄芩 50g，金银花 80g，黄柏 80g，板蓝根 80g，山豆根 50g，苦参 50g，白芷 50g，皂角 50g，防风 50g，甘草 100g。

用法：按 1 只鸡 1 天 0.5～2g，水煎、取汁，拌料混饲，连用 3～5 天。

【处方 10】

荆芥 9g，防风 9g，蒲公英 15g，黄芩 12g，栀子 12g，大黄 10g，川芎 9g，赤芍 9g，甘草 10g。

用法：水煎取汁，供 50 只鸡饮服或粉碎后拌料喂服，连用 7～10 天后治愈。

【处方 11】

黄芪 30g，肉桂 15g，槟榔 30g，党参 30g，贯众 30g，何首乌 30g，山楂 30g。

用法：加水适量，煮沸 30 分钟，取汁供 50 只成鸡拌料喂服或饮水，1 天 2～3 次，连用 3 天。

【处方 12】

野菊花 50g，连翘 50g，金银花 60g，黄连 20g，黄柏 60g，蒲公英 50g，紫花地丁 50g，柴胡 50g，白芷 50g，板蓝根 50g。

用法：煎水，供 100kg 病鸡自饮或灌服，连用 3～5 天。

【处方 13】

金银花 70g，栀子 90g，板蓝根 70g，牡丹皮 70g，山豆根 80g，白芷 60g，防风 70g，桔梗 50g，黄芩 70g，黄柏 80g，升麻 100g，葛根 50g，紫草 60g，甘草 80g。

用法：共为细末，按 1 只鸡 1 天 1～2g 投服或拌料喂服，连用 2～4 天。

【处方 14】

紫草 60g，龙胆末 30g，明矾 60g。

用法：先将紫草用水浸泡 20 分钟，再用文火煎 1 小时，过滤去渣取汁，加入明矾和龙胆末，再用慢火熬 20min，供 100 只鸡每天早、晚两次喂服，连用 3～5 天。

【处方 15】

双花 20g，连翘 20g，板蓝根 20g，赤芍 20g，葛根 20g，桔梗 15g，蝉蜕 10g，竹叶 10g，甘草 10g。

用法：加水煎成 500ml，每 100 羽鸡 1 次饮服，或拌入饲料中喂服，1 天 1 剂，连用 3 剂。

【处方 16】

用于治疗白喉型或混合型鸡痘。

青黛，硼砂，冰片，各等份。

用法：共研成极细末，每取 0.1～0.5g 吹入咽喉部，至愈。

【处方 17】

大黄 50g，黄柏 50g，姜黄 50g，白芷 50g，生南星 20g，陈皮 20g，厚朴 20g，甘草 20g，天花粉 100g。

用法：共研为细末，水酒各半调成糊状，涂于剥除鸡痘痂皮的创面上，1 天 2 次，连用 3 天。

七、鸡产蛋下降综合征

又称 EDS-76。是由腺病毒引起的一种使鸡群产蛋率下降的传染病。临床上以产蛋量下降、蛋壳褪色、产软壳蛋或无壳蛋为特征。本病可使鸡群的产蛋率下降 30%～50%，蛋的破损率可达 38%～40%，软壳蛋或无壳蛋达 15%，给养鸡生产造成严重的经济损失。

1. 诊断要点

（1）流行特点

① 易感动物：所有品系的产蛋鸡都能感染，特别是产褐壳蛋的种鸡最易感。

② 传染源：病鸡和带毒母鸡。

③ 传播途径：主要经卵垂直传播，种公鸡的精液也可传播；其次是鸡与鸡之间缓慢水平传播；第三是家养或野生的鸭、鹅或其他水禽，通过粪便污染饮水而将病毒传播给母鸡。

④ 流行季节：无明显的季节性。

（2）临床症状　发病鸡群的临床症状一般较为缓和，病初有一短暂的病毒血症过程，可能出现一过性的绿色水样腹泻。随后产蛋率突然下降，每天下降 2%～4%，持续 2～3 周，下降幅度最高可达 30%～50%，以后逐渐恢复，但很难恢复到正常水平或达到产蛋高峰。若鸡群在产蛋前感染本病，开产期可推后 5～8 周或更长，产蛋率达不到高峰。蛋壳褪色（褐色变为白色），产异状蛋、软壳蛋、无壳蛋的数量明显增加。蛋的重量减轻，体积明显变小。种鸡群发生本病时，种蛋的孵出率降低，同时出现大量弱雏。开产前感染。本病的死亡率非常低（3% 左右），病程长，常延续 50 余天。

（3）剖检病变　病鸡无明显特征性眼观病变。重症死亡者可发现卵泡充血、变形或脱落，或发育不全，卵巢萎缩或出血。子宫和输卵管管壁明显增厚、水肿，其表面有大量白色渗出物或干酪样分泌物。有的病鸡泄殖腔脱垂。

（4）诊断　HI 试验是最常用的诊断方法之一，如果鸡群 HI 效价在 1∶8 以上，证明此鸡群已感染。此外还可采用中和试验、ELISA、荧光抗体和双向免疫扩散试验等方法诊断本病。注意与新城疫、传染性支气管炎、球虫病、蠕虫病以及饲养管理不良引起的产蛋减少相区别。

2. 防治措施

（1）预防

① 预防接种：商品蛋鸡/种鸡 16～18 周龄时用鸡产蛋下降综合征（EDS$_{76}$）灭活苗，鸡产蛋下降综合征和鸡新城疫二联灭活苗，或新城疫-鸡产蛋下降综合征-传

染性支气管炎三联灭活油剂疫苗肌内注射 0.5 毫升/只，一般经 15 天后产生抗体，免疫期 6 个月以上；在 35 周龄时用同样的疫苗进行二免。注意：在发病严重的鸡场，分别于开产前 4～6 周和 2～4 周各接种一次；在 35 周龄时用同样的疫苗再免疫一次。

② 严格卫生消毒措施：对产蛋下降综合征污染的鸡场（群），要严格执行兽医卫生措施。鸡场和鸭场之间要保持一定的距离，加强鸡场和孵化室的消毒工作，日粮配合时要注意营养平衡，注意对各种用具、人员、饮水和粪便的消毒。

③ 加强饲养管理：提供全价日粮，特别要保证鸡群必需氨基酸、维生素及微量元素的需要。

（2）治疗　一旦鸡群发病，在隔离、淘汰病鸡的基础上，可进行疫苗的紧急接种，以缩短病程，促进鸡群早时康复。本病目前尚无有效的治疗方法，多采用对症疗法。在产蛋恢复期，选用清热解毒、益气健脾、活血祛痰、补肾强体的中药制剂，以促进产蛋的恢复。

【处方 1】预防用

产蛋下降综合征油佐剂灭活苗　　　　　　　　　　0.5ml

用法：按上述免疫程序进行肌内注射。

说明：抗生素饮水或拌料控制细菌的继发感染，干扰素或白介素等细胞因子饮水，饲料中添加多种维生素或鱼肝油或复方维生素纳米乳和蛋氨酸等，有助于病鸡及产蛋的恢复。

【处方 2】激蛋散

虎杖 100g，丹参 80g，菟丝子 60g，当归 60g，川芎 60g，牡蛎 60g，地榆 50g，肉苁蓉 60g，丁香 20g，白芍 50g。

用法：按 1kg 饲料 10g 混饲，连用 5～7 天。

【处方 3】健鸡散

党参 20g，黄芪 20g，茯苓 20g，六神曲 10g，麦芽 10g，炒山楂 10g，甘草 5g，炒槟榔 5g。

用法：按 1kg 饲料 20g 混饲，连用 5～7 天。

【处方 4】降脂增蛋散

刺五加 50g，仙茅 50g，何首乌 50g，当归 50g，艾叶 50g，党参 80g，白术 80g，山楂 40g，六神曲 40g，麦芽 40g，松针 200g。

用法：按 1kg 饲料 5～10g 混饲，连用 5～7 天。

【处方 5】板蓝根当归散

板蓝根 60g，当归 60g，苍术 40g，黄连 60g，金银花 100g，六神曲 70g，麦芽 90g，诃子 20g。

用法：按 1kg 饲料 20g 混饲，连用 7 天。

【处方 6】黄连 30g，黄柏 30g，黄芩 30g，金银花 30g，大青叶 30g，板蓝根 30g，黄药子 30g，白药子 30g，甘草 50g。

用法：将上药混匀，加水 5000ml 煎汁，加白糖 1kg，供 500 只鸡 1 次饮服。1 天 1 剂，连用 3～5 剂。

【处方 7】牡蛎 60g，黄芪 100g，蒺藜 30g，山药 30g，枸杞子 30g，女贞子 20g，菟丝子 20g，龙骨 15g，五味子 15g。

用法：共研细末。按日粮的 3%～5% 比例添加，拌匀，再加入 50%～70% 的饮用水，拌混后饲喂，1 天 2 次，连用 3～5 天为 1 个疗程。喂药后给予充足饮水，一般 2 个疗程可治愈。

八、禽脑脊髓炎

是由禽脑脊髓炎病毒引起的鸡的一种中枢神经损害性传染病，临床上以两腿轻微不全麻痹、瘫痪，头部肌肉震颤，产蛋鸡产蛋量急剧下降等为特征。本病世界各地均有发生，如果种鸡群未予免疫并在开始产蛋后被感染，则病毒的垂直传播可使子代产生临床疾病。

1. 诊断要点

（1）流行特点

① 易感动物：鸡、雉、日本鹌鹑、火鸡，各种日龄均可感染，以 1～3 周龄的雏鸡最易感。雏鸭、雏鸽可被人工感染。

② 传染源：病禽、带毒的种蛋。

③ 传播途径：病毒可经卵垂直传播，也可经消化道水平传播。

④ 流行季节：该病一年四季均可发生。

（2）临床症状　经胚胎感染的雏鸡的潜伏期为 17 天，而通过接触传播或经口接种时至少 11 天。自然发病通常在 12 周龄，但也可看到出雏时即发病。病鸡的最早症状是目光呆滞，随后发生进行性共济失调，驱赶时很易发现。共济失调加重时，常坐于脚踝，被驱赶而走动则显得不能控制速度和步态，最终倒卧一侧。呆滞显著时可伴有衰弱的呻吟。这时头颈的颤抖变得明显，其频率和幅度可不同。刺激或骚扰可诱发病雏的颤抖，持续长短不一的时间，并经不规则的间歇后再发。共济失调通常在颤抖之前出现，但有些病例仅有颤抖而无共济失调。共济失调通常发展到不能行走，紧接这一阶段的是疲乏、虚脱和最终死亡。少数出现症状的鸡可存活，但其中部分发生失明。本病有明显的年龄抵抗力。2～3 周龄后感染很少出现临床症状。成年鸡感染可发生暂时性产蛋下降（5%～10%），但不出现神经症状。

（3）剖检病变　唯一的眼观变化是病雏胃肌有带白色的区域，它由浸润的淋巴细胞团块所致。这种变化不很明显，容易忽略。主要的显微变化在中枢神经系统（CNS）和某些内脏器官。外周神经不受累，这有鉴别诊断意义。CNS 的病变为散在的非化脓性脑脊髓炎和背根神经节炎。最常见的其他变化是脑和脊髓所有部位的显著血管周袖套。中脑的圆形核和卵圆形核内有小神经胶质细胞增生，是具有诊断意义的变化。脑干核神经元的中央染色质溶解也具有诊断意义。内脏组织学变化是淋巴细胞增生积聚，腺胃肌壁的密集淋巴细胞灶也是具有诊断意义的变化，肌胃也有类似变化。有临诊症状的病鸡都有组织学变化。

（4）诊断　确诊需要通过实验室方法。感染鸡所产生的特异抗体可通过病毒中和试验、间接血凝法、琼脂扩散试验和 ELISA 测定。在鉴别诊断时需与新城疫、维生素缺乏症和马立克病相区别。

2. 防治措施

（1）预防

① 免疫接种

　　a. 疫区的免疫程序：蛋鸡在 75～80 日龄时用弱毒苗饮水接种，开产前肌内注射灭活苗；或蛋鸡在 90～100 日龄用弱毒苗饮水接种。种鸡（包括种公鸡）在 120～140 日龄饮水接种弱毒苗或肌内注射禽脑脊髓炎病毒油乳剂灭活苗，要注意的是，接种后 6 周内，种蛋不能孵化。

　　b. 非疫区的免疫程序：在非疫区，一律于 90～100 日龄时用禽脑脊髓炎病毒油乳剂灭活苗肌注。禁用弱毒苗进行免疫。

　　② 严格检疫：不引进本病污染场的苗鸡。种鸡在患病一个月内所产的蛋不能用于孵化。

　　(2) 治疗　　本病目前尚无有效的治疗方法。对已发病的病鸡和死鸡及时焚烧或深埋，以免散布病毒，减轻同群感染。如发病率高，可考虑全群扑杀并作无害化处理，彻底消毒鸡舍。舍内的垫料清理后在远离鸡棚的下风口处集中发酵处理，舍内地面清扫冲刷干净后，连同周围场地用 3% 浓度的火碱溶液喷洒消毒，鸡舍和饲养用具进行熏蒸消毒。

【处方 1】预防用

禽脑脊髓炎弱毒疫苗	1 羽份
禽脑脊髓炎灭活疫苗	0.5～1ml

用法：按上述免疫程序进行接种。

【处方 2】

禽脑脊髓炎高免卵黄抗体	0.5～1ml

用法：1 只鸡 1 次肌内注射。

九、鸡病毒性关节炎

　　是由呼肠孤病毒引起的一种传染病，临床上以腿部关节肿胀、腱鞘发炎，继而使腓肠肌腱断裂，导致鸡运动障碍为特征。我国近年来不少地区的肉鸡场有发病报告，对养鸡业的危害日趋突出。

　　1. 诊断要点

　　(1) 流行特点

　　① 易感动物：鸡和火鸡是已知的该病的自然宿主和试验宿主。

　　② 传染源：病鸡/火鸡。

　　③ 传播途径：病毒主要经空气传播，也可通过污染的饲料通过消化道传播，经蛋垂直传播的概率很低，约为 1.7%。

　　④ 流行季节：该病一年四季均可发生。

　　(2) 临床症状　　本病潜伏期一般为 1～13 天，常为隐性感染。病鸡多在感染后 3～4 周发病，初期步态稍见异常，逐渐发展为跛行，跗关节肿胀，常蹲伏，驱赶时才跳动。患肢不能伸张，不敢负重，当肌腱断裂时，趾屈曲，病程稍长时，患肢多向外扭转，步态蹒跚，这种症状多见于大雏或成鸡。种鸡及蛋鸡感染后，产蛋率下降 10%～15%，种鸡受精率下降。

　　(3) 剖检病变　　病/死鸡剖检时可见关节囊及腱鞘水肿、充血或出血，跗伸肌腱和跗屈肌腱发生炎性水肿，造成病鸡小腿肿胀增粗，跗关节较少肿胀，关节腔内有少量渗出物，呈黄色透明或带血或有脓性分泌物。慢性型可见腱鞘粘连、硬化、软骨上出现点状溃疡、糜烂、坏死，骨膜增生，使骨干增厚。严重病例可见肌腱断裂或坏死。

（4）诊断　根据流行病学、临床症状和病理变化可做出初步诊断。腿部腱鞘的肿胀同时伴有心肌纤维间的异嗜性白细胞浸润具有诊断意义。根据病毒的分离与鉴定可做出确诊。此外，也可用琼脂扩散试验、间接荧光抗体技术和 ELISA、中和试验等方法进行诊断。

2. 防治措施

（1）预防

① 免疫接种：1～7 日龄和 4 周龄各接种一次弱毒苗，开产前 2～3 周接种一次灭活苗。但应注意不要和马立克氏病疫苗同时免疫，以免产生干扰现象。

② 加强饲养管理：做好环境的清洁、消毒工作，防止感染源传入。对肉鸡和种鸡采用全进全出的饲养程序是非常有效的控制本病的重要预防措施。不从受本病感染的种鸡场进鸡。

（2）治疗　目前尚无有效的治疗方法。一旦发病，应淘汰病鸡，加强病鸡的隔离和鸡舍及环境的消毒。

【处方】预防用

鸡病毒性关节炎弱毒疫苗　　　　　　　　1 羽份

用法：按上述免疫程序进行接种。

十、鸡马立克病

是由鸡马立克病病毒引起的一种鸡淋巴组织增生性疾病，临床上以外周神经、虹膜、各种内脏器官、性腺、虹膜肌肉和皮肤出现单独或多发的肿瘤样病变为特征。目前马立克病呈世界性分布，加之又是一种免疫抑制性疾病，易造成免疫失败，给养鸡业造成巨大经济损失。

1. 诊断要点

（1）流行特点

① 易感动物：鸡是主要的自然宿主。鹌鹑、火鸡、雉鸡、乌鸡等也可发生自然感染。2 周龄以内的雏鸡最易感。6 周龄以上的鸡可出现临床症状，12～24 周龄最为严重。

② 传染源：病鸡和带毒鸡。

③ 传播途径：呼吸道是主要的感染途径，羽毛囊上皮细胞中成熟型病毒可随着羽毛和脱落皮屑散毒。病毒对外界抵抗力很强，在室温下传染性可保持 4～8 个月。此外，进出育雏室的人员、昆虫（甲虫）、鼠类可成为传播媒介。

④ 流行季节：无明显的季节性。

（2）临床症状　病鸡主要表现衰弱、消瘦、贫血、羽毛粗乱无光和易于脱落，食欲不振，粪便稀软、恶臭。如神经受侵害时，则发生局部不完全麻痹。当一侧坐骨神经发病，则该侧的脚麻痹，站立不正，或一脚前踏、一脚后撑，呈劈叉状。行走困难，卧地不起。当臂神经麻痹时，则翅膀下垂；颈神经受害，则头颈下垂或歪斜；当皮肤受侵害时，在皮肤上长出数量、大小不等的肿瘤；当眼受侵害时，则可出现白斑和白翳，瞳孔缩小，边缘不整，以致视力丧失。

（3）剖检病变　淋巴肿瘤可在各种器官中发生。卵巢等性腺最易受到伤害。在肺、心、肠系膜、肾、肝、脾、法氏囊、胰腺、肌胃、肠、骨骼肌和皮肤中可见到肿瘤。受损的外围神经以横纹消失、灰色或黄色的褪色以及有时出现水肿等外观为特征。马立克病的非肿瘤性病变包括法氏囊和胸腺的严重萎缩，以及骨髓和各内脏器官的变性病变。

（4）诊断　根据临床症状和病理变化可做出初步诊断。确诊用血清学检查。患马立克病的鸡内脏肿瘤与患鸡淋巴白血病（LL）的鸡在眼观变化上很相似，须作鉴别诊断。

2. 防治措施

（1）预防

① 免疫接种：目前使用的疫苗有三种，人工致弱的Ⅰ型（如 CVI988）、自然不致瘤的Ⅱ型（如 SB1、Z4）和Ⅲ型 HVT（如 FC126）。HVT 疫苗使用最为广泛，但有很多因素可以影响疫苗的免疫效果。参考免疫程序：选用火鸡疱疹病毒（HVT）疫苗或 CVI988 病毒疫苗，小鸡在一日龄接种，一周龄时再接种一次；或以低代次种毒生产的 CVI988 疫苗，每头份的病毒含量应大于 2000PFU，通常一次免疫即可，必要时还可加上 HVT 同时免疫。疫苗稀释后仍要放在冰瓶内，并在 2 小时内用完。

② 防止雏鸡早期感染：为此种蛋入孵前应对种蛋进行消毒；注意育雏室、孵化室、孵化箱和其他笼具应彻底消毒；雏鸡最好在严格隔离的条件下饲养；采用全进全出的饲养制度，防止不同日龄的鸡混养于同一鸡舍。

③ 加强监测和检疫：防止因引种或购入鸡苗/种蛋将病毒带入鸡场。对可能存在超强毒株的高发鸡群使用 814＋SB-1 二价苗或 814＋SB-1＋FC$_{126}$ 三价苗进行免疫接种。

（2）治疗　目前无药物治疗。

【处方】预防用

鸡马立克病疫苗　　　　　　　　　1 羽份

用法：出壳后 24 小时内，颈部皮下注射。

十一、鸡心包积液-肝炎综合征

该病最早于 1987 年发生在巴基斯坦的安格拉地区，故被称为 Angara 病，而在印度被称为 Leechi 病，在墨西哥和其他拉丁美洲国家被称为 Hydropericardium Hepatitis Syndrome（心包积水-肝炎综合征）。该病的病原目前被认定为为腺病毒科、腺病毒属Ⅰ群 4 型腺病毒。

1. 诊断要点

（1）临床症状　国外报道该病主要侵害 3～5 周龄鸡，已经进入产蛋期的蛋鸡也可发生此病，只是发病率相对低一些。病鸡多数病程很短，主要表现为精神沉郁，不愿活动，食欲减退，排黄色稀粪。鸡冠呈暗紫红色，呼吸困难。

（2）剖检病变　病/死鸡剖检可见：多数鸡的心包积液十分明显，液体呈淡黄色、透明，内含胶冻样的渗出物；病鸡的心冠脂肪减少，呈胶胨样，且右心肥大、扩张；肝脏肿大，有些有点状出血或坏死点；腺胃与肌胃之间有明显出血，甚至呈现出血斑或出血带；肾稍微肿大，输尿管内尿酸盐增多；少数病死鸡有气囊炎，肺脏淤血、出血、水肿。育雏期内发病的，胸腺、法氏囊萎缩。产蛋期发病的，卵巢、输卵管均无异常。

（3）诊断　根据流行病学、临床症状和病理变化可做出初步诊断。心包大量积液的同时伴有肝脏细胞内发现包涵体具有诊断意义。确诊需要进行病原学、血清学及分子生物学等方面的工作。

2. 防治措施

（1）预防　国外（墨西哥、印度和巴基斯坦）采用鸡包涵体肝炎-心包积水综合征（Ⅰ群4型腺病毒）油乳灭火苗和活苗，肉鸡在15～18日龄免疫注射效果好，在10日龄和20日龄进行2次免疫效果更佳，皮下注射较肌内注射的效果好。国内现有的研究资料显示，目前我国流行的所谓心包积水综合征不完全是Ⅰ群4型病毒，在使用前应该找相关的检测机构获得较为明确的诊断后，再使用与本鸡场血清型一致的疫苗。建议：若在既往发生的疫区，可使用自家灭活疫苗，慎用活疫苗（尤其是非SPF鸡胚生产的疫苗）。

（2）治疗　在收集病死鸡、淘汰病残鸡，及时做好无害化处理的同时，隔离病鸡治疗。

【处方1】预防

鸡心包积液-肝炎综合征组织灭活苗　　　　　0.5～1ml

用法：在病情严重的地区，采用当地病死鸡的心包积液、肺脏、脾脏、肝脏、肾脏等病料做成的组织苗，1次肌内注射。

【处方2】

鸡心包积液-肝炎综合征血清/卵黄抗体　　　1～3ml

用法：1只鸡1次皮下或肌内注射。

说明：因该病原的血清型多（12型），故在使用血清治疗前一定要确认其与本鸡场流行毒株的血清型一致，否则疗效不佳。

【处方3】茯白散

板蓝根15～25g，白芍10～20g，茵陈20～30g，龙胆草10～15g，党参7.5～15g，茯苓7.5～15g，黄芩10～20g，苦参10～20g，甘草10～30g，车前草10～30g，金钱草15～45g。

用法：按1只鸡1天0.5～2.0g用药，1天1次，连用5天。

说明：也可选用龙胆泻肝汤、五苓散，配合牛磺酸、ATP、肌苷、CoA、复合维生素B或维生素C饮水或拌料。

第二节　鸡常见细菌与真菌病的诊疗与处方

一、鸡大肠杆菌病

是由某些致病血清型或条件致病性大肠埃希氏杆菌引起的鸡感染性疾病的总称，包括大肠杆菌性脐带炎、败血症、肉芽肿、气囊炎、肝周炎、肿头综合征、腹膜炎、输卵管炎、滑膜炎、全眼球炎等一系列疾病表现型。随着集约化养鸡业的发展，大肠杆菌病的发病率日趋增多，造成鸡的成活率下降、增重减慢和屠宰废弃率增加；与此同时该病还与慢性呼吸道病、低致病性流感、非典型新城疫、传染性支气管炎、传染性喉气管炎、巴氏杆菌病等混合感染，使病情更为复杂，成为危害养鸡业的重要传染病之一，造成巨大的经济损失。

1. 诊断要点

（1）流行特点

① 易感动物：各种日龄、品种的鸡均可发病，以 4 月龄以内的鸡易感性较高。

② 传染源：鸡大肠杆菌病既可单独感染，也可能是继发感染，病鸡或带菌鸡是主要的传染源。

③ 传播途径：该细菌可以经种蛋带菌垂直传播，也可经消化道、呼吸道和生殖道（自然交配或人工授精）及皮肤创伤等门户入侵，饲料、饮水、垫料、空气等是主要传播媒介。

④ 流行季节：本病一年四季均可发生，但在多雨、闷热和潮湿季节发生更多。

（2）临床症状和剖检病变　该病的潜伏期为数小时至 3 天不等。经卵感染或在孵化后感染的鸡胚，出壳后几天内发生大批急性死亡。慢性感染者精神沉郁，冠发紫，剧烈腹泻，粪便灰白色，有时混有血液，死前有抽搐和转圈运动。成年鸡多表现为关节滑膜炎、输卵管炎和腹膜炎。鸡发病情况与鸡的日龄、病程长短、受侵害的组织器官及是否并发其他疾病有很大关系，临床上常见下列病型。

① 胚胎与雏鸡早期死亡：用感染的种蛋进行孵化，鸡胚在孵化后期出壳之前引起死亡，若感染鸡胚不死，则多数出壳后表现大肚与脐炎，俗称"大肚脐"。病雏精神沉郁，少食或不食，腹部大，脐孔及其周围皮肤发红、水肿，多在 1 周内死亡或淘汰。有的表现腹泻，排出泥土样粪便，1～2 天内死亡。剖检可见卵黄没有吸收或吸收不良，卵黄囊充血、出血，囊内卵黄液黏稠或稀薄，多呈黄绿色，肠道呈卡他性炎症。肝脏肿大，有时可见散在的淡黄色坏死灶，肝包膜略有增厚。

② 气囊炎：常为大肠杆菌与鸡败血支原体等呼吸道病合并感染所致，一般表现有明显的呼吸啰音、咳嗽、呼吸困难并发异常音，食欲明显减少，病鸡逐渐消瘦，死亡率可达 20%～30%。有些病鸡若心包炎严重，常可突然死亡。剖检见胸、腹等气囊壁增厚呈灰黄色，囊腔内有数量不等的纤维性渗出物或干酪样物。

③ 急性败血症：急性败血症在鸡中最常见，死亡率通常为 1%～7%，并发感染时可高达 20%。3 周龄以下雏鸡多为急性经过，病鸡离群呆立或挤堆，羽毛松乱，泄殖腔周围沾有粪污，排黄白色稀粪，病程 1～3 天。4 周龄以上病鸡，一般病程较长，少数呈最急性经过。病鸡常有呼吸道症状，鼻分泌物增多，呼吸时发生"咕咕"的声音或张口呼吸，结膜发炎，鸡冠暗紫，排黄白色或黄绿色稀粪，食欲下降或废绝。

④ 卵黄性腹膜炎：剖检见腹腔中有蛋黄液广泛地布于肠道表面，稍慢死亡的鸡腹腔内有多量纤维素样物粘在肠道和肠系膜上，腹膜粗糙发炎，有的可见肠粘连。

⑤ 肉芽肿：多发于产蛋期将结束的母鸡，一般以慢性过程为特征，临床表现为消瘦、衰弱，剖检见心、肝、盲肠、十二指肠、肠系膜或肺上产生特殊的花椰菜状的结节。肝脏则表现大小不一、数量不等的坏死灶。

⑥ 心包炎：常见突发性倒地，心脏停止跳动而死亡。剖检见明显的心包浑浊并充满淡黄色纤维蛋白渗出液，心外膜水肿并被覆有淡黄色的渗出物。

⑦ 输卵管炎：输卵管炎多发生于产蛋期鸡，病鸡输卵管膨大，管壁变薄，管内有条索状干酪样物，常于感染后数月内死亡，幸存者大多不再产蛋。

⑧ 滑膜炎：通常引起局部关节的肿胀，呈波动性，易发病的关节多为胫跗和

趾部关节，病鸡表现跛行，逐渐消瘦。

⑨ 肠炎：肠炎是鸡大肠杆菌病的常见病型，肠黏膜充血、出血，肠内容物稀薄并含有黏液血性物，有的脚麻痹，有的病鸡后期眼睛失明。

⑩ 全眼球炎：表现为眼前房积脓，失明，部分鸡以死亡或淘汰而告终。

（3）诊断　根据本病的流行病学、临床症状、特征性剖检病变等可做出初步诊断。确诊需要进行细菌的分离、培养与鉴定。用于病菌分离的病料的采集应尽可能在病鸡濒死期或死亡不久，因死亡时间过久，肠道菌很容易侵入机体内。

2. 防治措施

（1）预防

① 免疫接种：为确保免疫效果，须用与鸡场血清型一致的大肠杆菌制备的甲醛灭活苗、大肠杆菌灭活油乳苗、大肠杆菌多价氢氧化铝苗或多价油佐剂苗进行两次免疫，第一次接种时间为 4 周龄，第二次接种时间为 18 周龄，以后每隔 6 个月进行一次加强免疫注射。体重在 3 千克以下皮下注射 0.5 毫升，在 3 千克以上皮下注射 1.0 毫升。

② 建立科学的饲养管理体系：鸡大肠杆菌病在临床上虽然可以使用药物控制，但不能达到永久的效果，加强饲养管理，搞好鸡舍和环境的卫生消毒工作，避免各种应激因素显得至关重要。a. 种鸡场要及时收拣种蛋，避免种蛋被粪便污染。b. 搞好种蛋、孵化器及孵化全过程的清洁卫生及消毒工作。c. 注意育雏期间的饲养管理，保持较稳定的温度、湿度（防止时高时低），做好饲养管理用具的清洁卫生。d. 控制鸡群的饲养密度，防止过分拥挤。保持空气流通、新鲜，防止有害气体污染。定期消毒鸡舍、用具及养鸡环境。e. 在饲料中增加蛋白质和维生素 E 的含量，可以提高鸡体抗病能力。应注意防止饮水污染，做好水质净化和消毒工作。鸡群可以不定期地饮用"生态王"，维持肠道正常菌群的平衡，减少致病性大肠杆菌的侵入。

③ 建立良好的生物安全体系：正确选择鸡场场址，场内规划应合理，尤其应注意鸡舍内的通风。消灭传染源，减少疫病发生。重视新城疫、禽流感、传染性法氏囊病、传染性支气管炎等传染病的预防，重视免疫抑制性疾病的防控。

④ 药物预防：有一定的效果，一般在雏鸡出壳后开食时，在饮水中加入庆大霉素（剂量为 0.04%～0.06%，连饮 1～2 天）或其他广谱抗生素；或在饲料中添加微生态制剂，连用 7～10 天。

（2）治疗　对已出现肝周炎、心包炎、气囊炎和腹膜炎的病鸡无治疗意义，应及时淘汰。根据药敏结果，选择高敏的抗生素饮水或拌料，连用 3～5 天。选择清热解毒、燥湿的中药制剂治疗。

【处方 1】

大肠杆菌多价氢氧化铝苗和多价油佐剂苗　　　　　0.5～1.0ml

用法：按上述免疫程序进行肌内注射。

【处方 2】

庆大霉素注射液　　　　　　　　　　　　　　1 万～2 万单位

用法：按 1kg 体重 0.5 万～1 万单位用药，1 只鸡 1 次肌内注射，1 天 2 次，连用 3 天。

说明：也可用卡那霉素注射液，按 1kg 体重 30～40mg 用药，1 只鸡 1 次肌内注射。1 天 2 次，连用 3 天。

【处方 3】

土霉素   100～500g

用法：按 100kg 饲料 100～500g 用药，混饲。连用 7 天。

说明：也可选用以下治疗方法。①头孢噻呋（赛得福、速解灵、速可生）：注射用头孢噻呋钠或 5％盐酸头孢噻呋混悬注射液，雏鸡按每只 0.08～0.2 毫克颈部皮下注射。②氟苯尼考（氟甲砜霉素）：氟苯尼考注射液按 1kg 体重 20～30 毫克 1 次肌内注射，1 天 2 次，连用 3～5 天。或按 1kg 体重 10～20 毫克 1 次内服，1 天 2 次，连用 3～5 天。10％氟苯尼考散按 1kg 饲料 50～100 毫克混饲 3～5 天。以上均以氟苯尼考计。③安普霉素（阿普拉霉素、阿布拉霉素）：40％硫酸安普霉素可溶性粉按每升饮水 250～500 毫克混饮 5 天。以上均以安普霉素计。产蛋期禁用，休药期 7 天。④诺氟沙星（氟哌酸）：2％烟酸或乳酸诺氟沙星注射液按 1kg 体重 10 毫克 1 次肌内注射，1 天 2 次。2％、10％诺氟沙星溶液按每千克体重 10 毫克 1 次内服，1 天 1～2 次。按 1kg 饲料 50～100 毫克混饲，或按每升饮水 100 毫克混饮。⑤环丙沙星（环丙氟哌酸）：2％盐酸或乳酸环丙沙星注射液按 1kg 体重 5 毫克 1 次肌内注射，1 天 2 次，连用 3 天。或按 1kg 体重 5～7.5 毫克一次内服，1 天 2 次。2％盐酸或乳酸环丙沙星可溶性粉按每升饮水 25～50 毫克混饮，连用 3～5 天。⑥恩诺沙星（乙基环丙沙星、百病消）：0.5％、2.5％恩诺沙星注射液按 1kg 体重 2.5～5 毫克 1 次肌内注射，1 天 1～2 次，连用 2～3 天。恩诺沙星片按 1kg 体重 5～7.5 毫克 1 次内服，1 天 1～2 次，连用 3～5 天。2.5％、5％恩诺沙星可溶性粉按每升饮水 50～75 毫克混饮，连用 3～5 天。休药期 8 天。⑦甲磺酸达氟沙星（单诺沙星）：2％甲磺酸达氟沙星可溶性粉或溶液按每升饮水 25～50 毫克混饮 3～5 天。

【处方 4】

禽菌灵   750g

用法：拌入 100kg 饲料中自由采食，连喂 2～3 天。

【处方 5】

复方泰乐菌素   2g

用法：按 1kg 水加 2g 用药，自由饮水，连饮 5 天。

【处方 6】白龙散

白头翁 600g，龙胆 300g，黄连 100g。

用法：按 1 只鸡 1 天 1～3g 混饲，1 天 1 次，连用 3～5 天。

【处方 7】白头翁散

白头翁 60g，黄连 30g，黄柏 45g，秦皮 60g。

用法：按 1 只鸡 1 天 2～3g 混饲，1 天 1 次，连用 3～5 天。

【处方 8】板青颗粒

板蓝根 600g，大青叶 900g。

用法：按 1 只鸡 1 天 0.5g 混饲，1 天 1 次，连用 3～5 天。

【处方 9】莲胆散

穿心莲 230g，桔梗 100g，猪胆粉 30g，板蓝根 50g，麻黄 100g，甘草 80g，金荞麦 100g，防风 70g，火炭母 150g，岗梅 50g，薄荷 40g。

用法：按 1kg 饲料 5～10g 混饲，连用 3～5 天。

【处方 10】清解合剂

生石膏 670g，金银花 140g，玄参 100g，黄芩 80g，生地黄 80g，连翘 70g，栀子 70g，龙胆 60g，甜地丁 60g，板蓝根 60g，知母 60g，麦冬 60g。

用法：按 1 升加 2.5ml 混饮，连用 5 天。

【处方 11】三味拳参散

拳参 1400g，穿心莲 1000g，苦参 1600g。

用法：按 1kg 饲料 5g 混饲，连用 3～5 天。

【处方 12】三黄痢康散

黄芩 154g，黄连 154g，黄柏 77g，栀子 154g，当归 77g，白术 39g，大黄 77g，诃子 77g，白芍 77g，肉桂 39g，茯苓 38g，川芎 38g。

用法：按 1 只鸡 1 次 1g 拌料内服，连用 3～5 天。

【处方 13】蒲青止痢散

蒲公英 40g，大青叶 40g，板蓝根 40g，金银花 20g，黄芩 20g，黄柏 20g，甘草 20g，藿香 10g，石膏 10g。

用法：按 1kg 饲料 10～20g 混饲，连用 3～5 天。

【处方 14】三黄白头翁散

黄芩 200g，黄柏 200g，大黄 200g，白头翁 200g，陈皮 200g，白芍 200g，地榆 200g，苦参 200g，青皮 200g。

用法：按 1 只鸡 1 次 0.5g 拌料内服，连用 3～5 天。

【处方 15】穿甘苦参散

穿心莲 150g，甘草 125g，吴茱萸 10g，苦参 75g，白芷 50g，板蓝根 50g，大黄 30g。

用法：按 1kg 饲料 3～6g 混饲，连用 5 天。

【处方 16】穿虎石榴皮散

虎杖 98g，穿心莲 294g，地榆 98g，石榴皮 147g，石膏 196g，黄柏 98g，甘草 49g，肉桂 20g。

用法：按 1kg 饲料 10g 混饲，连用 5 天。

【处方 17】四黄白莲散

大黄 230g，白头翁 91g，穿心莲 91g，大青叶 91g，金银花 91g，三叉苦 91g，辣蓼 91g，黄芩 91g，黄连 18g，黄柏 28g，龙胆 28g，肉桂 28g，小茴香 28g，冰片 3g。

用法：按 1kg 体重 0.5g 1 次口服或拌料饲喂，1 天 2 次，连用 5 天。

【处方 18】杨树花止痢散

连翘 15g，鱼腥草 15g，杨树花 15g，穿心莲 10g，大青叶 10g，苦参 15g，生石膏 10g，柴胡 10g。

用法：按 1kg 饲料 6g 混饲，连用 5 天。

【处方 19】黄梅秦皮散

黄芩 800g，乌梅 1500g，秦皮 400g，黄芪 150g，补骨脂 100g，五味子 100g，陈皮 100g，神曲 100g，甘草 80g，低聚糖 150g。

用法：按 1kg 饲料 0.5～1.0g 混饲，连用 5 天。

【处方20】

黄柏100g，黄连100g，大黄100g。

用法：水煎取汁，10倍稀释后供1000只鸡自饮，1天1剂，连服3剂。

【处方21】

杨树花口服液 适量

用法：按1升水加1~2ml混饮，连用5天。

二、鸡亚利桑那菌病

又称阿利桑那菌症或副大肠菌病，主要发生于雏鸡和育成火鸡，是以腹泻、腿麻痹、颈扭转、运动失调、身体震颤为特征的一种急性败血性传染病。

1. 诊断要点

（1）临床症状 急性型常突然发病，病鸡全身颤抖，翅下垂，步态不稳，阵发性跳跃，向前冲或后退，仰头张口尖叫，有的做转圈运动，继而角弓反张，数分钟内死亡。亚急性型病鸡稍做圆圈运动，恐惧尖叫，跳跃前冲几次后卧地不起。病鸡倾向于以跗关节伏地并扎堆，数分钟后精神恢复正常，有的一天反复数次才死亡。眼结膜炎，羞明，有白色分泌物。腹泻，泄殖腔周围粘有不同色泽的粪便。食欲减少或废绝，饮水量增多，最后体质衰弱而在数日内死亡。雏火鸡大脑受感染后，出现神经症状，包括痉挛等。数分钟后精神恢复正常。

（2）剖检病变 见肝脏肿大2~3倍，呈土黄色斑驳状，表面有砖红色条纹，质地松脆，切面有针尖大灰白色坏死灶和出血点，胆囊肿大，胆汁浓缩。心肌柔软，心脏褪色或红紫色淤血，肺部有绿豆大小干酪样坏死灶，肾脏色淡，轻度肿胀，充血，脾脏肿大，脑充血或出血，脑血管怒张，大脑明显积水，打开头盖骨有白色浑浊液体流出，十二指肠肠壁增厚，肠黏膜显著充血，部分脱落，有的系膜上有小的干酪样病变。两眼浑浊，视网膜覆有一层黄色干酪样渗出物。其他常见的显著病变是雏火鸡一侧或两侧眼球玻璃体存有渗出物，雏鸡腹腔有未吸收的卵黄及干酪样渗出物。

（3）诊断 确诊应进行细菌分离鉴定。

2. 防治措施

（1）预防 对鸡舍和运动场所要定时清扫消毒，防止饲料和饮水的污染。种蛋能直接传播本菌，应及时擦去蛋壳上的小污点，贮蛋室应与其他房间分开，检下的蛋要尽快用福尔马林熏蒸消毒处理。对孵化器和育雏器用前要进行彻底消毒。

（2）治疗 消除发病诱因，抗菌消炎。

【处方1】

卡那霉素 1万单位

用法：1只鸡1次肌内注射，1天1次，连用5天。

【处方2】

二甲氧苄氨嘧啶 20~25mg

用法：成年鸡按每千克体重20~25mg用药、1~5日龄每只10mg、6~10日龄每只15mg、11~17日龄每只20mg用药，一次口服，1天1次，连用5天。

三、鸡白痢

是由鸡白痢沙门菌引起的鸡的一种急性或慢性传染病，主要危害鸡和火鸡。临床上以雏鸡排白色糊状稀粪为特征，死亡率高。成年鸡多为慢性经过或呈隐性感染。

1. 诊断要点

（1）流行特点

① 易感动物：多种家禽（如鸡、火鸡、鸭、雏鹅、珍珠鸡、野鸡、鹌鹑、麻雀、欧洲莺、鸽等），但流行主要限于鸡和火鸡，尤其鸡对本病最敏感。

② 传染源：病鸡的排泄物、分泌物及带菌种蛋均是本病主要的传染源。

③ 传播途径：主要经蛋垂直传播，也可通过被粪便污染的饲料、饮水和孵化设备而水平传播，野鸟、啮齿类动物和蝇可作为传播媒介。

④ 流行季节：无明显的季节性。

（2）临床症状　雏鸡在3～4日龄发病时多为急性，常突然死亡。病雏一般表现为精神萎靡，食欲废绝，嗜睡，缩颈，翅膀下垂，呆立不动，体温升高，呼吸困难，排白色粪便，有时伴有青绿色，里急后重。病雏在排便时常常发出尖锐的叫声，耐过的鸡发育迟缓，羽毛生长不良。有些鸡虽能正常发育，但成为带菌者。

（3）剖检病变　突然死亡的雏鸡病变不明显。其他病死鸡的病变是：心、肝、肺、盲肠、大肠和肌胃肌肉出现针尖状坏死病灶或坏死结节；肝肿大，呈土黄色并见有砖红色条纹。未吸收的卵黄囊及其内容物有轻微的变化，盲肠扩张，内有干酪样凝固物，卡他性肠炎，有时肌胃和肠壁上有灰白色坏死点，腹膜炎，翅及腿关节上有水疱。肺脏有时可见到肺炎、水肿等。肾脏充血或贫血，输尿管显著膨大，尿酸盐沉积。成年鸡的普遍病变是卵巢退化，卵子变形并呈青绿色，心包炎，睾丸萎缩，肝脏出现坏死病灶。

（4）诊断　根据本病的流行病学、临床症状、特征性剖检病变等可做出初步诊断。确诊需要进行细菌的分离、培养与鉴定。此外，也可利用全血平板凝集试验、血清或卵黄试管凝集试验，全血、血清或卵黄琼脂扩散试验，ELISA等进行实验室或现场诊断。

2. 防治措施

建立无白痢种鸡群是关键措施，对种鸡场定期进行检疫，扑杀带菌鸡。

（1）预防

① 净化种鸡群：有计划地培育无白痢病的种鸡群是控制本病的关键，对种鸡包括公鸡逐只进行鸡白痢血凝试验，一旦出现阳性立即淘汰或转为商品鸡用，以后种鸡每月进行一次鸡白痢血凝试验，连续3次，公鸡要求在12月龄后再进行1～2次检查，阳性者一律淘汰或转为商品鸡，从而建立无鸡白痢的健康种鸡群。购买苗鸡时，应尽可能地避免从有白痢病的种鸡场引进苗鸡。

② 免疫接种：一种是雏鸡用的菌苗为9R，另一种是青年鸡和成年鸡用的菌苗为9S，这两种弱毒菌苗对本病都有一定的预防效果，但国内使用不多。

③ 利用微生态制剂预防：用蜡样芽孢杆菌、乳酸杆菌或粪链球菌等制剂混在饲料中喂鸡，这些细菌在肠道中生长后，有利于厌氧菌的生长，从而抑制了沙门氏菌等需氧菌的生长。目前市场上此类制剂有"促菌生""止痢灵""康大宝"等。

④ 加强饲养管理和药物预防：平时加强饲养管理，搞好环境卫生，供应优质饲料，饮水充足，严格消毒，做好育雏期舍内的通风换气、温湿度及饲养密度适宜等措施，可以降低发病率。雏鸡出壳 24 小时内颈部皮下注射恩诺沙星注射液或头孢噻呋钠。

（2）治疗　根据药敏试验结果，选择高敏的抗生素饮水或拌料治疗。选择清热解毒、燥湿止痢的中药治疗。

【处方 1】

头孢噻呋　　　　　　　　　　0.1mg

用法：1 日龄雏鸡 1 次皮下注射。

说明：也可用氨苄西林（氨苄青霉素、安比西林），注射用氨苄西林钠按每千克体重 10～20 毫克一次肌内或静脉注射，1 天 2～3 次，连用 2～3 天。氨苄西林钠胶囊按每千克体重 20～40 毫克一次内服，1 天 2～3 次。55％氨苄西林钠可溶性粉按每升饮水 600 毫克混饮。链霉素：注射用硫酸链霉素每千克体重 20～30 毫克一次肌内注射，1 天 2～3 次，连用 2～3 天。硫酸链霉素片按每千克体重 50 毫克内服，或按每升饮水 30～120 毫克混饮。卡那霉素：25％硫酸卡那霉素注射液按每千克体重 10～30 毫克一次肌内注射，1 天 2 次，连用 2～3 天。或按每升水 30～120 毫克混饮 2～3 天。庆大霉素（正泰霉素）：4％硫酸庆大霉素注射液按每千克体重 5～7.5 毫克一次肌内注射。1 天 2 次，连用 2～3 天。硫酸庆大霉素片按每千克体重 50 毫克内服。或按每升饮水 20～40 毫克混饮 3 天。新霉素（弗氏霉素、新霉素 B）：硫酸新霉素片按每千克饲料 70～140 毫克混饲 3～5 天。3.25％、6.5％硫酸新霉素可溶性粉按每升水 35～70 毫克混饮 3～5 天。蛋鸡禁用，肉鸡休药期 5 天。土霉素（氧四环素）：注射用盐酸土霉素按每千克体重 25 毫克一次肌内注射。土霉素片按每千克体重 25～50 毫克一次内服，1 天 2～3 次，连用 3～5 天。或按每千克饲料 200～800 毫克混饲。盐酸土霉素水溶性粉按每升饮水 150～250 毫克混饮。甲砜霉素：甲砜霉素片按每千克体重 20～30 毫克一次内服，1 天 2 次，连用 2～3 天。5％甲砜霉素散，按每千克饲料 50～100 毫克混饲。以上均以甲砜霉素计。此外，其他抗鸡白痢药物还有氟苯尼考（氟甲砜霉素）、安普霉素（阿普拉霉素、阿布拉霉素）、诺氟沙星（氟哌酸）、环丙沙星（环丙氟哌酸）、恩诺沙星（乙基环丙沙星、百病消）、多西环素（强力霉素、脱氧土霉素）、氧氟沙星（氟嗪酸）、磺胺甲噁唑（磺胺甲基异噁唑、新诺明、新明磺、SMZ）、阿莫西林（羟氨苄青霉素）等。

【处方 2】

调痢生　　　　　　　　　　20～30mg

用法：按 1 只鸡 20～30mg 用药，混入饲料或饮水中一次喂服，1 天 1 次，连用 3 天。

【处方 3】鸡痢灵散

雄黄 10g，藿香 10g，白头翁 15g，滑石 10g，诃子 15g，马齿苋 15g，马尾连 15g，黄柏 10g。

用法：按 1 只鸡 0.5g 用药，混饲，1 天 1 次，连用 3～5 天。

【处方 4】雏痢净

白头翁 30g，黄连 15g，黄柏 20g，马齿苋 30g，乌梅 15g，诃子 9g，木香 20g，

苍术 60g，苦参 10g。

用法：按 1 只鸡 0.3～0.5g 用药，混饲，1 天 1 次，连用 3～5 天。

【处方 5】苦参地榆散

苦参 40g，地榆 30g，仙鹤草 30g。

用法：按 1kg 饲料 10～20g 混饲，连用 5 天。

【处方 6】三黄白金散

黄柏 20g，黄连 15g，白头翁 50g，金银花 40g，黄芩 10g，木香 20g，马齿苋 10g，穿心莲 30g，虎杖 10g。

用法：按 1 只鸡 0.4～0.8g 用药，混饲，1 天 1 次，连用 3～5 天。

【处方 7】三黄苦参散

黄连 30g，黄柏 15g，黄芩 45g，穿心莲 45g，板蓝根 45g，甘草 10g，雄黄 5g，木香 45g，苦参 60g。

用法：按 1 只鸡 0.2g 用药，混饲，1 天 2 次，连用 3～5 天。

【处方 8】白莲藿香散

白头翁 15g，穿心莲 15g，广藿香 15g，苦参 15g，黄柏 10g，黄连 10g，雄黄 10g，滑石 10g。

用法：按 1 只鸡 0.25g 用药，混饲，1 天 2～3 次，连用 3～5 天。

【处方 9】四黄贯板散

黄连 30g，黄芩 35g，绵马贯众 5 吨，板蓝根 65g，大黄 30g，地黄 45g，焦山楂 35g，甘草 20g。

用法：按 1 只鸡 0.6g 用药，混饲，1 天 1 次，连用 3～5 天。

【处方 10】泽漆止痢散

泽漆 80g，穿心莲 60g，板蓝根 60g，苍术 30g，蒲公英 50g，墨旱莲 50g，雄黄 15g。

用法：按 1 只鸡 0.3～0.6g 用药，混饲，1 天 1 次，连用 3～5 天。

【处方 11】穿白痢康散

穿心莲 200g，白头翁 100g，黄芩 50g，功劳木 50g，秦皮 50g，广藿香 50g，陈皮 50g。

用法：按 1 只鸡 0.24g 用药，混饲，1 天 1 次，连用 3～5 天。

【处方 12】龙紫散

龙胆草 50g，紫花地丁 50g，紫草 50g，鱼腥草 50g，仙鹤草 50g，甘草 50g。

用法：按 1 只鸡 0.3～0.6g 用药，混饲，1 天 1 次，连用 3～5 天。

【处方 13】痢喘康散

白头翁 20g，黄柏 20g，黄芩 20g，陈皮 20g，板蓝根 10g，半夏 20g，大黄 20g，白芍 10g，石膏 30g，桔梗 20g，甘草 10g。

用法：按 1 只鸡 2～4g 用药，混饲，1 天 1 次，连用 3～5 天。

【处方 14】三黄白头翁散

黄芩 200g，黄柏 200g，大黄 200g，白头翁 200g，陈皮 200g，白芍 200g，地榆 200g，苦参 200g，青皮 200g。

用法：按 1 只鸡 0.5g 用药，混饲，1 天 1 次，连用 3～5 天。

【处方 15】翁柏解毒散

白头翁 120g，黄柏 60g，苦参 60g，穿心莲 60g，木香 30g，滑石 120g。

用法：按 1 只鸡 0.6～1.2g，雏鸡 0.2～0.4g 用药，混饲，1 天 2 次，连用 3～5 天。

【处方 16】白头翁康痢散

白头翁 30g，黄连 6g，薏苡仁 10g，半夏 10g，黄芪 20g，黄芩 30g，白扁豆 15g，补骨脂 5g，车前草 16g，陈皮 10g，艾叶 30g，甘草 12g，益母草 30g，党参 20g，桔梗 16g，青蒿 10g，滑石 6g，蒲公英 10g。

用法：按 1kg 饲料 5g 混饲，连用 5 天。

【处方 17】穿虎石榴皮散

虎杖 98g，穿心莲 294g，地榆 98g，石榴皮 147g，石膏 196g，黄柏 98g，甘草 49g，肉桂 20g。

用法：按 1kg 饲料 10g 混饲，连用 5 天。

【处方 18】黄金二白散

黄芩 60g，黄柏 60g，金银花 40g，白头翁 45g，白芍 45g，栀子 50g，连翘 40g。

用法：按 1kg 饲料 6～12g 混饲，连用 5 天。

【处方 19】七清败毒散

黄芩 100g，虎杖 100g，白头翁 80g，苦参 80g，板蓝根 100g，绵马贯众 60g，大青叶 40g。

用法：按 1kg 饲料 5g 混饲，连用 3 天。

【处方 20】青莲藿香散

藿香 10g，穿心莲 20g，青蒿 20g，大青叶 20g，当归 10g，地黄 30g，赤芍 10g，甘草 10g。

用法：按 1kg 饲料 1.5g 混饲，连用 3～5 天。

【处方 21】双黄穿苦散

黄连 30g，黄芩 30g，穿心莲 25g，苦参 20g，马齿苋 15g，苍术 15g，广藿香 15g，雄黄 10g，金荞麦 30g，六神曲 30g。

用法：按 1kg 体重 0.5～0.7g 拌料，1 天 2～3 次，连用 5 天。

【处方 22】三黄苦参散

黄芩 154g，黄连 154g，黄柏 77g，栀子 154g，当归 77g，白术 39g，大黄 77g，诃子 77g，白芍 77g，肉桂 39g，茯苓 38g，川芎 38g。

用法：按 1 只鸡 1g 用药，拌料内服，1 天 1 次，连用 3～5 天。

【处方 23】

大蒜头   5g

用法：将大蒜头捣碎后加水混合，1 只鸡 1 次滴服 1ml，1 天 3～4 次，连用 3 天。

四、鸡 伤 寒

是由鸡沙门菌引起禽的一种急性或慢性败血性传染病。特征是黄绿色腹泻，肝脏肿大，呈青铜色。

1. **诊断要点**

（1）流行特点

① 易感动物：鸡和火鸡对本病最易感。雉、珍珠鸡、鹌鹑、孔雀、松鸡、麻雀、斑鸠亦有自然感染的报道。鸽子、鸭、鹅则有抵抗力。本病主要发生于成年鸡（尤其是产蛋期的母鸡）和3周龄以上的青年鸡，3周龄以下的鸡偶尔可发病。

② 传染源：病鸡和带菌鸡是主要的传染源。

③ 传播途径：经蛋垂直传播，也可通过被粪便污染的饲料、饮水、土壤、用具、车辆和环境等水平传播。病菌入侵途径主要是消化道，其他还包括眼结膜等。有报道认为老鼠可机械性传播本病，是一个重要的媒介者。

④ 流行季节：无明显的季节性。

（2）临床症状　雏鸡和雏火鸡发病时，表现为精神沉郁，怕冷，扎堆，并拉白色的稀粪。当肺部受到侵害时，出现呼吸困难。雏鸡的死亡率可达10%～50%，雏火鸡的死亡率约30%。青年或成年鸡和火鸡发病后常表现突然停食，精神委顿，鸡冠、肉髯苍白、萎缩，体温升高。有的病鸡腹泻，排绿色或黄绿色稀粪。

（3）剖检病变　急性病例常无明显病变，病程稍长的可见肝、脾、肾充血肿大。亚急性、慢性病例，以肝肿大呈绿褐色或青铜色为特征。此外，肝脏和心肌有粟粒状坏死灶。母鸡可见卵巢、卵泡充血、出血、变形及变色，并常因卵子破裂引起腹膜炎。雏鸡感染后，肺、心和肌胃可见灰白色病灶。

（4）诊断　根据流行特点，临床症状和病理变化，特别是肝肿大呈青铜色，可做出初步诊断。确诊必须进行病原菌的分离培养、生化试验以及血清学试验，并鉴定为鸡伤寒沙门杆菌。

2. **防治措施**

（1）预防　请参考鸡白痢。

（2）治疗　根据药敏试验结果，选择高敏抗生素饮水或拌料治疗。选择清热解毒、燥湿止痢中药制剂治疗。

【处方1】

氟苯尼考（又名氟甲砜霉素）　　　　　　40～60mg

用法：按1kg体重20～30mg用药，混饲，1天2次，连用3～5天。

说明：选用的其他药物请参考鸡白痢。

【处方2】三味拳参散

拳参1400g，穿心莲1000g，苦参1600g。

用法：按1kg饲料5g混饲，连用3～5天。

【处方3】白头翁散加减

黄连30g，黄柏45g，秦皮60g，白头翁60g，马齿苋60g，滑石45g，雄黄30g，诃子45g，藿香30g。

用法：共为末，按2.5%比例拌料喂给作为预防；也可水煎去渣，药液加水稀释至1kg水含生药20g浓度，替代饮水用于病鸡治疗，连用5天。

【处方4】加味白头翁散

白头翁50g，黄柏20g，黄连20g，秦皮20g，乌梅15g，大青叶20g，白芍20g。

用法：共研细末，混匀。前3天1只鸡1天1.5g，后4天每天1g，混入饲料中喂给，连用 7 天。病重不能采食者，人工投喂。

【处方 5】

雄黄 15g，甘草 35g，白矾 25g，黄柏 25g，黄芩 25g，知母 30g，桔梗 25g。

用法：研粉，供 100 只成年鸡一次拌料喂服，连用 3 天。

【处方 6】

杨树花口服液　　　　　　　　　　　适量

用法：按 1 升水加 1～2ml 混饮，连用 3～5 天。

五、鸡副伤寒

是由多种能运动的泛嗜性沙门菌引起的禽的疾病的总称。常造成雏鸡大批死亡，以腹泻、消瘦、渗出性炎症为特征。此类沙门菌血清型众多，不但感染家禽和野禽，人与动物也易感，是一种人畜共患病。

1. 诊断要点

（1）流行特点　经蛋传播或早期孵化器感染时，在出雏后的几天发生急性感染，6～10 天时达到死亡高峰，死亡率在 20%～100% 之间。通过病雏的排泄物引起其他雏鸡的感染，多于 10～12 日龄发病，死亡高峰在 10～21 日龄，1 月龄以上的鸡一般呈慢性或隐性感染，很少发生死亡。该细菌主要经消化道传播，也可经蛋垂直传播。

（2）临床症状　急性死亡雏鸡往往不显症状，病程稍长的病鸡表现为精神不振，厌食，饮水增加，排绿色或黄色水便，粘在泄殖腔外，怕冷，雏鸡常有眼炎，成年鸡一般不显外部症状。

（3）剖检病变　急性死亡者无肉眼可见病变；病程稍长者，身体消瘦，脱水，卵黄凝固，肝和脾充血并有出血条纹或点状坏死灶，肾充血，心包炎并粘连。成年鸡见消瘦、肠道坏死溃疡、肝脾和肾肿大、心脏有结节，卵巢病变没有鸡白痢明显。

（4）诊断　根据流行病学、临诊症状和病理变化，只能做出初步诊断，确诊需做病原菌的分离和鉴定。

2. 防治措施

（1）预防　加强饲养管理，保持饲料和饮水的清洁卫生。

（2）治疗　消除发病诱因，抗菌消炎。

【处方 1】

同"鸡白痢"中【处方 1】。

【处方 2】白马黄柏散

白头翁 300g，马齿苋 400g，黄柏 300g。

用法：按 1 只鸡 1.5～6g 拌料饲喂，1 天 1 次，连喂 5～7 天。

【处方 3】

狼牙草 10g，血箭草 9g，车前子 6g，白头翁 6g，木香 6g，白芍 8g。

用法：煎汁拌料，每 1000 只 10 日龄雏鸡 1 次喂服，1 天 1 次，连喂 5～7 天。

【处方 4】

黄连 40g，黄芩 40g，黄柏 40g，金银花 50g，桂枝 45g，艾叶 45g，大蒜 60g，

焦山楂 50g，陈皮 45g，青皮 45g，甘草 40g。

用法：水煎，分 3 次供 10 日龄 1000 只雏鸡拌料并饮水，1 天 1 剂，连用 5～7 剂。10 日龄至 5 月龄，日龄每增加 10 天，剂量增加 0.1 倍。

【处方 5】

马齿苋 20g，地锦草 20g，蒲公英 20g，车前草 10g，金银花 10g，凤尾草 10g。

用法：加水煎成 1000ml，供 100 只雏鸡 1 天自由饮用或拌料喂服，连服 3～5 天。

【处方 6】

血见愁 40g，车前草 30g，茵陈 30g，桔梗 30g，鱼腥草 30g，马齿苋 30g，地锦草 30g，墨旱莲 30g，蒲公英 45g。

用法：煎汁，按 1 只鸡 10ml 自饮，连用 3～5 天。预防量减半。

【处方 7】

黄连 20g，黄芩 20g，黄柏 20g，栀子 20g，五倍子 20g，甘草 20g，金银花 20g，肉豆蔻 20g，前胡 20g，白头翁 20g，焦山楂 30g，秦皮 30g，陈皮 30g。

用法：水煎，分 3 次供 300 只 21 日龄雏鸡 1 天拌料兼饮水，连用 3～5 天。1 月龄后至成年鸡（5 月龄），每增加 1 月龄，剂量增加 0.3 倍。

【处方 8】

三味拳参散、白龙散、白头翁散、杨树花口服液等，请参考鸡白痢或鸡伤寒中治疗的相关条目。

六、禽巴氏杆菌病

又称禽霍乱，是由多杀性巴氏杆菌引起的一种接触性传染病。急性病例主要表现为突然发病、腹泻、败血症症状及高死亡率，慢性病例的特点是鸡冠、肉髯水肿，关节炎，病程较长，死亡率低。

1. 诊断要点

（1）流行特点

① 易感动物：各种日龄和各品种的鸡均易感染本病，3～4 月龄的鸡和成年鸡较容易感染。

② 传染源：病鸡/带菌鸡的排泄物、分泌物及带菌动物均是本病主要的传染源。

③ 传播途径：主要通过消化道和呼吸道，也可通过吸血昆虫和损伤的皮肤黏膜而感染。

④ 流行季节：本病一年四季均可发生，以夏、秋季节多发，但气候剧变、闷热、潮湿、多雨时期发生较多。长途运输或频繁迁移、过度疲劳、饲料突变、营养缺乏、寄生虫等可诱发此病。

（2）临床症状 在疫病暴发的初期，最急性的病例几乎看不到症状就突然死亡。随着病程的发展，陆续出现急性病例。主要表现为精神委顿，羽毛松乱，缩颈闭眼或头藏翅下，常有剧烈腹泻，排出黄色、灰白色或淡绿色稀粪。体温升高，食欲废绝，口渴喜饮，呼吸加快，冠髯发紫，一般经过 1～3 天后死亡。疫病流行的后期，未死的急性病例转为慢性，有的病鸡由于病菌侵入关节，引起关节肿胀和化脓，因而发生跛行；有的病鸡主要表现为呼吸道症状，特征是鼻流黏液，且有特殊臭味；有的病鸡一侧或两侧肉髯显著肿大。

（3）剖检病变　最急性突然死亡的鸡，看不到明显的肉眼病变。急性病例可见腹膜、皮下组织和腹部脂肪常有小出血点；腹腔内，特别是在气囊和肠浆膜上常有纤维素性或干酪样灰白色渗出物。肠道中以十二指肠病变最显著，发生严重的急性卡他性肠炎或出血性肠炎，肠内容物中含有血液。肝脏的变化具有特征性，体积肿大，色泽变淡，质地稍变硬，表面散布有许多灰白色、针头大小的坏死点。心外膜上有程度不等的出血点，特别是在心冠脂肪上出血点尤为明显。心包发炎，心包囊内积有多量淡黄色液体，偶尔混有纤维素凝块。肺充血，表面有出血点。慢性病例，有的病鸡关节和腱鞘内蓄积炎性渗出物或干酪样坏死；有的气管卡他性炎症，肺脏病变；有时还可见到卵巢有明显的变化，出血，卵黄囊破裂等。

（4）诊断　根据本病的流行病学、临床症状、剖检病变等可做出初步诊断。肝脏触片瑞氏或亚甲蓝染色后镜检检出两极着色的细菌有助于该病的诊断。确诊需要进行细菌的分离培养、鉴定以及动物接种试验。

2. 防治措施

（1）预防

① 免疫接种：弱毒菌苗有禽霍乱 $G_{190}E_{40}$ 弱毒菌苗等，灭活菌苗有禽霍乱氢氧化铝菌苗、禽霍乱油乳剂灭活菌苗、禽霍乱乳胶灭活菌苗等，其他还有禽霍乱荚膜亚单位疫苗。建议免疫程序如下：肉鸡于 20～30 日龄免疫一次即可，蛋/种鸡于 20～30 日龄首免，开产前半个月二免，开产后每半年免疫一次。

② 被动免疫：患病鸡群可用猪源抗禽霍乱高免血清，在鸡群发病前作短期预防接种，每只鸡皮下或肌内注射 2～5 毫升，免疫期为两周左右。

③ 加强饲养管理：平时应坚持自繁自养原则，由外地引进种鸡时，应从无本病的鸡场选购，并隔离观察 1 个月，无问题再与原有的鸡合群。采取全进全出的饲养制度，搞好清洁卫生和消毒工作。

（2）治疗　根据药敏试验结果，选择高敏的抗生素饮水或拌料。采用清热解毒、燥湿止痢的中药制剂治疗。

【处方 1】预防用

禽霍乱灭活疫苗　　　　　　　　　2ml

用法：一次皮下或胸肌注射，免疫期 3 个月。

说明：在本病流行的地区，采用当地分离株制成禽霍乱自家灭活苗是预防本病的关键措施。

【处方 2】

禽霍乱高免血清　　　　　　　　　1～2ml

用法：1 只鸡 1 次皮下注射或肌内注射。1 天 1～2 次，连用 2～3 天。

【处方 3】

青霉素　　　　　　　　　　　　　2 万～5 万单位

链霉素　　　　　　　　　　　　　2 万～5 万单位

注射用水　　　　　　　　　　　　1ml

用法：青霉素和链霉素用注射用水溶解后分别肌内注射，1 天 2 次，连用 3～5 天。

说明：也可用阿莫西林（羟氨苄青霉素），按 1kg 体重 10～15mg 内服或肌内注射，1天2次，连用5天。

【处方4】

磺胺嘧啶   0.2～0.4g

用法：按1kg体重0.1～0.2g用药，一次口服，1天2次，连用3～5天。

说明：也可选用磺胺甲噁唑（磺胺甲基异噁唑、新诺明、新明磺）——40%磺胺甲噁唑注射液按每千克体重20～30毫克一次肌内注射，连用3天。磺胺甲噁唑片按0.1%～0.2%混饲。磺胺对甲氧嘧啶（消炎磺、磺胺-5-甲氧嘧啶、SMD）——磺胺对甲氧嘧啶片按每千克体重50～150毫克一次内服，1天1～2次，连用3～5天。按0.05%～0.1%混饲3～5天，或按0.025%～0.05%混饮3～5天。磺胺氯达嗪钠——30%磺胺氯达嗪钠可溶性粉，肉禽按每升饮水300毫克混饮3～5天。休药期1天。产蛋期禁用。

【处方5】

复方大观霉素（复方壮观霉素） 50g

用法：按150kg饲料50g用药，混于饲料中一次喂服，连用3～5天。重症药量可加倍。

说明：也可选用沙拉沙星：5%盐酸沙拉沙星注射液，1日龄雏禽按每只0.1毫升一次皮下注射。1%盐酸沙拉沙星可溶性粉按每升饮水20～40毫克混饮，连用5天。产蛋鸡禁用。此外，其他抗鸡霍乱的药物还有土霉素（氧四环素）、金霉素（氯四环素）、环丙沙星（环丙氟哌酸）、甲磺酸达氟沙星（单诺沙星）等。

【处方6】清热止痢散

石膏70g（氨水浸泡风干），知母5g（煅炭），黄连5g（煅炭），大黄5g（煅炭），葛根5g（煅炭），土茯苓5g（煅炭），金银花5g（煅炭）。

用法：按1只鸡2～5g内服或拌料饲喂，1天1次，连用3～5天。

【处方7】黄马莲散

黄芩100g，马齿苋100g，穿心莲200g，山楂50g，地榆100g，蒲公英100g，甘草50g，鱼腥草200g。

用法：按1只鸡1g拌料饲喂，1天1次，连用3～5天。

【处方8】

甲紫25g，贯众15g，葛根80g，紫草50g，黄连70g，板蓝根20g，穿心莲30g。

用法：水煎成2000ml，加红糖200g，大蒜汁少许，候温后供750只成年鸡饮用，1天1剂，连用5剂。

【处方9】

雄黄30g，白矾30g，甘草30g，金银花15g，连翘15g，茵陈50g。

用法：粉碎研末，按1只鸡1次0.5g拌料投服，1天2次，连用5～7天。

【处方10】

茵陈100g，半枝莲100g，大青叶100g，白花蛇舌草200g，生地黄150g，藿香50g，当归50g，车前子50g，赤芍50g，甘草50g。

用法：煎汤，供300只鸡分3～6次服用，1天2次，连用5～7天。

【处方11】本方适用于治疗急性禽霍乱

白头翁60g，连翘20g，黄连40g，黄柏40g，金银花40g，野菊花80g，板蓝根 80g，明矾 80g，蒲公英 80g，雄黄 4g。

用法：共为末（雄黄研细）充分混匀，按 4％比例拌料或每天每千克体重 2g 水煎取汁饮服，1 天 2 次，连用 5～7 天。

【处方 12】本方适用于治疗慢性禽霍乱

穿心莲 6g，板蓝根 6g，蒲公英 5g，墨旱莲 5g，苍术 3g。

用法：混合粉碎，按 1 只鸡 5g 拌料投服，连用 3 天。

【处方 13】

黄连须、黄芩、黄柏、黄药子、金银花、栀子、柴胡、大青叶、防风、雄黄、明矾、甘草各等份。

用法：粉碎后，内服，按 1kg 体重 2g 用药，1 天 2 次，连用 3 天。

七、鸡葡萄球菌病

是由金黄色葡萄球菌引起的鸡和其他鸟类各种疾病的总称。主要引起幼鸡坏疽性皮炎、败血病、化脓性关节炎、眼炎和脐炎。本病多发生于规模化养鸡场，特别是笼养雏鸡经常发生，又称为"笼养鸡病"。

1. 诊断要点

（1）流行特点　白羽产白壳蛋的轻型鸡种易发，而褐羽产褐壳蛋的中型鸡种很少发生。4～12 周龄多发，地面平养和网上平养较笼养鸡发生多。其发病率与饲养管理水平、环境卫生状况以及饲养密度等因素有直接的关系，死亡率一般 2％～50％不等。本病一年四季均可发生，以多雨、潮湿的夏秋季节多发。该细菌主要经皮肤创伤、毛孔、消化道、呼吸道、雏鸡的脐带入侵。鸡群拥挤互相啄斗，鸡笼破旧致使铁丝刺伤皮肤，患皮肤型鸡痘或其他因素造成皮肤的破损等都是本病的诱因。

（2）临床症状　坏疽性皮炎是本病的特征性症状。病初颈、胸、腹及大腿内侧，特别是在翼下部出现广泛的炎性浮肿，初期从翼的根部开始，在很短的时间内扩散到整个翼下，进而扩散至胸部、腰部。外观为蓝紫色，皮肤坏死，局部羽毛及皮肤手摸即脱落。皮下渗出液呈绿茶色或紫红色胶冻状，常破溃使周围羽毛污染，病期较长时干燥结痂。病程短的几小时，长的 2～5 天内死亡。关节炎型病鸡不能站立，卧地不动，常因饥渴而死亡。趾关节发炎时趾部肿胀呈瘤状，爪部皮肤坏死呈紫黑色，趾尖或爪部干涸脱落。眼感染时面部发生肿胀，眼结膜红肿，黏脓性分泌物将眼睑粘连，失明和死亡。脐炎见于出壳鸡，腹部膨大，脐部呈黄色或紫黑色，多数发生死亡。败血症常无症状突然死亡，或表现张口呼吸，下痢，冠髯青紫。

（3）剖检病变　见皮肤、浆膜、黏膜出血，胸肌、大腿肌常见出血斑块。肝、脾、肾脏肿大，可能有白色化脓坏死点，腺胃乳头出血。关节囊内有浆液渗出，有脓性或干酪样坏死物，关节周围结缔组织增生而呈畸形。

（4）诊断　根据本病的流行病学、临床症状、剖检病变等可做出初步诊断。确诊需要进行细菌的分离培养和鉴定。此外，也可利用 PCR 技术、核算探针、ELISA 等检测葡萄球菌毒素基因和抗原物质的方法进行诊断。

2. 防治措施

（1）预防

① 免疫接种：可用葡萄球菌多价氢氧化铝灭活菌苗与油佐剂灭活菌给 20～30

日龄的鸡皮下注射 1 毫升。

② 防止发生外伤：在鸡饲养过程中，要定期检查笼具、网具是否光滑平整，有无外露的铁丝尖头或其他尖锐物，网眼是否过大。平养的地面应平整，垫料宜松软，防硬物刺伤脚垫。防止鸡群互斗和啄伤等。

③ 做好皮肤外伤的消毒处理：在断喙、带翅号（或脚号）、剪趾及免疫刺种时，要做好消毒工作。

④ 加强饲养管理：注意舍内通风换气，防止密集饲养，喂给必需的营养物质，特别要供给足够的维生素。做好孵化过程和鸡舍的卫生及消毒工作。

（2）治疗　根据药敏试验结果，筛选敏感的抗生素饮水或拌料。对于脚垫肿、关节炎的病例，可用外科手术，排出脓汁，用碘酊消毒创口，配合抗生素治疗即可。选用清热解毒、凉血止痢的中药治疗。

【处方 1】

青霉素	2 万～5 万单位
注射用水	1ml

用法：1 只鸡 1 次肌内注射，1 天 2 次，连用 3 天。

说明：也可用庆大霉素注射液 2000～5000 单位皮下注射，卡那霉素 1000～3000 单位皮下注射，1 天 2 次，连用 3 天。

【处方 2】

诺氟沙星（氟哌酸）　　　　10g

用法：混饲，拌入 100kg 饲料中，连喂 5 天。

说明：也可选用维吉尼亚霉素（弗吉尼亚霉素）——50% 维吉尼亚霉素预混剂按每千克饲料 5～20 毫克混饲（以维吉尼亚霉素计）。产蛋期及超过 16 周龄母鸡禁用。休药期 1 天。阿莫西林（羟氨苄青霉素）——阿莫西林片按每千克体重 10～15 毫克一次内服，1 天 2 次。头孢氨苄（先锋霉素Ⅳ）——头孢氨苄片或胶囊按每千克体重 35～50 毫克一次内服，雏鸡 2～3 小时一次，成年鸡可 6 小时一次。林可霉素（洁霉素、林肯霉素）——30% 盐酸林可霉素注射液按每千克体重 30 毫克一次肌内注射，一天 1 次，连用 3 天。盐酸林可霉素片按每千克体重 20～30 毫克一次内服，每日 2 次。11% 盐酸林可霉素预混剂按每千克饲料 22～44 毫克混饲 1～3 周。40% 盐酸林可霉素可溶性粉按每升饮水 200～300 毫克混饮 3～5 天。以上均以林可霉素计。产蛋期禁用。此外，其他抗鸡葡萄球菌病的药物还有新霉素（弗氏霉素、新霉素 B）、土霉素（氧四环素）（用药剂量请参考鸡白痢治疗部分）、头孢噻呋（赛得福、速解灵、速可生）、氟苯尼考（氟甲砜霉素）（用药剂量请参考鸡大肠杆菌病治疗部分）、磺胺甲噁唑（磺胺甲基异噁唑、新诺明、新明磺、SMZ）（用药剂量请参考禽霍乱治疗部分）、泰妙菌素、替米考星（用药剂量请参考鸡慢性呼吸道病治疗部分）。

【处方 3】复方三黄加白汤

黄连、黄柏、黄芩、白头翁、陈皮、香附、厚朴、茯苓、甘草各 200g。

用法：共煮水，供体重 1kg 以上 1000 只病鸡 1 天饮用，连用 3～7 天。

【处方 4】四黄小蓟饮

黄连 100g，黄芩 100g，黄柏 100g，大黄 50g，甘草 50g，小蓟（鲜）400g。

用法：连煎 3 次，药液约 5000ml，供 1600 只雏鸡自饮，1 天 1 剂，连喂 4 剂。

【处方 5】加味三黄汤

黄芩、黄连叶、焦大黄、黄柏、板蓝根、茜草、大蓟、车前子、神曲、甘草各等份。

用法：按 1 只鸡 1 天 2g 煎汁拌料，1 天 1 剂，连喂 3 剂。预防用半量。

【处方 6】

鱼腥草 90g，麦芽 90g，连翘 45g，白及 45g，地榆 45g，茜草 45g，大黄 40g，当归 40g，黄柏 50g，知母 30g，菊花 80g。

用法：混合、粉碎，1 只鸡 1 天 3.5g 拌料，连用 4 天。

【处方 7】

金银花 2g，连翘 0.5g，栀子 0.5g，甘草 0.5g，紫花地丁 1g。

用法：为 1 只鸡 1 天的用量，水煎 2 次饮用，连用 3～5 天。

【处方 8】

蒲公英 1.5 份，野菊花、黄芩、紫花地丁、板蓝根、当归各 1 份。

用法：混匀、粉碎。按 1.5% 的比例混饲，1 天 3 次，连喂 7 天为 1 个疗程，隔 7 天再喂 1 次。

【处方 9】

鱼腥草 90g，连翘 45g，大黄 40g，黄柏 50g，白及 45g，地榆 45g，知母 30g，菊花 80g，当归 40g，茜草 45g，麦芽 90g。

用法：混匀、粉碎，按 1 只鸡 1 天 3.5g 拌料喂服，4 天为 1 个疗程。

【处方 10】

金银花 150g，连翘 100g，栀子 100g，甘草 50g，紫花地丁 100g。

用法：按照比例粉碎后，按 1 只鸡 1 天 2～3g 内服，连用 3～5 天。

【处方 11】金荞麦散

金荞麦　　　　　　　　　　适量

用法：以 0.2% 的比例拌料，连喂 3～5 天。预防以 0.1% 的比例拌料，连喂 3 天。

八、鸡链球菌病

是由链球菌感染引起的鸡的一种急性或慢性传染病。急性型为败血症经过，慢性型表现为纤维素性关节炎和腱鞘炎、输卵管炎、腹膜炎、纤维素性心包炎、肝周炎、坏死性心肌炎和脑膜炎等多种病型。该病可引起成年鸡产蛋下降或停止，幼禽死亡增多，是威胁养鸡业发展的重要疾病之一。

1. 诊断要点

(1) 临床症状　最急性型的病鸡，常不显症状而突然抽搐死亡。急性型体温升高，精神委顿，食欲减退或废绝，呼吸困难，闭眼呈睡状，鸡冠和肉髯苍白或发紫；病鸡持续腹泻，初期排褐色粪便，后期有的排稀白粪便；有的病鸡发生结膜炎，眼结膜呈纤维蛋白性炎症，大部分为单眼肿胀，形成一层厚膜掩盖在炎症的黏膜上；有的病鸡胸腹部皮下发青乃至黄绿色；有的发生出血、贫血症状，产蛋下降或停止。

(2) 剖检病变　急性型特征性的病变是脾脏肿大为圆球状，肝肿大、淤血、呈暗紫色、质脆，肝脏表面有大小不等的黄褐色或白色的坏死点，并有少量纤维素附着，部分病例肝脏破裂、大出血，有的肾脏肿大，输尿管内有尿酸盐沉着；心包纤维素性炎症，心包腔中蓄积混有血液的浆液；腺胃卡他性炎，乳头上有出血点，肠道出血性炎症；腹腔内积有多量血液或不凝固的啤酒样液体。脑膜充血、出血，多数病鸡皮下、肌肉及全身浆膜水肿、出血，腹部皮下有胶冻样渗出物。慢性或亚急性型，主要变化是心瓣膜炎、坏死性心肌炎、纤维素性心包炎、关节炎、腱鞘炎、输卵管炎、肝周炎。突出的变化是心脏瓣膜有增生性疣状赘生物，呈白色、黄色或黄褐色，表面粗糙不平。

（3）诊断　急性型的临床诊断较为困难，结合涂片检查，采用血液涂片或有病变的心瓣膜或其他病变组织做触片，如能见到典型的链球菌，可作出初步诊断，确诊需通过细菌分离鉴定。

2. 防治措施

（1）预防　链球菌在自然环境中和鸡体肠道内普遍存在，是一种条件性致病菌，预防本病的发生应重点从环境卫生和增强机体抵抗力两方面着手。搞好鸡舍的环境卫生，定期带鸡消毒，保持饮水器具清洁。

（2）治疗　发现病鸡及时隔离治疗。

【处方1】

卡那霉素　　　　　　　　　　　1万单位

用法：1只鸡1次肌内注射，1天1次，连用5天。

【处方2】

诺氟沙星（氟哌酸）　　　　　　10g

用法：混入100kg饲料中喂服，连用3～5天。

九、鸡传染性鼻炎

是由副鸡嗜血杆菌引起的一种鸡急性呼吸道传染病，临床上以鼻腔和鼻窦的炎症、打喷嚏、颜面部水肿、流鼻涕、结膜炎等为特征。本病可在育成鸡群和蛋鸡群中发生，造成鸡生长停滞、淘汰率增加以及产蛋量显著下降。

1. 诊断要点

（1）流行特点

① 易感动物：本病主要传染鸡，各日龄鸡都易感染，多发生于育成鸡和成年鸡，雏鸡很少发生。产蛋期发病最严重、最典型。

② 传染源：病鸡和带菌鸡是本病的主要传染源。

③ 传播途径：该菌可通过呼吸道传染，也可通过饮水散布，经污染的饲料、笼具、空气传播。

④ 流行季节：一年四季都可发生，但寒冷季节多发。

（2）临床症状　该病在鸡群中传播迅速，3～5天即可波及全群。发病后鸡只采食量减少，流鼻涕，常见甩头，眼结膜发炎、流泪重时眼睑粘在一起，造成失明。面部、眼睑和肉垂水肿。生长迟缓或停滞。病程一般两周左右，死亡率较低，但母鸡产蛋明显下降，育成鸡如并发或继发感染了其他疾病如慢性呼吸道病、传染性喉气管炎、传染性支气管炎、鸡痘等时，则病鸡症状加剧，死亡率增高。

（3）剖检病变　见鼻腔和鼻窦黏膜充血、肿胀，表面有大量黏液和渗出物的凝块。眼结膜常充血肿胀，面部和肉髯皮下水肿。在该病流行过程中死亡的鸡只，多数是由于混合感染和继发感染所致。有时可能为多种混合感染所致，使病情更加复杂化。

（4）诊断　根据本病的流行病学、临床症状、剖检病变等可做出初步诊断。确诊需要进行细菌的分离、培养与鉴定。此外，还可用直接补体结合试验、琼脂扩散试验、血凝抑制试验、荧光抗体技术、ELISA 等方法进行实验室和现场诊断。

2. 防治措施

（1）预防

① 免疫接种：最好注射两次，首次不宜早于 5 周龄，在 6～7 周龄较为适宜，如果太早，鸡的应答较弱；健康鸡群用 A 型油乳剂灭活苗或 A-C 型二价油乳剂灭活苗进行首免，每只鸡注射 0.3 毫升，于 110～120 日龄二免，每只注射 0.5 毫升。

② 杜绝引入病鸡/带菌鸡：加强种鸡群监测，淘汰阳性鸡；鸡群实施全进全出，避免带进病原，发现病鸡及早淘汰。治疗后的康复鸡不能留做种用。

（2）治疗　选用敏感药物进行治疗。也可采用解毒化痰、止咳平喘的中药制剂治疗。

【处方 1】预防用

传染性鼻炎灭活菌苗　　　　　　　　　0.5ml

用法：按上述免疫程序进行皮下或肌内注射。

【处方 2】

复方磺胺甲噁唑（复方新诺明）　　　　500g

用法：混入 100kg 饲料喂服，连喂 5 天。

说明：也可选用磺胺二甲嘧啶（磺胺二甲基嘧啶、SM）——磺胺二甲嘧啶片按 0.2%混饲 3 天，或按 0.1%～0.2%混饮 3 天。土霉素——20～80g 拌入 100kg 饲料自由采食，连喂 5～7 天。链霉素——100～200mg，一次肌内注射，每天 1 次，连用 3 天。红霉素——按 0.02%的浓度混饲或饮水，连用 3～5 天。其他抗鸡传染性鼻炎的药物还有氟苯尼考（氟甲砜霉素）、环丙沙星（环丙氟哌酸）、恩诺沙星（乙基环丙沙星、百病消）、链霉素、庆大霉素（正泰霉素）、土霉素（氧四环素）、磺胺甲噁唑（磺胺甲基异噁唑、新明磺）、磺胺对甲氧嘧啶（消炎磺、磺胺-5-甲氧嘧啶、SMD）、磺胺氯达嗪钠、金霉素（氯四环素）、氧氟沙星（氟嗪酸）。另外，配伍中药制剂鼻通、鼻炎净等疗效更佳。

【处方 3】鼻炎宁散

紫菀 25g，紫花地丁 15g，麻黄 20g，连翘 20g，金银花 15g，蒲公英 5g。

用法：拌料，按 1 只鸡 0.5g 用药，连用 3～5 天。

【处方 4】加味麻杏石甘散

麻黄 30g，苦杏仁 30g，石膏 30g，浙贝母 30g，金银花 60g，桔梗 30g，大青叶 90g，连翘 30g，黄芩 50g，白花蛇舌草 30g，枇杷叶 30g，山豆根 30g，甘草 30g。

用法：拌料或煎汁饮水，按 1 只鸡 0.5～1.0g 用药，连用 3～5 天。

【处方 5】穿鱼金荞麦散

蒲公英 80g，桔梗 80g，甘草 50g，桂枝 50g，麻黄 50g，板蓝根 50g，野菊花 50g，苦杏仁 35g，穿心莲 100g，鱼腥草 120g，辛夷 50g，金荞麦 100g，黄芩 80g，

冰片 5g。

用法：按 1kg 饲料 10g 混饲，连用 5～7 天。

【处方 6】

辛夷花 200g，苍耳子 200g，防风 200g，白芷 120g，黄芩 300g，桔梗 120g，半夏 120g，葶苈子 120g，薄荷 120g，生地黄 200g，赤芍 200g，茯苓 120g，泽泻 120g，甘草 120g。

用法：混匀、粉碎，按 1 只鸡 1 天 3g 用沸水浸泡 2 小时，取汁使每毫升含生药 1g，一次加水饮服，重病用滴管灌服 3～4ml，药渣拌入料中喂服，连用 5 天。

【处方 7】

夏枯草 210g，白花蛇舌草 210g，贯众 210g，黄芩 180g，桔梗 150g，半夏 150g，杏仁 120g，陈皮 90g，甘草 90g，金银花 90g，连翘 180g，知母 120g，板蓝根 350g，鱼腥草 210g，橘红 80g。

用法：水煎，分 2～3 次供 1000 只鸡饮服，1 天 1 剂，连用 3～5 剂。

【处方 8】

白芷 100g，防风 100g，益母草 100g，乌梅 100g，猪苓 100g，诃子 100g，泽泻 100g，辛夷 80g，桔梗 80g，黄芩 80g，半夏 80g，生姜 80g，葶苈子 80g，甘草 80g。

用法：粉碎过筛，混匀，供 100 只鸡 3 天拌料喂服，连用 3 天。预防用半量间断喂服。

【处方 9】

金银花 10g，板蓝根 6g，白芷 25g，防风 15g，苍术 15g，黄芩 8g，甘草 8g，苍耳子 15g。

用法：研细，成年鸡每次 1.0～1.5g，拌料喂服，1 天 2 次，连用 5～7 天。预防量减半。

十、鸡弧菌性肝炎

又称鸡弯曲杆菌病。是由空肠弯曲杆菌引起的鸡的一种传染病。主要特征为雏鸡发育不良，肝脾肿大、出血、坏死，肝炎伴发脂肪浸润，发病率高，死亡率低及慢性经过。因腹腔内常积聚大量血水，故又称"出血病"。

1. 诊断要点

(1) 流行特点

① 易感动物：禽是嗜热弯曲杆菌最重要的贮存宿主，有 90% 的肉鸡可被感染，100% 的火鸡和 88% 的鸭带菌。鸽、鹧鸪、雉鸡和鹌鹑对本菌易感。

② 传染源：病鸡和带菌鸡。一般认为禽类是人类弯杆菌感染的潜在传染源。

③ 传播途径：病菌通过排泄物污染饲料、饮水及用具等，通过水平传播在鸡群中蔓延。孵化器中只要有一只是感染空肠弯杆菌的雏鸡，24 小时后可从 70% 与病雏接触的雏鸡中分离到病菌。家蝇可通过接触污染的垫料等带有空肠弯杆菌，并使易感的健康家禽感染本病。

④ 流行季节：春季和初夏发病最高，而到冬季反而有所下降。

(2) 临床症状

① 急性型：发病初期症状不明显，随后病鸡群精神倦怠、沉郁，严重者呆立

缩颈、闭眼，对周围环境敏感性降低；羽毛杂乱无光，泄殖腔周围污染粪便；多数鸡发生腹泻，粪便先呈黄褐色，然后呈糨糊性，继而呈水样，部分鸡急性死亡。

② 亚急性型：脱水，消瘦，最后心力衰竭而死亡。

③ 慢性型：精神委顿，鸡冠发白、干燥、萎缩，可见鳞片状皮屑，逐渐消瘦，饲料消耗降低。雏鸡常呈急性经过。青年蛋鸡常呈亚急性或慢性经过，开产期延迟，产蛋初期沙壳蛋、软壳蛋较多。产蛋鸡呈慢性经过，消化不良，后期因轻度中毒性肝营养不良而导致自体中毒，表现为产蛋率显著下降，达 25%～35%，甚至因营养不良性消瘦而死亡。肉鸡则全群发育迟缓，增重缓慢。

（3）剖检病变　见肝脏肿大、土黄、质脆、有大小不等的出血点和出血斑，且表现散布星状坏死灶及菜花样黄白色坏死区，有的肝被膜下有出血囊肿，或肝破裂而大出血。

① 急性型：肝脏稍肿大，边缘钝圆，淤血，呈淡红褐色，肝被膜常见较多的针尖样出血点，偶见血肿，甚至肝破裂，致使肝表面附有大的血凝块或腹腔积聚大量血水和血凝块。肝表面常见少量针尖大黄白色星状坏死灶，无光泽，与周围正常肝组织界限明显。

② 亚急性型：肝脏呈不同程度的肿大，病变重者肿大 1～2 倍，呈红黄色或黄褐色，质地脆弱。在肝脏表面和切面散在或密布针尖大、小米粒大乃至黄豆粒大灰黄色或灰白色边缘不整的病灶。有的病例病灶互相融合形成菜花样病灶。

③ 慢性型：肝体积稍小，边缘较锐利，肝实质脆弱或硬化，星状坏死灶相互连接，呈网络状，切面发现坏死灶布满整个肝实质内，也呈网络状坏死，坏死灶黄白色至灰黄色。胆囊肿大，充盈浓稠胆汁，胆囊黏膜上局部坏死。

（4）诊断　根据临床症状及剖检变化可怀疑本病，进一步确诊需从粪便、十二指肠和盲肠内容物中进行细菌分离培养。注意区别于鸡白痢、鸡伤寒和鸡白血病，它们都可引起肝肿大，并出现类似病灶，易与本病相混淆。鸡白痢、鸡伤寒病原为革兰阴性短杆菌，可用相应的阳性抗原与患鸡血清做平板凝集实验而区别。鸡白血病为病毒病，其显著特征是除肝脏外，脾和法氏囊也有肿瘤结节增生。

2. 防治措施

（1）预防　本病是一种条件性疾病，常与不良的环境因素或其他疾病感染有关。因此，应选择清洁干净的饲料和饮水，及时清理料槽中的剩料，清刷水槽或冲洗水线；做好通风换气，保持鸡舍干燥；日常按消毒计划进行鸡舍的喷雾消毒和带鸡消毒。此外，在饲料中添加药物进行预防，按饲料中加入土霉素或四环素 2g/kg，连用 3～5 天；饮水中加入维生素 C 可溶性粉或 5% 阿莫西林可溶性粉；或饮水中添加黄芪多糖＋恩诺沙星预混剂，供鸡饮用。此外，防止患病鸡与其他动物及野生禽类接触，对病/死鸡、排泄物及被污染物作无害化处理；加强饲养管理，提高鸡群抵抗力。

（2）治疗　选择敏感的抗生素饮水或拌料。采用清热解毒、疏肝利胆的中药制剂治疗。

【处方1】

红霉素　　　　　　　　　　100mg

用法：加入 1kg 水中饮服，连饮 5～7 天。

说明：也可用强力禽菌净80g混饲喂服，连用 5～7 天。饲料中添加 20% 氟苯尼考 500g/t，连喂 10 天；在饲料中添加盐酸多西环素 1g/kg、环丙沙星 0.5g/kg，连用 3～5 天。对于重症病鸡，可采用链霉素或庆大霉素进行肌内注射，2 次/天，连用 3～5 天。

【处方 2】

磺胺甲基嘧啶　　　　1～2g

用法：加入 1kg 水中饮服，连饮 3 天。

【处方 3】龙胆泻肝汤合郁金散加减

郁金 300g，栀子 150g，黄芩 240g，黄柏 240g，白芍 240g，金银花 200g，连翘 150g，菊花 200g，木通 150g，龙胆草 300g，柴胡 150g，大黄 200g，车前子 150g，泽泻 200g。

用法：按 1 只成年鸡 1 天 2g，水煎饮用，1 天 1 次，连用 5 天。

【处方 4】

大青叶 10g，茵陈 15g，栀子 15g，虎杖 10g，大黄 10g，车前子 15g，柴胡 10g，黄芩 10g。

用法：按 1kg 饲料 0.5～1kg 混饲，连用 5～7 天。

【处方 5】

枸杞子 75g，白菊花 75g，当归 75g，熟地 75g，黄芩 50g，茺蔚子 50g，柴胡 50g，青葙子 50g，决明子 50g。

用法：水煎，供 100 只成年鸡 1 天拌料喂服，连用 12 天。

十一、鸡坏死性肠炎

是一种由魏氏梭菌毒素引起的急性非接触性传染病，主要危害 2～5 周龄的鸡，以小肠黏膜坏死为特征，是一种散发病。

1. 诊断要点

（1）流行特点

① 易感动物：以 2～6 周龄的鸡多发，发病率为 13%～40%，死亡率为 5%～30%。

② 传染源：病鸡/带菌鸡的排泄物及带菌动物均是本病主要的传染源。

③ 传播途径：该细菌主要通过消化道传播。

④ 诱发因素：突然更换饲料或饲料品质差，饲喂变质的鱼粉、骨粉等，鸡舍的环境卫生差，长时间饲料中添加土霉素等抗生素，这些因素可促使本病的发生。有报道说患过球虫病和蛔虫病的鸡常易暴发本病。

（2）临床症状　病鸡羽毛蓬乱，精神委顿，食欲减退，腹泻，粪便呈红褐色乃至黑色烧焦油样，有时可见脱落的肠黏膜组织。多数鸡临床经过极短，常呈急性死亡。慢性病例，生长发育受阻，体重减轻，贫血，逐渐衰竭死亡。

（3）剖检病变　主要在小肠，尤其是空肠和回肠，部分盲肠也可见病变，表现为肠壁脆弱、肠管扩张、肠腔内充满气体和带血的内容物。肠黏膜充血、坏死，其上常附有黄色或绿色的伪膜，剥去坏死伪膜后，可见肠黏膜有从卡他性炎症到坏死性炎症的各阶段变化。有时可见到因肠道穿孔而引起的腹膜炎，与受损害肠管相连的肠系膜也常有充血、水肿。少数病例肝脏肿大，表面有时有直径 2～3mm 的圆形黄白色坏死灶。

（4）诊断　本病可根据典型的眼观病变、肠内容物镜检见大量粗短的杆菌以及病原的分离鉴定做出诊断。

2. 防治措施

（1）预防　改善鸡舍卫生状况，保证饮水洁净，预防球虫病及肠道性疾病，防止肠黏膜受损。饲喂全价饲料，防止维生素 E 和硒缺乏。

（2）治疗　隔离病鸡，用敏感药物治疗。

【处方1】

青霉素	2 万～5 万单位
注射用水	1ml

用法：1 只鸡 1 次肌内注射，1 天 2 次，连用 3 天。

说明：也可选用阿莫西林可溶性粉，每升水加 60 毫克，连用 3～5 天；庆大霉素，每升水添加 40 毫克，连用 3 天；甲硝唑，每升水添加 500 毫克，连用 5～7 天。此外，饮水效果较好的药物有林可霉素（用药剂量请参考鸡葡萄球菌病治疗部分）、土霉素（用药剂量请参考鸡白痢病治疗部分），氟苯尼考（氟甲砜霉素）（用药剂量请参考鸡大肠杆菌病治疗部分），泰乐菌素（泰乐霉素、泰农）（用药剂量请参考鸡慢性呼吸道病治疗部分）。在治疗的同时应给病鸡适当补充口服补液盐或电解质平衡剂；药物治疗后应在饲料中添加微生态制剂，连喂 10 天，效果更佳。

【处方2】白龙散

白头翁 600g，龙胆 300g，黄连 100g。

用法：按 1 只鸡 1 天 1～3g 混饲，连用 5～7 天。

【处方3】白头翁散

白头翁 60g，黄连 30g，黄柏 45g，秦皮 60g。

用法：按 1 只鸡 1 天 2～3g 混饲，连用 5～7 天。

【处方4】金叶清瘟散

金银花 320g，大青叶 320g，板蓝根 240g，蒲公英 160g，紫花地丁 160g，柴胡 240g，鹅不食草 128g，连翘 160g，甘草 160g，天花粉 120g，白芷 120g，防风 80g，赤芍 48g，浙贝母 112g，乳香 16g，没药 16g。

用法：按 1kg 饲料 5～10g 混饲，连用 5～7 天。

【处方5】清瘟止痢散

大青叶 15g，板蓝根 15g，紫草 10g，拳参 15g，绵马贯众 15g，地黄 10g，玄参 10g，黄连 10g，白头翁 15g，木香 10g，柴胡 10g，甘草 6g。

用法：按 1kg 饲料 5g 混饲，连用 5～7 天。

【处方6】驱球止痢散

常山 960g，白头翁 800g，仙鹤草 800g，马齿苋 800g，地锦草 640g。

用法：按 1kg 饲料 2.0～2.5g 混饲，连用 5～7 天。此方适用于球虫感染为主的病例。

【处方7】白马黄柏散

白头翁 300g，马齿苋 400g，黄柏 300g。

用法：按 1 只鸡 1 天 1.5～6g 混饲，连用 5～7 天。

【处方8】锦板翘散

地锦草 100g，板蓝根 60g，连翘 40g。

用法：按 1 只鸡 1 天 3～6g 混饲，连用 5～7 天。

【处方 9】

金银花 30g，连翘 30g，莱菔子（炒）30g，牡丹皮 15g，黄芩 15g，柴胡 18g，桑白皮 12g，枇杷叶 12g，甘草 12g。

用法：加水煎至 1000ml，500 只鸡的 1 天量，每天分 4 次拌料喂服，1 天 1 剂，连用 4 剂。

【处方 10】

鱼腥草 360g，蒲公英 180g，黄芩 90g，桔梗 90g，葶苈子 90g，苦参 90g。

用法：混合、粉碎，按 1 只鸡 1.5～3g 拌料喂服，1 天 1 次，连用 5 天。

【处方 11】

杨树花口服液　　　　　　　　　适量

用法：按 1L 水 1～2ml 混饮，连用 5～7 天。

十二、结 核 病

是由禽分枝杆菌感染多种禽类引起的一种慢性传染病，其特征是病鸡进行性的体重减轻，并在多种组织器官形成结核结节。一旦传入鸡群则长期存在，鸡产蛋量下降，失去饲养价值，最终死亡。

1. 诊断要点

（1）临床症状　本病在鸡群内进展缓慢，病鸡逐渐消瘦，其中以胸肌消瘦最为明显，病鸡羽毛色暗、蓬松，鸡冠、肉垂、耳垂苍白贫血。由于侵害部位的不同，其症状也不相同。当骨骼发生结核时就造成跛行，肠结核表现为不可遏止的腹泻等。

（2）剖检病变　通常在肝、脾、肠以及其他器官中形成不规则的灰黄色或灰白色大小不等的结核结节，切开后可见结节外面有一层包膜，里面有黄白色干酪样物。病灶多发生于肠道、肝脾、骨骼和关节，其他部位少见。

（3）诊断　确诊可作结核菌素试验。方法是：用酒精消毒肉垂侧面，把注射针头小心刺入其真皮内，然后注入 0.03～0.05ml 结核菌素，48 小时后对鸡进行检查，以对侧不注射的肉垂作为对照，被注射的肉垂组织有软性肿胀则表明是阳性反应。肿胀通常在 5 天内消失。此外，平板凝集试验和酶联吸附试验，对鸡结核病的诊断有效。

2. 防治措施

（1）预防　主要采取综合性防疫措施，防止疾病传入，净化污染群，培育健康鸡群。

（2）治疗　一旦发现病鸡应立即扑杀，并对其余的鸡进行结核菌素试验，淘汰阳性鸡。并对鸡舍、运动场、用具彻底消毒。

【处方】

异烟肼　　　　　　　30～60mg

用法：按 1kg 体重 30mg 用药，一次肌内注射，1 天 1 次，连用数天。

说明：本菌对链霉素、对氨基水杨酸和环丝氨酸等药物敏感，中草药中的白艾、百部、黄芩等在实验室内试验，对结核菌有中度的抑菌作用。

十三、鸡支原体病

由鸡毒支原体等引起的鸡和火鸡的一种接触性慢性呼吸道传染病，表现为咳嗽、流鼻液、喘气和呼吸啰音，幼鸡生长不良，母鸡产蛋减少。火鸡常有窦炎。

1. 诊断要点

（1）流行特点

① 易感动物：自然感染主要发生于鸡和火鸡，各种日龄鸡均可感染，以30～60日龄鸡最易感。

② 传染源：病鸡或带菌鸡。

③ 传播途径：可通过直接接触传播或经卵垂直传播，尤其垂直传播可造成循环传染。

④ 流行季节：本病在冬末春初多发。

（2）临床症状　潜伏期为4～21天。幼龄鸡发病时，表现为浆液黏液性鼻液，鼻孔堵塞妨碍呼吸，频频摇头，喷嚏，咳嗽。当炎症蔓延至下呼吸道时，则喘气和咳嗽显著，并有呼吸道啰音。病鸡食欲不振，生长停滞。到了后期眼睑肿胀，发育受到抑制。产蛋鸡感染后，只表现产蛋量下降和孵化率降低，孵出的雏鸡生活能力降低。如继发大肠杆菌病，还出现厌食和腹泻，死淘率增高。

（3）剖检病变　鼻道、气管、支气管和气囊内含有浑浊的黏稠渗出物。气囊壁变厚和浑浊，严重者有干酪样渗出物。自然感染多为混合感染，可见呼吸道黏膜水肿、充血、肥厚。窦腔内充满黏液和干酪样渗出物。气囊内有干酪样渗出物附着，如有大肠杆菌混合感染时，可见纤维性肝被膜炎和心包炎。

（4）诊断　根据病程较长，病鸡呼吸困难、气管啰音、眼睑或鼻窦肿胀、眼结膜发炎、眼角内有泡沫样液体或流出灰白色黏液、鼻腔和鼻窦内有脓性渗出物或干酪样物、腹腔有泡沫样浆液、气囊壁浑浊增厚、囊腔内有干酪样渗出物等可做出初步诊断，确诊依赖于病原的分离鉴定。

2. 防治措施

（1）预防

① 定期检疫：一般在鸡2、4、6月龄时各进行一次血清学检验，淘汰阳性鸡，或鸡群中发现一只阳性鸡即全群淘汰，留下全部无病群隔离饲养作为种用，并对其后代继续进行观察，以确定其是否真正健康。

② 隔离观察引进种：防止引进种鸡时将病带入健康鸡群，尽可能做到自繁自养。从健康鸡场引进种蛋自行孵化；新引进的种鸡必须隔离观察2个月，在此期间进行血清学检查，并在半年中复检2次。如果发现阳性鸡，应坚决予以淘汰。

③ 免疫接种：灭活疫苗（如德国特力威104鸡败血支原体灭能疫苗）的接种，在6～8周龄注射一次，最好16周龄再注射一次，都是每只鸡注射0.5毫升。弱毒活苗（如F株疫苗、MG 6/85冻干苗、MG ts-11等）给1、3和20日龄雏鸡点眼免疫，免疫期7个月。灭活疫苗一般是对1～2月龄母鸡注射，在开产前（15～16周龄）再注射1次。

④ 药物预防：在雏鸡出壳后3天饮服抗支原体药物，清除体内支原体，抗支原体药物可用枝原净、多西环素＋氧氟沙星混饮等。

⑤ 加强饲养管理：鸡支原体既然在很大程度上是"条件性发病"，预防措施主要就是改善饲养条件、减少诱发因素。饲养密度一定不可太大，鸡舍内要通风良好、空气清新、温度适宜，使鸡群感到舒适。最好每周带鸡喷雾消毒（0.25％的过氧乙酸、百毒杀等）一次，使细小雾滴在整个鸡舍内弥漫片刻，达到浮尘下落、空气净化。饲料中多维素要充足。

（2）治疗　抗生素饮水或拌料，如支原净、林可霉素、泰乐菌素、氟苯尼考、硫氰酸红霉素、恩喏沙星等。采用解毒化痰、止咳平喘的中药制剂治疗。

【处方1】预防用

鸡支原体弱毒活苗	1 羽份
鸡支原体灭活疫苗	0.5ml

用法：按上述免疫程序进行免疫接种。

【处方2】

鸡支原净　　　　　　　　　　　　50g

用法：拌入100kg饲料中喂服，连用3天。

【处方3】清肺止咳散

桑白皮30g，知母25g，苦杏仁25g，前胡30g，金银花60g，连翘20g，桔梗25g，甘草20g，橘红30g，黄芩45g。

用法：按1只鸡1～3g，拌料饲喂，连用5天。

【处方4】麻黄鱼腥草散

麻黄50g，黄芩50g，鱼腥草100g，穿心莲50g，板蓝根50g。

用法：按1kg饲料15～20g混饲，连用5天。

【处方5】镇喘散

香附300g，黄连200g，干姜300g，桔梗150g，山豆根100g，皂角40g，甘草100g，合成牛黄40g，蟾酥30g，雄黄30g，明矾50g。

用法：按1只鸡0.5～1.5g，拌料饲喂，连用5天。

【处方6】呼炎康散

麻黄24g，苦杏仁50g，生石膏90g，甘草60g，板蓝根80g，鱼腥草80g，黄芩60g，山豆根75g，桔梗50g，连翘50g，射干75g。

用法：按1kg体重1g，拌料饲喂或内服，连用5天。

【处方7】清肺散

鱼腥草100g，黄芩40g，连翘40g，板蓝根40g，麻黄25g，贝母30g，枇杷叶90g，款冬花25g，甜杏仁25g，桔梗25g，姜半夏30g，生甘草25g。

用法：25～30日龄肉鸡，按1只1天1g，水煎2次，合并滤液，分上、下午混入饮水中饮服，连用4～6天。

【处方8】济世消黄散

黄连10g，黄柏10g，黄芩10g，栀子10g，黄药子10g，白药子10g，大黄5g，款冬花10g，知母10g，贝母10g，郁金10g，秦艽10g，甘草10g。

用法：水煎3次，供100只成年鸡饮服，1天1剂，连用3～5剂。

【处方9】百咳宁

柴胡30g，荆芥30g，半夏30g，茯苓30g，甘草30g，贝母30g，桔梗30g，杏仁30g，玄参30g，赤芍30g，厚朴30g，陈皮30g，细辛6g。

用法：粉碎过筛混匀。按1kg体重1天1g加开水焖30分钟，药液加适量水饮用，药渣拌料喂服，1天1次，连用3～5天。

【处方10】

麻黄150g，杏仁80g，石膏150g，黄芩100g，连翘100g，金银花100g，菊花100g，穿心莲100g，甘草50g。

用法：混匀、粉碎，按1天1只雏鸡0.5～1.0g、成年鸡1.0～1.2g，用沸水冲泡后拌料，1次喂服，连用5～7天。

【处方11】

大青叶50g，板蓝根50g，金银花30g，桔梗20g，款冬花20g，杏仁20g，黄芩20g，陈皮20g，甘草5g。

用法：混匀、粉碎后，按0.5％的比例混入饲料中连喂5～7天。

【处方12】

鱼腥草100g，桔梗100g，金银花100g，菊花100g，麦冬100g，黄芩85g，麻黄85g，杏仁85g，桑白皮85g，石膏60g，半夏100g，甘草40g。

用法：水煎取汁，供500只成年鸡1天饮水，1天1剂，连用7剂。

【处方13】

石决明50g，草决明50g，苍术50g，桔梗50g，大黄40g，黄芩40g，陈皮40g，苦参40g，甘草40g，栀子35g，郁金35g，黄药子45g，白药子45g，三仙30g，龙胆草30g，苏叶60g，紫菀80g，鱼腥草100g。

用法：按1只鸡2.5～4g，拌料饲喂，连用3天。

十四、鸡曲霉菌病

又称曲霉菌性肺炎，是由烟曲霉菌、黄曲霉菌、黑曲霉菌等引起。以肺及气管、气囊形成白色、灰色或绿色结节为特征，多见于雏鸡。

1. 诊断要点

（1）流行特点　雏鸡在4～14日龄的易感性最高，常呈急性暴发，出壳后的幼雏在进入被烟曲霉菌污染的育雏室后，48小时即开始发病死亡，病死率可达50％左右，至30日龄时基本上停止死亡。在我国南方5～6月间的梅雨季节或阴暗潮湿的鸡舍最易发生。该病菌主要经呼吸道和消化道传播，若种蛋表面被污染，孢子可侵入蛋内，感染胚胎。

（2）临床症状　急性发病呈抑郁状态，多伏卧，拒食，对外界反应淡漠。病程稍长，可见呼吸困难，伸颈张口，有气管啰音。因缺氧鸡冠和肉髯颜色暗红或发紫，食欲显著降低或不食，饮欲增加，常有腹泻。病鸡离群独处，闭目昏睡，精神委顿，羽毛松乱。少数鸡由于病原侵害脑组织，引起共济失调，角弓反张，麻痹等神经症状。病原侵害眼时，结膜充血，眼肿，眼睑封闭，下睑有干酪样物，严重者失明。一般发病后2～7天死亡，慢性者可达2周以上，死亡率一般为5％～50％。若曲霉菌污染种蛋及孵化后，常造成孵化率下降，胚胎大批死亡。

（3）剖检病变　可在肺部发现粟米粒大至黄豆大的黄白色或灰白色结节，结节的硬度似橡皮，切开可见有层次的结构，中心为干酪样坏死组织，内含大量菌丝体，外层为类似肉芽组织的炎性反应层，并含有巨细胞。除肺外，气管和气囊也能见到结节，有时可见菌丝体，呈绒球状，其他器官如胸腔、腹腔、肝、肠浆膜等处有时亦可见到。有的病例呈局灶性或弥漫性肺炎变化。

（4）诊断　本病可根据流行病学、临床症状和典型的霉菌性结节做出初步诊断，确诊必须进行微生物检查和病原的分离鉴定。检查病原时，取结节病灶压片直接检查，见有分隔的菌丝，而分生孢子和顶囊则有时找不到；取霉斑表面覆盖物涂片镜检，可见到球状的分生孢子，孢子柄短，顶囊呈烧瓶状，连接在纵横交错的分隔菌丝上。

2. 防治措施

（1）预防　加强饲养卫生管理。应防止饲料和垫料发霉，使用清洁、干燥的垫料和无霉菌污染的饲料，避免禽类接触发霉堆放物。改善禽舍通风和控制湿度，减少空气中霉菌孢子的含量。为了防止种蛋被污染，应及时收蛋，保持蛋库与蛋箱卫生。

（2）治疗　杀灭病原，中药辅助治疗。

【处方1】

制霉菌素　　　　　　　　　50万～100万单位

用法：100只雏鸡拌料喂服，1天2次，连用2～3天。

说明：也可选用克霉唑每100只雏鸡用1g，拌料喂服，连用2～3天；或1∶3000的硫酸铜溶液；或0.5%～1%的碘化钾溶液饮水，连用3～5天；或两性菌素B，使用时用喷雾方式给药，用量25mg/m³，吸入30～40分钟，该药与利福平合用疗效增强。

【处方2】

碘化钾　　　　　　　　　　5～10g

用法：溶解后，1只鸡1次内服1ml，1天2～3次，连用3天。

【处方3】独活寄生汤加减

独活100g，桑寄生160g，秦艽60g，防风60g，细辛18g，牛膝50g，川芎60g，芍药60g，生地黄50g，当归100g，党参140g，杜仲60g，甘草45g，苍术80g，防己60g，车前子100g，薏苡仁100g，莱菔子250g。

用法：水煎，供420只鸡一次投服，1天1剂，连用3～5剂。

【处方4】

鱼腥草360g，蒲公英180g，黄芩90g，桔梗90g，葶苈子90g，苦参90g。

用法：混合粉碎，按1只鸡0.5～1g拌料喂服，1天3次，连用5天。

【处方5】

金银花30g，连翘30g，莱菔子（炒）30g，丹皮15g，黄芩15g，柴胡18g，桑白皮12g，枇杷叶12g，甘草12g。

用法：加水煎至1000ml，500羽鸡一天量，每天分4次拌料喂服，1天1剂，连用4剂。

【处方6】

鱼腥草100g，肺形草60g，蒲公英50g，山海螺50g，桔梗40g，筋骨草40g。

用法：混合粉碎后，拌料40～50kg喂服，连用5～7天。预防时，拌料100kg，连用3～4天。

【处方7】

桔梗250g，蒲公英500g，鱼腥草500g，苏叶500g。

用法：以上为1000只鸡1天用量，用药液拌料喂服，1天2次，连用7天。

【处方8】

鱼腥草100g，蒲公英50g。

用法：以上为100只鸡1日用量。煎汤取汁，盛入饮水器代替饮水，连服2周。

说明：同时配合肌内注射鱼腥草注射液，每次每只鸡0.3ml，1天3次，连用7天，效果更佳。

【处方9】

鱼腥草360g，蒲公英180g，黄芩90g，葶苈子90g，桔梗90g，苦参90g。

用法：以上为200只雏鸡用量，每只病鸡每次0.1g，1天3次，连服3天。

【处方10】

桔梗2份，连翘3份。

用法：混合粉碎，在饲料中按0.5%添加，连用5天。

【处方11】

金银花30g，蒲公英30g，炒莱菔子30g，牡丹皮15g，黄芩15g，柴胡18g，知母18g，生甘草12g，桑白皮12g，枇杷叶12g，鱼腥草50g。

用法：将上药煎汤取汁1000ml，拌料供100只鸡1次服用，每天2次。

【处方12】

柴胡70g，黄芩70g，黄芪70g，防风40g，丹参40g，泽泻60，五味子30g。

用法：水煎，供500只肉雏鸡一次内服。对于无法采食和饮水的弱雏，人工灌服，1天1剂，连用5剂。

十五、鸡念珠菌病

又称鹅口疮，是由白色念珠菌所致鸡上消化道的一种霉菌性传染病，特征是口腔、食道和嗉囊黏膜形成白色的假膜和溃疡。

1. 诊断要点

（1）流行特点

① 易感动物：从育雏期到50日龄的肉鸡均可感染。

② 传染源：病鸡/带菌鸡的分泌物及带菌动物均是本病主要的传染源。

③ 传播途径：白色念珠菌在自然界广泛存在，可在健康畜禽及人的口腔、上呼吸道和肠内等处寄居，由发霉变质的饲料、垫料或污染的饮水等在鸡群中传播。

④ 流行季节：主要发生在夏秋炎热多雨季节。

（2）临床症状　病鸡生长发育不良，精神委顿，嗉囊扩张下垂、松软，羽毛粗乱，逐渐瘦弱死亡，无特征性临诊症状。

（3）剖检病变　口腔、舌面、咽喉黏膜出现乳白色圆形凸出的溃疡和易于剥离的坏死物及黄白色的假膜，逐渐融合成白膜，如干酪样。用力撕脱白膜后可见红色的溃疡出血面。这种干酪样坏死假膜多见于嗉囊，表现黏膜增厚，形成白色、豆粒大结节和溃疡。在食道、腺胃等处也可能见到上述病变。

（4）诊断　根据季节、饲料（垫料）霉变、长期使用抗生素，结合临床症状和病理剖检变化，可做出初步诊断。确诊依赖于病原的分离和鉴定。

2. 防治措施

（1）预防　禁喂发霉变质饲料、禁用发霉的垫料，保持鸡舍清洁、干燥、通风可有效防止发病。潮湿雨季，在鸡的饮水中加入 0.02％结晶紫，每星期喂 2 次可有效预防本病。种蛋在孵化前要消毒。本病菌抵抗力不强，用 3％～5％的来苏儿溶液对鸡舍、垫料进行消毒，可有效杀死该菌。

（2）治疗　发现病鸡应立即隔离、然后再杀灭病原。

【处方 1】

制霉菌素　　　　　　　　　5～15g

用法：混料，拌入 100kg 饲料中喂服，连用 2～4 天。

说明：严重病例可同时用 0.1％结晶紫滴服，1ml/只，1 天 1 次，连滴 3～5 天。

【处方 2】

0.05％硫酸铜溶液　　　适量

用法：自由饮服。或按 1∶1000 比例拌料混饲，连用 5～7 天。

【处方 3】

碘甘油　　　　　　　　　适量

用法：刮除口腔假膜后涂于患处。

说明：混合感染毛滴虫时可用 0.05％二甲硝唑饮水，连用 7 天。

十六、鸡　冠　癣

又称头癣或黄癣，是由鸡毛癣菌引起的一种传染病。其特征是在头部无毛处，尤其是在鸡冠上长有黄白色鳞片状的顽癣。

1. 诊断要点

（1）临床症状　鸡冠部病变为白色或灰黄色的小丘疹，皮肤表面有一层麦麸状的鳞屑。由冠部逐渐蔓延至颈部和躯体，羽毛逐渐脱落。随着病情的发展，鳞屑增多，形成厚痂，病鸡痒痛不安，精神萎靡，逐渐瘦弱、贫血、黄疸，母鸡产蛋量下降甚至停产。

（2）剖检病变　重症病鸡可见上呼吸道和消化道黏膜点状坏死，偶见肺脏及支气管发生炎症变化。

（3）诊断　根据患部的病变特征即可做出初步诊断。必要时可取表皮鳞片用 10％氢氧化钠处理 1～2 小时后进行观察，如发现短而弯曲的线状菌丝体及孢子群即可确诊。

2. 防治措施

（1）预防　搞好环境卫生工作，定期消毒；饲养密度适当，通风良好。

（2）治疗　对发病鸡及时隔离治疗，重症病鸡须淘汰。

【处方 1】

10％水杨酸酒精或油膏　　适量

用法：涂擦患部，每天或隔天 1 次，至愈。

【处方 2】

10％福尔马林软膏　　　适量

用法：涂擦患部，每天 1 次，至愈。

【处方 3】

制霉菌素　　　　　　　　2 万～3 万单位

用法：1 只鸡 1 次内服，1 天 2 次，连用 3～5 天。

【处方 4】

40％甲醛 1 份　　　凡士林 20 份

用法：将凡士林水浴融化，加入甲醛，振摇，凝固后成软膏，患部用肥皂水洗净后涂布。

【处方 5】

酮康唑乳膏　　　　　　　适量

用法：涂擦患部，每天或隔天 1 次，至愈。

第三节　鸡常见寄生虫病的诊疗与处方

一、鸡 球 虫 病

是由艾美耳属球虫（柔嫩艾美耳球虫、毒害艾美耳球虫等）引起的疾病的总称。临床上以贫血、消瘦和血痢等为特征。雏鸡的发病率和致死率均较高。病愈的雏鸡生长受阻，增重缓慢；成年鸡多为带虫者，增重和产蛋能力降低。

1. 诊断要点

（1）流行特点

① 易感动物：鸡是鸡球虫唯一的天然宿主。所有日龄和品种的鸡对球虫都易感染，一般暴发于 3～6 周龄的小鸡，很少见于 2 周龄以内的鸡群。堆型、柔嫩和巨型艾美耳球虫的感染常发生在 3～7 周龄的鸡，而毒害艾美耳球虫常见于 8～18 周龄的鸡。

② 传染源：病鸡、带虫鸡排出的粪便。耐过的鸡，可持续从粪便中排出球虫卵囊达 7.5 个月。

③ 传播途径：苍蝇、甲虫、蟑螂、鼠类、野鸟，甚至人都可成为该寄生虫的机械性传播媒介，凡被病鸡、带虫鸡的粪便或其他动物污染过的饲料、饮水、土壤或用具等，都可能有卵囊存在，易感鸡吃了大量被污染的卵囊，经消化道传播。

④ 流行季节：该病一年四季均可发生，4～9 月为流行季节，特别是 7～8 月潮湿多雨、气温较高的梅雨季节易暴发。

（2）临床症状　临床上根据鸡感染球虫的种类或鸡日龄的大小不同，可分为急性型和慢性型。

① 急性型：多见于 1～2 月龄的雏鸡，病鸡初期精神不振，羽毛耸立，头卷缩，呆立于鸡舍的角落，食欲减退，排水样稀粪。随着病情的发展，病鸡精神沉郁、翅下垂，食欲废绝，饮水明显增多，嗉囊内充满大量液体，鸡冠和肉髯苍白，粪便呈红色或黑褐色，泄殖腔周围羽毛被粪便污染，往往带有血液。末期病鸡痉挛或昏迷而死。

② 慢性型：多见于 2～4 月龄的青年或成年鸡，症状与急性类似，逐渐消瘦，间歇性腹泻，蛋鸡产蛋率降低，病程较长，拖至数周或数月，死亡率较低。病情较

重时，由于有 40% 以上的饮水不能吸收，只是"穿肠过"而已，导致饮水增多、排水样稀粪和脱水。

（3）剖检病变　病变部位和程度与球虫的种别有关。若感染柔嫩艾美耳球虫，两盲肠显著肿大，可为正常的 3～5 倍，盲肠出血，肠腔中充满凝固的或新鲜的暗红色血液，上皮变厚，有严重的糜烂。若感染毒害艾美耳球虫，鸡小肠中段病变明显，肠壁扩张、增厚，有严重的坏死。在裂殖体繁殖的部位，有明显的淡白色斑点，黏膜上有许多小出血点。肠管中有凝固的血液或有胡萝卜色胶冻状的内容物。若多种球虫混合感染，粪便中带血液，并含有大量脱落的肠黏膜，剖检可见肠管粗大，肠黏膜上有大量的出血点，肠管中有大量的带有脱落的肠上皮细胞的紫黑色血液。

（4）诊断　生前用饱和盐水漂浮法或粪便涂片查到球虫卵囊，或死后取肠黏膜触片或刮取肠黏膜涂片查到裂殖体、裂殖子或配子体，均可确诊为球虫感染。由于鸡的带虫现象普遍，是否由球虫引起的发病和死亡，应结合临诊症状、流行病学资料、病理剖检变化和病原检查结果进行综合判断。

2. 防治措施

（1）预防　成年鸡与雏鸡分开喂养，以免带虫的成年鸡散播病原；加强饲养管理，保持鸡舍干燥、通风和鸡场卫生；保持饲料、饮水清洁，笼具、料槽、水槽定期消毒，一般每周一次，可用沸水、热蒸气或 3%～5% 热碱水等处理；饲养密度适中，合理搭配日粮，勤换垫料；及时清理粪便并做无害化处理。

① 疫苗免疫接种：可使用商品化的球虫强毒苗、弱毒苗、基因工程苗等。大多采用喷料或饮水，将球虫苗（1～2 头份）喷料接种可在 1 日龄进行，饮水接种须推迟到 5～10 日龄进行。鸡群在地面垫料上饲养的，接种一次卵囊即可反复感染，无需二免，而且效果较好；笼养与网架饲养的，首免之后间隔 7～15 天要进行二免。接种注意要点：疫苗不能用于紧急接种，接种前后不得用抗球虫药，也不可应用影响免疫的药物及影响球虫发育的药物（如磺胺、四环素等）。每次接种球虫病疫苗之后，3 周内不得使用抗球虫药，出现轻微便血症状一般无需治疗。国内外不同厂家生产的球虫病疫苗，特性与使用要求不尽相同，应遵说明书使用。

② 药物预防：即从雏鸡出壳后第 1 天即开始使用抗球虫药，采用穿梭用药和轮换用药的方法进行。

（2）治疗　采用轮换用药、穿梭用药和联合用药的原则，根据峰期合理地选择药物并掌握确切的用量。选用抗寄生虫药（如磺胺类药、磺胺氯吡嗪钠、氨丙啉、地克珠利、妥曲珠利、常山酮等）进行治疗，采用清热燥湿、杀虫止痢的中药制剂辅助治疗。

【处方 1】预防用

马杜拉霉素（抗球王、杜球、加福）　　　　　　　　　　　适量

用法：按 0.005%～0.007% 混入饲料，连续使用，无休药期。

说明：也可选用尼卡巴嗪，按 0.0125% 混入饲料，育雏期可连续给药，休药期 5 天；氨丙啉，按 0.0125% 混入饲料，无休药期；沙里霉素，按 0.0075%～0.0125% 混入饲料，休药期 3 天；莫能霉素，按 0.0001% 混入饲料，无休药期；常山酮，按 0.0003% 混入饲料，休药期 5 天；盐霉素，按 0.005%～0.006% 混入饲料，无休药期；地克珠利，按 0.001% 混入饲料或饮水，无休药期；或氯苯胍，

按 0.0003%混入饲料，休药期 5 天，由于可使禽肉带异味，近年来已基本停用。

【处方 2】

2.5%妥曲珠利（百球清、甲基三嗪酮）溶液　　　　　　适量

用法：按 1 升水 25mg 混饮，连用 2 天。

说明：也可选用 0.2%、0.5%地克珠利（球佳杀、球灵、球必清）预混剂混饲（1g/kg 饲料），连用 3 天。注意：0.5%地克珠利溶液，使用时现用现配，否则影响疗效。

【处方 3】

30%磺胺氯吡嗪钠（三字球虫粉）可溶粉　　　　　　适量

用法：按 1kg 饲料 0.6g 混饲，连用 3 天；或混饮（0.3g/L 水），连用 3 天，休药期 5 天。

说明：也可选用 10%磺胺喹沙啉（磺胺喹噁啉钠）可溶性粉，治疗时常采用 0.1%的高浓度，连用 3 天，停药 2 天后再用 3 天，预防时混饲（125mg/kg 饲料）。磺胺二甲基嘧啶按 0.1%混饮 2 天，或按 0.05%混饮 4 天，休药期 10 天。

【处方 4】

20%盐酸氨丙啉（安保乐、安普罗铵）可溶性粉　　　　适量

用法：按 1kg 饲料 125～250mg 混饲，连用 3～5 天；或按混饮（60～240mg/L 水），连用 5～7 天。

说明：也可选用鸡宝-20（每千克含氨丙嘧吡啶 200g，盐酸呋吗吡啶 200g），治疗量混饮（60g/100kg 水）5～7 天。预防量减半，连用 1～2 周。

【处方 5】

20%尼卡巴嗪（力更生）预混剂　　　　　　　　　　　适量

用法：按 1kg 饲料 125mg 混饲，连用 3～5 天。

【处方 6】

1%马杜霉素铵预混剂　　　　　　　　　　　　　　　适量

用法：按 1kg 饲料 5mg 混饲，连用 3～5 天。

【处方 7】

25%氯羟吡啶（克球粉、可爱丹、氯吡醇）预混剂　　　适量

用法：按 1kg 饲料 125mg 混饲，连用 3～5 天。

【处方 8】

5%盐霉素钠（优素精、沙里诺霉素）预混剂　　　　　　适量

用法：按 1kg 饲料 60mg 混饲，连用 3～5 天。

说明：也可用 10%甲基盐霉素（那拉菌素）预混剂（禽安），混饲（60～80mg/kg 饲料），连用 3～5 天。

【处方 9】

15%或 45%拉沙洛西钠（拉沙菌素、拉沙洛西）预混剂（球安）　　适量

用法：按 1kg 饲料 75～125mg 混饲，连用 3～5 天。

【处方 10】

5%赛杜霉素钠（禽旺）预混剂　　　　　　　　　　　适量

用法：按 1kg 饲料 25mg 混饲，连用 3～5 天。

【处方 11】

0.6％氢溴酸常山酮（速丹）预混剂 适量

用法：按 1kg 饲料 3mg 混饲，连用 5 天。

此外，可用 25％二硝托胺球痢灵、二硝苯甲酰胺）预混剂，治疗时混饲（250mg/kg 饲料）。或盐酸氯苯胍（罗本尼丁）片内服（10～15mg/kg 体重）、10％盐酸氯苯胍预混剂混饲（30～60g/kg）、乙氧酰胺苯甲酯混饲（4～8g/kg 饲料）等。

【处方 12】驱球止痢散

常山 960g，白头翁 800g，仙鹤草 800g，马齿苋 800g，地锦草 640g。

用法：按 1kg 饲料 2.0～2.5g，拌料饲喂，连用 5～7 天。

【处方 13】鸡球虫散

青蒿 3000g，仙鹤草 500g，何首乌 500g，白头翁 300g，肉桂 260g。

用法：按 1kg 饲料 10～20g，拌料饲喂，连用 5～7 天。

【处方 14】驱球散

常山 2500g，柴胡 900g，苦参 1850g，青蒿 1000g，地榆（炭）900g，白茅根 900g。

用法：按 1kg 饲料 0.5g，拌料饲喂，连用 5～8 天。

【处方 15】苦参地榆散

苦参 40g，地榆 30g，仙鹤草 30g。

用法：按 1kg 饲料 10～20g，拌料饲喂，连用 5～7 天。

【处方 16】常山柴胡散

常山 280g，柴胡 120g，青蒿 300g，白头翁 300g。

用法：按 1kg 饲料 10g，拌料饲喂，连用 7 天。

【处方 17】青蒿末

用法：按 1 只鸡 1 天 1～2g，拌料饲喂，连用 5～7 天。

【处方 18】常青克虫散

地锦草 160g，墨旱莲 80g，常山 100g，青蒿 80g，槟榔 60g，仙鹤草 60g，鸦胆子 20g，柴胡 80g，黄柏 90g，黄芩 60g，白芍 60g，木香 30g，山楂 60g，甘草 60g。

用法：按 1 只鸡 1 天 1～2g，拌料饲喂，连用 5～7 天。

【处方 19】常青球虫散

常山 700g，白头翁 700g，仙鹤草 400g，苦参 700g，马齿苋 400g，地锦草 400g，青蒿 350g，墨旱莲 350g。

用法：按 1kg 饲料 1.2g，拌料饲喂，连用 7 天。

【处方 20】青蒿白头翁散

青蒿 60g，白头翁 15g，黄芩 10g，地榆 15g，山大黄 20g，鸦胆子 2g，墨旱莲 15g，板蓝根 25g，白芍 15g，山楂 15g，木香 10g，白矾 2g，雄黄 1g，甘草 5g。

用法：按 1kg 饲料 10g，拌料饲喂，连用 5～7 天。

【处方 21】

黄连 6g，苦楝皮 6g，贯众 10g。

用法：水煎取汁，成年鸡分 2 次、雏鸡分 4 次灌服，1 天 2 次，连服 3～5 天。

【处方 22】

铁苋菜、旱莲草各等份。

用法：按 1 只鸡 1 天 2～4g，拌料饲喂，连用 3 天。

【处方 23】

青蒿 80g，常山 80g，地榆 60g，白芍 60g，茵陈 50g，黄柏 50g。

用法：共研末，按 1.5% 比例拌料投服，连用 5～7 天。

【处方 24】

常山 120g，柴胡 30g。

用法：煎汁，供 150 只鸡饮水，1 天 1 次，连用 5～7 天。

二、鸡住白细胞虫病

又称鸡白冠病，是由卡氏或沙氏住白细胞虫引起的一种细胞内寄生性原虫病。临床上以发热，贫血，内脏器官、肌肉组织广泛出血以及形成灰白色的裂殖体结节等为特征。

1. 诊断要点

(1) 流行特点　不同品种、性别、年龄的鸡均能感染，日龄较小的鸡和轻型蛋鸡易感性最强，死亡率可高达 50%～80%；成年鸡感染多呈亚急性或慢性经过，死亡率一般为 2%～10%。本病在一个地区一旦发生，在较长的时间内难以根除。本病的发生有明显的季节性，该病的传播和流行与库蠓和蚋的活动密切相关，一般在气温 20℃ 以上时，库蠓繁殖快，活动力强，该病的流行也严重。广州地区多在 4～10 月份发生，严重发病见于 4～6 月份，发育的高峰季节在 5 月份。河南郑州、开封地区多发生于 6～8 月份。沙氏住白细胞虫的流行在福建地区的 5～7 月份及 9 月下旬至 10 月份多发。

(2) 临床症状　病鸡表现为体温 42℃ 以上，冠苍白，翅下垂，食欲减退，渴欲增强，呼吸急促，粪便稀薄，呈黄绿色；双腿无力行走，轻瘫；翅、腿、背部大面积出血；部分鸡临死前口鼻流血，常见水槽和料槽边沿有病鸡咳出的红色鲜血。病程 1～3 天。青年鸡感染多呈亚急性型。病鸡特征变化是鸡冠苍白，贫血，消瘦；少数鸡的鸡冠变黑，萎缩；精神不振，羽毛松乱，行走困难，粪便稀薄且呈黄绿色。病程一周以上，最后衰竭死亡。成年鸡感染多呈隐性型，无明显的贫血，产蛋率下降不明显，病程一个月左右。

(3) 剖检病变　见鸡冠苍白、血液稀薄、骨髓变黄等贫血和全身性出血症状。出血可见于皮下、肌肉特别是胸肌和腿肌常有出血点或出血斑，内脏器官广泛性出血，以肾、肺、肝出血最为常见，胸腔、腹腔积血。嗉囊、腺胃、肌胃、肠道出血，其内容物血样。脑实质点状出血。本病的另一个特征是在胸肌、腿肌、心肌、肝、脾、肾、肺等多种组织器官有白色小结节，结节针头至粟粒大小，类圆形，有的向表面突起，有的在组织中，结节与周围组织分界明显，有时其外围有出血环。

(4) 诊断　根据流行病学资料、临诊症状和病理剖检可做出初步诊断。病原学检查是使用血涂片检查，即以消毒的注射针头，从鸡的翅下小静脉或鸡冠采血一滴，涂成薄片，或是制作脏器的触片，再用瑞氏或姬氏染色法染色，在显微镜下发现虫体便可做出诊断。

2. 防治措施

(1) 预防 消灭中间宿主是预防本病的关键措施，如净化周围环境，鸡舍内外环境用 0.1％敌杀死或 0.05％辛硫磷或 0.01％速灭杀丁喷雾等，禁止混养，及时淘汰病鸡等。安装细孔的纱门、纱窗防止库螨进入。

(2) 治疗 宜杀虫。

【处方 1】

泰灭净　　　　　　　　　　　　　　适量

用法：预防时按 1kg 体重 25～75mg 拌料，连用 5 天，停 2 天，再用 5 天。治疗时按 1kg 体重 100mg 拌料，连用 2 周，或按 0.5％拌料，连用 3 天，再按 0.05％拌料，连用 2 周。

【处方 2】

氯喹（磷酸氯化喹啉）　　　　　　　15～30mg

用法：按 1kg 体重 15mg 混饲，连用 3～5 天。

【处方 3】

氯吡醇　　　　　　　　　　　　　　25g

用法：拌入 100kg 饲料中喂服，连用 5～7 天。

【处方 4】

乙胺嘧啶　　　　　　　　　　　　　250mg

用法：拌入 100kg 饲料中喂服，连续使用至流行季节结束。

说明：也可选用磺胺二甲氧嘧啶（预防用量为 25～75mg/kg，混入饲料或饮水；治疗按 0.05％的比例饮水 2 天，然后再按 0.03％饮水 2 天）、磺胺喹噁啉（预防用量为 50mg/kg，每 1000kg 饲料加入 125g）。

【处方 5】

青蒿叶　　　　　　　　　　　　　　适量

用法：按 1 只鸡 5g，加倍量水熬煮浓缩后加入清水中，连用 2 周。

说明：用药时可将饲料中维生素 C 的添加量提高 2～3 倍，以增强机体的抗病能力，加速损伤毛细血管的修复，效果更好；也可选用在 1000kg 饲料中添加 5～10kg 的艾叶或 10～20kg 白头翁散和 300～600g 维生素 C；或选用中成药痢感净（生石膏 20g，寒水石 20g，穿心莲 30g，山香菜 10g，皂角刺 5g，雄黄 3g，冰片 2g），请按说明书使用。

三、鸡组织滴虫病

组织滴虫病又名盲肠肝炎或黑头病。是由组织滴虫属的火鸡组织滴虫引起的一种急性原虫病。本病的特征是盲肠发炎呈一侧或两侧肿大，肝脏表面有扣状坏死灶。多发于火鸡雏和雏鸡，成年鸡也能感染

1. 诊断要点

(1) 流行特点

① 易感动物：2 周龄到 4 月龄的鸡均可感染，但 2～6 周龄的鸡易感性最强，成年鸡也可以发生，但呈隐性感染，并成为带虫者。

② 传染源：病鸡、带虫鸡排出的粪便。

③ 传播途径：该寄生虫主要通过消化道感染，此外蚯蚓、蚱蜢、蝇类、蟋蟀

等由于吞食了土壤中异刺线虫的虫卵和幼虫，而使它们成为机械的带虫者，当幼鸡吞食了这些昆虫后，单孢虫即逸出，并使幼鸡发生感染。

④ 流行季节：本病多发生于夏季。

⑤ 诱发因素：鸡群的管理条件不良、鸡舍潮湿、过度拥挤、通风不良、光线不足、饲料质量差、营养不全、饲料中营养缺乏特别是维生素 A 的缺乏等，都可促使本病的流行。

（2）临床症状　本病的潜伏期一般为 15～20 天，病鸡精神沉郁，食欲不振，缩头，羽毛松乱。病鸡逐渐消瘦，鸡冠、嘴角、喙、皮肤呈黄色，排黄色或淡绿色粪便，急性感染时可排血便，病后期由于血液循环障碍，头部皮肤淤血呈蓝紫色，故称"黑头病"。

（3）剖检病变　肝肿大，表面形成圆形或不规则、中央凹陷、黄色或黄褐色的溃疡灶，溃疡灶数量不等，有时融合成大片的溃疡区。盲肠高度肿大，肠壁肥厚、紧实像香肠一样，肠内容物干燥坚实、呈干酪样的凝固栓子。横切栓子，切面呈同心层状，中心有黑色的凝固血块，外周为灰白色或淡黄色的渗出物和坏死物。急性病鸡见一侧或两侧盲肠肿胀，呈出血性炎症，肠腔内含有血液。严重病鸡盲肠黏膜发炎出血，形成溃疡，会发生盲肠壁穿孔，引起腹膜炎而死。

（4）诊断　根据组织滴虫病的特异性肉眼病变和临诊症状可做出初步诊断。病原检查的方法是采集盲肠内容物，用加温至 40℃ 的生理盐水稀释后，做成悬滴标本镜检。如在显微镜前放置一个白炽小灯泡加温，即可在显微镜下见到能活动的火鸡组织滴虫。

2. 防治措施

（1）预防　由于组织滴虫的主要传播方式是通过盲肠内的异刺线虫虫卵为媒介，所以有效的预防措施是避免鸡接触异刺线虫虫卵，因此，杀灭虫卵是预防本病的关键措施。同时加强饲养管理，鸡和火鸡隔离饲养；成年鸡和雏鸡分开饲养，及时转舍分群，上笼饲养，清除粪便，严格消毒等措施可降低发病率。定期用卡巴肿按照 $(1.5～2)×10^{-4}$ 克、硝苯肿酸按照 $1.87×10^{-4}$ 克、异丙硝咪唑按照 $6.25×10^{-5}$ 克，混料，进行预防性驱虫。

（2）治疗　宜杀虫。

【处方1】

甲硝唑（灭滴灵，甲硝咪唑）　　　　　　　　　　适量

用法：配成 0.05% 水溶液饮水，连饮 7 天后，停药 3 天，再饮 7 天。

说明：也可选用二甲硝咪唑、芬苯哒唑或异丙硝咪唑混料进行治疗。

【处方2】

氯苯胍　　　　　　　　　　　　　　　　　　　3.3g

用法：拌入 100kg 饲料中喂服，连喂 1 周，停药 1 周后再喂 1 周。

说明：产蛋鸡禁用。

【处方3】

松节油　　　　　　　　　　　　　　　　　　　1ml

用法：以 2～3 倍液状石蜡或蓖麻油稀释后灌服，按 1kg 体重 0.5ml 用药。

【处方4】

左旋咪唑（或丙硫苯咪唑）　　　　　　　　　　适量

用法：按 1kg 体重 20～25mg 拌料，1 天 1 次，共用 2 次，中间间隔 1 天。

【处方 5】

呋喃唑酮　　　　　　　　　　　　　　　适量

用法：按 0.04％拌料，连用 5 天。

【处方 6】龙胆泻肝汤

龙胆草（酒炒）、栀子（炒）、黄芩、柴胡、生地黄、车前子、泽泻、木通、甘草、当归各 20g。

用法：水煎，供 100 只鸡一次饮服，重症鸡应用注射器滴服，连用 2 天。

四、禽隐孢子虫病

是由隐孢子虫科、隐孢属的火鸡隐孢子虫和贝氏隐孢子虫寄生于火鸡、鸡等禽鸟类的呼吸系统、消化道、法氏囊和泄殖腔内所引起的一种原虫病。临床上以腹泻或呼吸困难为特征。

1. 诊断要点

（1）临床症状　隐孢子虫在所寄生部位的黏膜上皮细胞内进行裂体生殖，严重破坏了上皮细胞的完整性，病鸡主要表现为精神沉郁，呼吸困难，有啰音，咳嗽，打喷嚏，流黏性鼻液。眼排浆液性分泌物。食欲锐减或废绝，体重减轻甚至死亡，有时可见腹泻、便血等症状。隐性感染时，虫体多局限于法氏囊和泄殖腔。

（2）剖检病变　剖检可见泄殖腔、法氏囊发炎、出血，部分病鸡肝脏肿大，鼻腔和支气管黏膜受损，肺有浆液性炎症。

（3）诊断　结合临床症状及剖检病变可做出初步诊断。根据粪便和组织内虫体的检查可以确诊。粪便检查常用粪便涂片染色法和饱和蔗糖液漂浮法。组织内虫体检查常用组织切片、染色法检查病变组织内的虫体。

2. 防治措施

（1）预防　本病重点在于预防。加强饲养管理和环境卫生，定期清除粪便及污物，进行堆积发酵处理；成年鸡与雏鸡分群饲养；饲养场地和用具等应经常用热水或 5％氨水等消毒；严防病鸡排泄物污染饮水、饲料等，以切断粪口传播途径。

（2）治疗　目前无特效的治疗药物，宜对症治疗。

【处方 1】

交沙霉素 8.0g/kg，大蒜素 600mg/kg，甲硝唑 4.0g/kg，复方新诺明 8.6g/kg。

用法：按照以上用量在饲料中添加，混匀，连喂 5 天。对试验性雏鸡隐孢子虫病有一定的疗效。

【处方 2】

乙酰螺旋霉素　　　　　　　　　　　　　适量

用法：按 1kg 饲料 400mg 拌料饲喂，连喂 5 天。对试验性雏鸡贝氏隐孢子虫感染有一定的疗效。

五、鸡疟原虫病

本病是由鸡疟原虫寄生于鸡、野鸡雀等的红细胞而引起的一种血液原虫病，由库蚊、伊蚊传播。

1. 诊断要点

（1）临床症状　潜伏期 5～10 日，病初体温升高，病鸡消瘦，贫血，冠苍白，腹泻，粪便呈绿色。

（2）剖检病变　见脾肿大呈灰色，肝深灰色，心包积液。

（3）诊断　据临床症状、剖检病变及血液病原学检查结果可做出诊断。

2. 防治措施

（1）预防　做好传播媒介库蚊、伊蚊的消杀工作。

（2）治疗　宜杀虫。

【处方】

氯喹（磷酸氯化喹啉）　　　　　　　　　15～30mg

用法：按 1kg 体重 15mg 拌料饲喂，连用 3～5 天。

六、鸡蛔虫病

是由鸡蛔虫引起的一种线虫病，是鸡吞食了感染性虫卵或啄食了携带感染性虫卵的蚯蚓而引起。临床上以鸡生长发育不良，贫血，消化机能障碍，下痢和便秘交替，有时稀粪中混有带血黏液为特征。该病分布很广，对地面平养/散养鸡有较大的危害。

1. 诊断要点

（1）流行特点　4 周龄内的鸡感染后一般不出现症状，5～12 周龄的鸡（尤其是散养鸡/地面平养鸡）感染后发病率较高，且病情较重，超过 12 周龄的鸡抵抗力较强，1 年以上的鸡不发病，但可带虫。

（2）临床症状　雏鸡常表现为生长发育不良，精神沉郁，行动迟缓，食欲不振，腹泻，有时粪中混有带血黏液，羽毛松乱，消瘦、贫血，黏膜和鸡冠苍白，最终可因衰弱而死亡。严重感染者可造成肠堵塞导致死亡。成年鸡一般不表现症状，但严重感染时表现腹泻、产蛋量下降和贫血等。

（3）剖检病变　见小肠黏膜发炎、出血，肠壁上有颗粒状化脓灶或结节。严重感染时可见大量虫体聚集，相互缠结，引起肠阻塞，甚至肠破裂和腹膜炎。

（4）诊断　流行病学资料和临床症状可作参考，饱和盐水漂浮法检查粪便发现大量虫卵，剖检时在小肠或在腺胃和肌胃内发现有大量虫体可确诊。

2. 防治措施

（1）预防　搞好环境卫生；及时清除粪便，堆积发酵，杀灭虫卵；改变鸡的饲养方式采用笼养或网架饲养；做好定期预防性驱虫，每年 2～3 次。

（2）治疗　宜驱虫。

【处方 1】

枸橼酸哌嗪（驱蛔灵）　　　　　　　　　0.5～1g

用法：按 1kg 体重 0.25g 用药，口服、混在饲料或饮水中喂服。

【处方 2】

噻咪唑（驱虫净）　　　　　　　　　　　80～250mg

用法：按 1kg 体重 40～60mg 用药，口服、混在饲料中一次喂服。

【处方 3】

酚噻嗪　　　　　　　　　　　　　　　　1～2g

用法：按 1kg 体重 0.5～1g、雏鸡 0.3～0.5g 用药，口服、混于饲料中一次喂服。

【处方 4】

左旋咪唑　　　　　　　　　　　　　40～80mg

用法：按 1kg 体重 20～40mg 用药，口服、混于饲料中一次喂服。

【处方 5】

潮霉素 B　　　　　　　　　　　　　0.88～1g

用法：按 100kg 饲料 0.88～1g 用药，口服、混于饲料中喂服。

说明：也可选用 1％伊维/阿维菌素（害获灭、杀虫丁、伊福丁、伊力佳）注射液一次皮下注射或内服（0.2～0.3mg/kg 体重）。

【处方 6】驱虫散

槟榔 125g，南瓜子 75g，石榴皮 75g。

用法：研成粉末，按 2％比例拌料饲喂（喂前停食，空腹喂给），1 天 2 次，连用 2～3 天。

【处方 7】

槟榔 15g，乌梅肉 10g，甘草 6g。

用法：研粉制丸，每千克体重服 2g，1 天 2 次。隔 1 周再服 1 次。

【处方 8】

烟叶　　　　　　　　　　　　　　　1kg

用法：烘干并搓碎，加水 2kg，浸泡 24 小时，待烟叶水呈红棕色取汁灌服，每次 5ml，间隔 3 天，再灌几次。灌服前停喂 14 小时，前 4 小时可喂 1％盐水 2 匙和适量清水。也可选用植物油 1g、烟末 10g，拌匀喂服，隔 1 周再喂 1 次。或按鸡饲料总量加入 2％的烟草粉，每天上下午各 1 次，让鸡自由取食，连续喂给 1 周。1～2 个月后，进行第二次治疗。

【处方 9】

鲜苦楝树根皮　　　　　　　　　　　25g

用法：水煎去渣，加红糖适量。按 2％拌料，空腹喂给，1 天 1 次，连用 2～3 天。

【处方 10】

川楝皮 1 份　　使君子 2 份

用法：共研细末，加面粉制成黄豆大小的丸子，鸡每天服一丸。

注意：川楝皮毒性较大，尤其是外层黑皮毒性更大，必须刮除黑皮后用。

【处方 11】

汽油　　　　　　　　　　　　　　　适量

用法：按 1kg 体重 2～3ml 用细胶管灌入嗉囊。灌服前停食半天，1 周后再灌 1 次。

七、鸡异刺线虫病

异刺线虫又叫盲肠虫，是一种很小的线虫，是其寄生于鸡的盲肠所引起的一种线虫病。临床上以消瘦、腹泻、雏鸡发育不良、蛋鸡产蛋减少为特征。本病在鸡群中普遍存在。

1. 诊断要点

（1）临床症状　患鸡消化机能障碍，食欲不振或废绝，腹泻，贫血，雏鸡发育停滞，消瘦甚至死亡。成鸡产蛋量下降或停止。

（2）剖检病变　见尸体消瘦，盲肠肿大，肠壁发炎和增厚，有时出现溃疡灶。盲肠内可查见虫体，尤以盲肠尖部虫体最多。

（3）诊断　检查粪便发现虫卵，或剖检在盲肠内查到虫体均可确诊。

2. 防治措施

（1）预防　定期预防性驱虫。

（2）治疗　杀灭虫卵。

【处方1】

左旋咪唑　　　　　　　　　　　50～150mg

用法：按1kg体重25～30mg用药，一次喂服。

【处方2】

噻咪唑（驱虫净）　　　　　　　50～300mg

用法：按1kg体重25mg用药，一次喂服。

说明：也可选用驱蛔灵、吩噻嗪等。

【处方3】

硫化二苯胺　　　　　　　　　　1～2g

用法：成鸡按1kg体重1～1.5g，雏鸡按1kg体重0.3～0.5g用药，混于饲料中一次喂服。

八、鸡胃线虫病

是由华首科、华首属和四棱科、四棱属的线虫寄生于鸡的食道、腺胃、肌胃和小肠内引起。

1. 诊断要点

（1）临床症状　虫体寄生数量少时症状不明显，但大量虫体寄生时，患鸡消化不良，食欲不振，精神沉郁，翅膀下垂，羽毛蓬乱，消瘦，贫血，腹泻。雏鸡生长发育缓慢，成年鸡产蛋量下降。严重者可因胃溃疡或胃穿孔导致死亡。

（2）剖检病变　见胃壁发炎、增厚，有溃疡灶，并在腺胃腔内或肌胃角质层下可查到虫体。

（3）诊断　检查粪便查到虫卵，或根据剖检时发现虫体即可确诊。

2. 防治措施

（1）预防　定期预防性驱虫。

（2）治疗　宜驱虫。

【处方1】预防用

0.005%敌杀死或0.0067%杀灭菊酯水悬液　　　　　　　　适量

用法：用上述液体喷洒鸡舍四周墙角、地面和运动场。

【处方2】

左旋咪唑　　　　　　　　　　　40～50mg

用法：按 1kg 体重 20～25mg 用药，一次口服。

【处方 3】

丙硫苯咪唑　　　　　　　　　20～40mg

用法：按 1kg 体重 10～20mg 用药，混于饲料中一次喂服。

【处方 4】

甲苯唑　　　　　　　　　　　140～200mg

用法：按 1kg 体重 10～100mg 用药，混于饲料中一次喂服。

九、鸡毛细线虫病

是由毛首科毛细线虫属的多种线虫寄生于鸡消化道引起。临床上以食欲不振，精神萎靡，消瘦，有肠卡他性或伪膜性炎症为特征，严重感染时，可引起鸡死亡。

1. 诊断要点

（1）临床症状　患鸡精神萎靡，头下垂；食欲不振，常做吞咽动作，消瘦，腹泻，严重者各种年龄的鸡均可发生死亡。

（2）剖检病变　见虫体寄生部位黏膜发炎，增厚，黏膜表面覆盖有絮状渗出物或黏液脓性分泌物，黏膜溶解、脱落、甚至坏死。病变程度常因虫体寄生的多少而不同。

（3）诊断　检查粪便发现虫卵，或剖检发现虫体即可确诊。

2. 防治措施

（1）预防　需消灭鸡舍中的蚯蚓，对鸡群定期进行预防性驱虫。

（2）治疗　宜驱虫。

【处方 1】

甲氧啶　　　　　　　　　　　50mg

用法：按 1kg 体重 25mg 用药，用注射用水配成 10％注射液，一次皮下注射；或溶于含 1％蜜糖的水中饮服。

【处方 2】

噻苯唑　　　　　　　　　　　200mg

用法：按 1kg 体重 100mg 一次喂服。

【处方 3】

左旋咪唑　　　　　　　　　　72mg

用法：按 1kg 体重 36mg 用药，一次喂服。

说明：对成虫有 93％～96％的疗效，但对 3 日龄和 10 日龄虫体无效。

【处方 4】

甲苯唑　　　　　　　　　　　140～200mg

用法：按 1kg 体重 70～100mg 用药，混入饲料中一次喂服。

说明：对 6、12 和 24 日龄虫体的疗效较好。

十、鸡比翼线虫病

又称交合虫病、开嘴虫病、张口线虫病，由比翼科比翼属的线虫寄生于鸡的气管内引起，临床上以伸颈、张嘴呼吸、头左右摇甩为特征。本病主要侵害雏鸡，死亡率几乎达 100%；成年鸡症状轻微或不显症状，极少死亡。

1. 诊断要点

（1）临床症状　病鸡伸颈，张嘴呼吸，头部左右摇甩，排出黏性分泌物，有时可见虫体。病初食欲减退甚至废绝，精神不振，消瘦，口内充满泡沫性唾液。最后因呼吸困难、窒息而死亡。

（2）剖检病变　幼虫移经肺脏，可见肺淤血、水肿和肺炎病变。成虫期可见气管黏膜上有虫体附着及出血性卡他性炎症，气管黏膜潮红，表面有带血黏液覆盖。

（3）诊断　根据症状，结合粪便或口腔黏液检查见有虫卵，剖检病鸡在气管或喉头附近发现虫体可确诊。

2. 防治措施

（1）预防　保持鸡舍和运动场卫生、干燥，杀灭蛞蝓、蜗牛等中间宿主，流行区对鸡群体进行定期预防性驱虫。

（2）治疗　发现病鸡，及早隔离，用药治疗。

【处方 1】

左旋咪唑　　　　　　　　　　40～80mg

用法：按 1kg 体重 20～40mg 用药，混于饲料中一次喂服。

【处方 2】

碘片 1g　　碘化钾 1.5g　　蒸馏水 1500ml

用法：混匀，1 只鸡取 1～1.5ml 一次气管内注射或灌服。

【处方 3】

噻苯唑　　　　　　　　　　　0.6～3g

用法：按 1kg 体重 0.3～1.5g 用药，混入饲料中一次喂服，连喂 2 周。

十一、鸡眼线虫病

是由孟氏尖旋线虫寄生于鸡、火鸡等鸟类的瞬膜下或鼻窦内引起，表现结膜炎、严重的眼炎、失明和眼球的完全破坏。

1. 诊断要点

（1）临床症状　其临床表现因虫体数量的多少而不同，虫体少时，病鸡发生结膜炎，虫体多时可发生眼炎、失明和眼球的完全破坏。病鸡表现流泪，不安，不断地搔抓眼部。

（2）剖检病变　瞬膜肿胀，有时眼睑粘连，在眼睑积聚白色乳酪样物质，严重者可导致眼球损坏。

（3）诊断　在病鸡的眼内发现虫体即可诊断。

2. 防治措施

（1）预防　重点是消灭蟑螂。此外，应定期清扫鸡舍、定期消毒等。

（2）治疗　杀灭或取出虫体。

【处方 1】

1%～2%克辽林溶液　　　　　适量

用法：冲洗眼球。

【处方 2】

用手术方法取出虫体。

十二、鸡绦虫病

是由绦虫（赖利绦虫、戴文绦虫等）寄生于鸡的肠道引起的一类寄生虫病，因鸡啄食了含类囊尾蚴的中间宿主蚂蚁、蜗牛和甲虫等而感染，临床上以腹泻、贫血、消瘦、发育迟缓等为特征。本病在农村的散养鸡和鸡舍条件简陋的鸡场危害较严重。

1. 诊断要点

（1）流行特点　各种年龄的鸡都能感染，以 17～40 日龄的鸡最易感，在饲养管理条件低劣的鸡场或经常以水草作为青绿饲料饲喂的散养土鸡中，有利于本病的流行。若采用笼养或能隔绝含囊尾蚴的中间宿主蚂蚁、蜗牛和甲虫的舍养鸡群，则发病率较低。

（2）临床症状　病鸡消化不良，下痢，粪便稀薄或混有血样黏液，渴欲增加，精神沉郁，双翅下垂，羽毛逆立，消瘦，生长缓慢。严重者出现贫血，黏膜和冠髯苍白，最后衰弱死亡。产蛋鸡产蛋减少甚至停止。

（3）剖检病变　见机体消瘦，在小肠内发现大型绦虫的虫体，严重时可阻塞肠道，其他器官无明显的眼观变化，绦虫节片似面条，乳白色，不透明，扁平，虫体可分为头节、颈与链体三部分。小型绦虫则要用放大镜仔细寻找，也可将剪开的肠管平铺于玻璃皿中，滴少量清水，看有无虫体浮起。

（4）诊断　在粪便中可找到白色米粒样的孕卵节片，在夏季气温高时，可见节片向粪便周围蠕动，取此类孕节镜检，可发现大量虫卵。

2. 防治措施

（1）预防　定期驱虫，粪便无害化处理，鸡舍内外定期杀灭昆虫，定期预防驱虫。

（2）治疗　药物驱虫。

【处方1】

氢溴酸槟榔碱　　　　　　　　　　6～8mg

用法：按 1kg 体重 3mg 用药，配成 0.1％水溶液一次灌服。

【处方2】

硫氯酚（硫双二氯酚）　　　　　　40～800mg

用法：按 1kg 体重 20～30mg 用药，拌料一次喂服。

【处方3】

氯硝柳胺（灭绦灵）　　　　　　　100～300mg

用法：按 1kg 体重 50～60mg 用药，拌料一次喂服。

【处方4】

槟榔2份　　　雷丸1份　　　石榴皮1份

用法：共研细末，鸡每日早晨喂 2～3g，连喂 2～3 次。

【处方5】

石榴皮 60g　　　　　　　　　　槟榔 60g

用法与用量：加水 1000ml，煎至 500ml，1 只鸡 1 次 2～5ml，1 天 2～3 次，

连用 2～3 天。

【处方6】

槟榔 150g   南瓜子 120g

用法：水煎，首次加水 2000ml 煮沸 30min，第 2 次加水 1000ml。煮沸 20min，合并 2 次药汁，供 600 只 35 日龄肉鸡分两次混饲或混饮。混饲前鸡群停料 6 小时以上，混饮前停水 3～4 小时。重症病鸡滴服。

说明：本方有一定的毒性，用药后会出现口吐白沫现象，可皮下注射阿托品（按 1kg 体重 0.02mg）解毒。

【处方7】

槟榔   适量

用法：将槟榔研细粉，按 5 份槟榔粉、4 份温开水、1 份面粉的比例制丸（先将面粉倒入水内打浆，然后混入槟榔粉），每丸 1g（含槟榔粉 0.5g），晒干。按 1kg 体重 2 丸于早上空腹投服，服药后自由饮水。为巩固疗效，5～7 天后再驱虫一次。

十三、前殖吸虫病

是前殖吸虫寄生于鸡的输卵管、法氏囊，偶见于鸡蛋内的一种寄生虫病。临床上常引起输卵管炎，产蛋下降、产畸形蛋、薄壳蛋，有的因继发腹膜炎而死亡。本病呈世界性分布，在我国以华东、华南地区多见。

1. 诊断要点

（1）临床症状 病初，寄生部位发炎。鸡泄殖腔常流出白带，由于虫体破坏了输卵管黏膜和腺体组织，使母鸡产卵的正常机能发生障碍，常产出无黄蛋、软壳蛋等异常蛋。病鸡全身症状明显，厌食，消瘦，不愿走动，腹部羽毛脱落，泄殖腔脱出，充血变红。

（2）剖检病变 见输卵管发炎，黏膜充血、出血，极度增厚，内壁有数量不等的芝麻粒大小的白色或黄色虫体，后期输卵管壁变薄甚至破裂。腹腔内有大量浑浊的黄色渗出液或脓样物。

（3）诊断 母鸡常流白带，产蛋量减少，且产畸形蛋，可怀疑为本病。粪便检查如发现虫卵或剖检发现虫体即可确诊。

2. 防治措施

（1）预防 清理粪便，堆积发酵，杀灭虫卵，避免虫卵进入水中；圈养鸡，防止吞食蜻蜓及其幼虫；每年春、秋两季有计划地进行预防性驱虫。

（2）治疗 及时隔离病鸡，药物驱虫。

【处方1】

吡喹酮   适量

用法：按 1kg 体重 60mg 拌料喂服，连用 2 天。

【处方2】

硫双二氯酚   适量

用法：按 1kg 体重 200mg 拌料，一次喂服。

【处方3】

丙硫苯咪唑   适量

用法：按 1kg 体重 100～120mg 拌料，一次喂服。

【处方 4】

雷丸　　　　　　　　　　　适量

用法：按 1kg 体重 1.5～2.0g，先煎汤拌料，再将药渣切碎加入饲料中喂服，1 天 2 次。1 周后再重复驱虫 1 次。

十四、鸡棘口吸虫病

是由棘口科、棘口属的吸虫寄生于鸡等的直肠和盲肠而引起，表现为食欲减退、腹泻、出血、消瘦、生长缓慢，剖检常见出血性肠炎。

1. 诊断要点

（1）临床症状　轻度感染仅引起轻度肠炎和腹泻，严重感染时引起下痢、贫血、消瘦、生长发育受阻，甚至发生死亡。

（2）剖检病变　见出血性肠炎、肠黏膜上附着有大量虫体、黏膜损伤和出血。

（3）诊断　生前检查粪便发现虫卵并结合症状进行诊断，死后剖检在肠道内发现虫体可确诊。

2. 防治措施

药物驱虫，合理预防。

【处方 1】

槟榔　　　　50g

水　　　　　1000ml

用法：煎至 750ml，用双层纱布过滤，每服（空腹）15ml，按 1kg 体重 5～10ml 用药。

【处方 2】

硫氯酚（硫双二氯酚）40～800mg

用法：一次投服，按 1kg 体重鸭 20～30mg、鹅 150～200mg 用药，大群可用粉剂拌料喂服。

【处方 3】

氯硝柳胺　　　100～300mg

用法：混于饲料中一次喂服，按 1kg 体重 50～150mg 用药。

【处方 4】

丙硫苯咪唑　　　30mg

用法：混于饲料中一次喂服，按 1kg 体重 15mg 用药。

【处方 5】

吡喹酮　　　20mg

用法：混于饲料中一次喂服，按 1kg 体重 10mg 用药。

十五、鸡背孔吸虫病

是由背孔科、背孔属的吸虫寄生于鸡等的盲肠和直肠内引起，表现消瘦、下痢、贫血、发育受阻。

1. 诊断要点

（1）临床症状　由于虫体的机械性刺激和毒素作用，病鸡精神沉郁，贫血，消瘦，腹泻，生长发育受阻，严重者可引起死亡。

（2）剖检病变　肠黏膜损伤、发炎。

（3）诊断　根据症状，结合粪便检查发现虫卵及剖检死鸡发现虫体可确诊。

2. 防治措施

药物驱虫，合理预防，预防措施同棘口吸虫病。

【处方1】

氯硝柳胺　　　　　　　　　　　　适量

用法：按1kg体重50～150mg用药，混于饲料中一次喂服。

【处方2】

丙硫苯咪唑　　　　　　　　　　　适量

用法：按1kg体重10mg拌料一次喂服。

十六、波斯锐缘蜱病

是由波斯锐缘蜱寄生于鸡的一种体外寄生虫病。

1. 诊断要点

（1）临床症状　幼蜱、若蜱及成蜱群居于鸡舍的墙、地板等缝隙中，夜间活动，吮吸鸡血液，影响鸡休息，感染严重时可引起鸡消瘦、贫血、生长缓慢、产蛋量下降，并能引起蜱性麻痹，甚至造成死亡。

（2）诊断　在宿主体表或窝巢等处发现虫体即可确诊。

2. 防治措施

宜杀灭病原。

【处方1】

灭虫丁　　　　　　　　　　　　　适量

用法：按1kg体重0.5mg拌料，一次喂服，一般宜在鸡的晚餐饲料中喂服。间隔1周再重复用药一次。

【处方2】

双甲脒　　　　　　　　　　　　　适量

用法：按1kg体重200mg，配成溶液，对鸡笼舍及墙、地板等处进行喷雾，灭杀病原。

说明：也可选用溴氰菊酯（按1kg体重50～100mg配成溶液）喷雾，尤其是对鸡舍内的各种缝隙应重点喷药。

十七、鸡膝螨病

是由疥螨科膝螨属的突变膝螨和鸡膝螨寄生于脚和脚趾皮肤鳞片下面引起，表现皮肤发痒、炎症、羽毛变脆易脱落。

1. 诊断要点

（1）临床症状　突变膝螨寄生于鸡腿无毛处及脚趾部皮内的坑道内进行发育和繁殖，引起患部炎症、发痒、起鳞片，继而皮肤增厚、粗糙，甚至干裂，渗出物干燥后形成灰白色痂皮，如同涂了石灰，故称"石灰脚"。严重病鸡腿瘸，行走困难，食欲减退，生长缓慢，产蛋减少。鸡膝螨寄生于鸡的羽毛根部，刺激皮肤引起炎症，皮肤发红、发痒，病鸡自啄羽毛，羽毛变脆易脱落，造成"脱羽症"，多发于翅膀和尾部大羽，严重者，羽毛几乎全部脱光。

（2）诊断　在宿主体表发现虫体即可确诊。

2. 防治措施

宜杀灭病原。

【处方1】用于治疗突变膝螨病

煤油　　　　　　　　　　　适量

用法：先用温肥皂水浸泡，使痂皮软化，然后剥去痂皮，干后涂上煤油，1天1次，7天为1疗程。

【处方2】用于治疗突变膝螨病

10％硫黄软膏　　　　　　　　适量

用法：按上方剥去痂皮，涂布软膏，2～3天1次，3次为1个疗程。

【处方3】用于治疗鸡膝螨病

松焦油1份　　硫黄1份　　　软肥皂2份　　95％酒精2份

用法：混合调匀，涂擦于患部皮肤及其周围，2～3天1次，3～5次为1疗程。

【处方4】用于治疗鸡膝螨病

硫黄10g　　猪油90g

用法：调匀成软膏，涂擦患部皮肤及其周围，2～3天1次，至鸡病愈。

【处方5】

0.003％双甲脒水溶液　　　　　适量

用法：浸浴患部。

十八、鸡皮刺螨病

是由鸡皮刺螨寄生于鸡等宿主的一种体表寄生虫病。

1. 诊断要点

（1）临床症状　轻度感染时无明显症状，侵袭严重时，患鸡不安，日渐消瘦，贫血，生长缓慢，产蛋减少，并可使小鸡成批死亡。人受侵袭时，虫体在皮肤上爬动和穿刺皮肤吸血引起轻微痒痛，继而受侵部位皮肤剧痒，出现针尖大到指头肚大的红色丘疹，丘疹中央有一小孔。

（2）诊断　在宿主体表或窝巢等处发现虫体即可确诊，但虫体较小且爬动很快，不易发现。

2. 防治措施

杀灭鸡体表和环境中的虫体。

【处方1】

5％马拉硫磷粉　　　　　　　适量

用法：病鸡体表撒布。

说明：也可选用10％二氯苯醚菊酯，加5000倍水，用喷雾器对鸡逆毛喷雾，全身都必须喷到，然后遍喷鸡舍。

【处方2】

10％硫黄软膏　　　　　　　　适量

用法：涂擦患部。

十九、鸡奇棒恙螨病

是由鸡奇棒恙螨的幼虫寄生于鸡及其他鸟类引起的翅膀内侧、胸肌两侧及腿内侧皮肤上的一种寄生虫病，临床上以患部奇痒、出现痘疹状病灶、周围隆起、中间凹陷呈痘脐形为特征。

1. 诊断要点

（1）临床症状　患部奇痒，出现痘疹状病灶，周围隆起，中间凹陷呈痘脐形，中央可见一小红点，即恙虫幼虫。大量虫体寄生时，腹部和翼下布满痘疹状病灶。病鸡贫血、消瘦、垂头、不食，如不及时治疗会引起死亡。

（2）诊断　在痘疹状病灶的痘脐中央凹陷部可见有小红点，用小镊子取出镜检，发现虫体即可确诊。

2. 防治措施

（1）预防　避免在潮湿的草地上放养鸡群，以防感染。

（2）治疗　宜杀灭虫体。

【处方1】

70%酒精或3%碘酊　　　　　　　　适量

用法：涂擦患部，一次即可杀死虫体。

【处方2】

10%硫黄软膏　　　　　　　　适量

用法：涂擦患部。

说明：也可选用杀虫药（如蝇毒磷、溴氰菊酯等）杀灭鸡体上的螨。

二十、鸡羽虱病

是由各种鸡羽虱寄生于鸡的体表引起的，表现奇痒，有时因啄痒而咬断自体羽毛，病鸡逐渐消瘦，雏鸡生长发育受阻，母鸡产蛋率下降。

1. 诊断要点

（1）临床症状　病鸡表现为瘙痒、不安，常啄断自体羽毛与皮肉，食欲下降与渐进消瘦，蛋鸡则影响产蛋。

（2）诊断　发现虱子及虱卵即可确诊。

2. 防治措施

杀灭鸡体表和环境中的虱子及虱卵。

【处方1】

0.7%～1%的氟化钠水溶液　　　　　　10～20L

用法：药浴，使鸡的羽毛彻底浸湿。最好在温暖的天气进行。

【处方2】

5%马拉硫磷粉　　　　　　　　适量

用法：病鸡体表撒布。

说明：也可选用10%二氯苯醚菊酯，加5000倍水，用喷雾器对鸡逆毛喷雾，全身都必须喷到，然后遍喷鸡舍。

【处方 3】

1％阿维菌素粉剂　　　　　　　　10g

用法：拌入 20～30 千克沙中，让鸡自行沙浴。

【处方 4】

百部草　　　　　　　　　　　　100g

用法：加水 600ml，煎煮 20 分钟去渣，或加白酒 0.5kg 浸泡 2 天，待药液呈黄色，用药液涂擦病鸡患处 1～2 次。

第三章　鸡普通病及疑难杂症的诊疗与处方

第一节　鸡常见营养代谢病的诊疗与处方

一、鸡维生素A缺乏症

饲料中维生素A不足引起的，临床上以黏膜、皮肤上皮角质化、变质，生长停滞，干眼病为特征的一种营养代谢病。雏鸡较为敏感。

1. 诊断要点

（1）病因　饲料中多维添加量不足或其质量低劣；或配入饲料中时间过长，或饲料中缺乏维生素E，使维生素A失效；以大白菜、卷心菜等含胡萝卜素很少的青绿饲料代替多维；饲料中蛋白质含量过低造成维生素A转送失败；寄生虫、胃肠道疾病等也可诱发本病。

（2）临床症状　病雏精神委顿，食欲不振，羽毛蓬乱无光泽，步态不稳，常以尾支地，共济失调，头扭转作圆圈运动，同时后退和惊叫。鼻孔流出黏稠鼻液，堵塞鼻道而出现呼吸困难，眼角膜增厚或形成溃疡，眼睑肿胀，眼内蓄积黄白色干酪样物。成年禽多呈慢性经过，病鸡消瘦，产蛋量下降，蛋孵化率降低，血斑蛋增加。

（3）剖检病变　见口腔、食道黏膜过度角化，从食道直至嗉囊黏膜上散在分布粟粒大白色结节，内脏器官浆膜面及肾脏可见白色尿酸盐沉积。

（4）诊断　根据病史和临床特征、剖检变化做出初步诊断。

2. 防治措施

（1）预防　完善鸡日粮的配制、保管、贮存等，减少营养元素的流失；加强鸡胃肠道疾病的防控，利于维生素A的吸收和转化；加强种鸡维生素A的监测，以防雏鸡发生先天性维生素A缺乏。

（2）治疗　宜消除病因，补充维生素A，剂量为日维持需要量的10～20倍。

【处方1】

鱼肝油　　　　　　　　　　　　　　0.5～1ml

用法：1只鸡1次喂服，雏鸡则酌情减少，1天1次，连用10～15天。

说明：对发病的大群鸡，可在每千克饲料中拌入2000～5000IU的维生素A，或在每千克配合饲料中添加精制鱼肝油15ml，连用10～15天。病重的鸡可口服浓缩鱼肝油丸（成年鸡每天可口服1粒）。

【处方2】

维生素A注射液或维生素AD注射液　　0.25～0.5ml

用法：1只鸡1次肌内注射，1天1次，连用数天。

【处方3】

| 3%硼酸水溶液 | 适量 |

用法：冲洗患眼，然后再涂上抗生素眼膏。

说明：适用于维生素A缺乏所致的眼炎，对急性病例疗效迅速而安全，但慢性病例不能完全康复。

【处方4】

| 多维素 | 2～5g |

用法：加入50kg饲料中投喂，同时补充青绿饲料。用于辅助治疗。

【处方5】

| 羊肝 | 0.7～1kg |

用法：切碎，用开水烫至变色，连汤一起拌入10kg饲料中喂饲，连用7天。也可选用苍术末，按每次每只1～2g，1天2次，连用数天。

二、鸡维生素D缺乏症

是由饲料中维生素D不足或光照不足等原因引起的，以骨骼、喙和蛋壳发育异常为特征的一种营养代谢病。

1. 诊断要点

（1）病因　饲料中维生素D不足或光照不足是本病发生的主要原因。也见于饲料组成不当、维生素A含量过多，阻碍了机体对维生素D的利用；饲料贮存时间过长，或饲料发霉变质使维生素D遭到破坏；一些胃肠道疾病和肝、肾疾病也可阻碍维生素D的转化、吸收和利用。

（2）临床症状　雏鸡两腿无力，步态不稳，腿骨变脆易折断，喙和趾变软易弯曲，肋骨变软，羽毛发育不良。成年鸡产蛋减少，蛋壳变薄、变脆，出现软壳蛋，种蛋孵化率降低。有时母鸡呈一过性瘫痪，蛋产出后休息数小时可恢复。

（3）剖检病变　雏鸡见龙骨呈"S"状弯曲，肋骨与脊椎连接处呈串珠状，肋骨弯曲，胫骨或股骨钙化不良。成年鸡见骨骼变软易折断，甲状腺明显增大。

（4）诊断　根据临床症状和剖检变化做出初步诊断。

2. 防治措施

（1）预防　改善饲养管理条件，保证鸡舍内光线充足、通风良好；合理调配日粮，注意日粮中钙、磷比例，按生理需求补充维生素D；尽可能让散养鸡多晒太阳，笼养鸡可在鸡舍中用紫外线照射。

（2）治疗　在针对病因采取有效措施的基础上补充维生素D。

【处方1】

| 鱼肝油 | 2～3滴 |

用法：供1只雏鸡1次口服，1天3次，连用3天。

【处方2】

| 维丁胶性钙 | 0.2ml |

用法：1只鸡1次肌内或皮下注射，1天1次，连用3天。

【处方3】

| 维生素D | 50IU/kg 体重 |

用法：1只鸡1次肌内注射。母鸡用量加倍。

【处方4】

维生素 D_3 适量

用法：拌入饲料中喂服，连用7天。

说明：过量添加维生素D会造成中毒。

【处方5】

多维素   25g/50kg 饲料

清鱼肝油   10～20ml/kg 饲料

用法：拌入饲料中饲喂，连续2～4周至病鸡恢复正常。

三、鸡维生素 E 缺乏症

是由于日粮中缺乏维生素 E 和硒引起。雏鸡表现肌营养不良、渗出性素质，成年鸡产蛋能力降低。

1. 诊断要点

（1）病因   饲料中多维素添加不足，也不喂青绿饲料；饲料发生变质；饲料中缺乏硒；球虫病及其他慢性肠道疾病，使维生素 E 吸收利用降低。

（2）临床症状和剖检病变   雏鸡和育成鸡主要表现为脑软化症、渗出性素质和肌营养不良；种蛋孵化率降低，胚胎早期死亡率升高，并出现血管损伤。

① 雏鸡脑软化病型：通常发生于2～3周龄的鸡，临床表现为肌无力，进行性共济失调，阵发性抽搐，头后仰、斜颈、麻痹甚至死亡。剖检见小脑水肿，弥漫性出血或出血斑，有的见不透明的黄绿色坏死灶。

② 渗出性素质病型：病鸡精神萎靡，食欲减退，羽毛蓬乱，双翅下垂。胸、腹部皮下水肿，眼观呈蓝绿色。剖检见皮下、肌间组织积聚大量蓝绿色渗出液，心包积液。

③ 肌营养不良（白肌病）病型：肌营养不良与渗出性素质往往同时发生，维生素 E 缺乏与含硫氨基酸（甲硫氨酸和缬氨酸）同时缺乏时更易发生。病鸡表现运动障碍，腿肌无力，站立困难，步态不稳，甚至麻痹或瘫痪。剖检见骨骼肌变性和蜡样坏死，胸肌、腿肌出现苍白条纹，故称"白肌病"。

（3）诊断   根据病史、临床症状和剖检变化做出初步诊断。血液和肝脏维生素 E 含量检测有助于确诊。

2. 防治措施

（1）预防   在饲料中适当添加维生素 E 制剂及微量元素硒添加剂，注意饲料的保管。对快大型肉仔鸡，可在配合料中添加 1mg/kg 的亚硒酸钠-维生素 E 粉。全价饲料应添加抗氧化剂以减少对维生素 E 的破坏。

（2）治疗   宜补充维生素 E 和硒。

【处方1】

维生素 E   300IU

用法：1只鸡1次喂服。

说明：对于大群发病的鸡，可在1kg饲料加维生素 E 20IU 或植物油5g、亚硒酸钠 0.2mg、蛋氨酸 2～3g，连用 2 周。

【处方 2】

亚硒酸钠/维生素 E 注射液　　　　　0.1ml

用法：1 只鸡 1 次肌内注射。也可 100 倍稀释饮服。

【处方 3】

大麦芽　　　　　　　　　　　　　30～50g

用法：拌入 1kg 饲料中饲喂，连用数天。并酌喂青料。

【处方 4】归芎地龙汤

当归 200g，川芎 100g，地龙 200g。

用法：加常水 40kg，煎煮至 20kg，弃渣取汁，将药液置入饮水器中，让 2000只鸡自饮。饮药前停水 4 小时，饮完药液后供给常水自饮。连用数天。

四、鸡维生素 K 缺乏症

维生素 K 缺乏症多见于雏鸡，临床上以血管破裂性出血或全身出血死亡为特征。

1. 诊断要点

（1）病因　饲料中维生素 K 不足；饲料贮存过程中维生素 K 效价降低；长期使用抗菌药物杀灭了肠道正常栖居的微生物，使维生素 K 合成减少；球虫病等消化道疾病使维生素 K 吸收利用率降低。

（2）临床症状　雏鸡缺乏维生素 K 经 2～3 周即出现症状，病鸡蜷缩发抖，挤堆，胸、腿、翅部皮下和肌肉出血。

（3）剖检病变　见各组织器官广泛性出血，腹腔积聚血液，且凝固不良。

（4）诊断　根据临床症状和剖检特征做出诊断。

2. 防治措施

（1）预防　消除各种导致维生素 K 摄取、吸收和转运障碍的因素，饲料应避光保存，磺胺类和抗生素使用时间不宜过长，胃肠道和肝脏疾病应及时防治。

（2）治疗　在鸡群中发现有贫血和出血的鸡，应马上挑出，尽快补充维生素 K。

【处方】

维生素 K　　　　　　　　　　0.5～1mg/kg 饲料

用法：拌入饲料中饲喂，连用数天。

说明：也可肌内注射维生素 K_3 注射液，每只鸡 0.5～2mg，一般用药后 4～6小时血液凝即基本恢复正常，若要完全制止出血，需要数天才可见效，配合钙剂治疗，疗效更佳。同时补充充足的青绿饲料和动物性饲料。

五、鸡维生素 B_1 缺乏症

是由维生素 B_1（硫胺素）不足或缺乏引起的一种营养缺乏症。

1. 诊断要点

（1）病因　饲料中硫胺素不足或缺乏是本病发生的主要原因；也见于肠道疾病，如球虫病、恶性肠炎等导致维生素 B_1 吸收不良；饲料霉变或酸败；一些与硫胺素分子结构相似的药物，如氨丙啉和抗硫胺素等，在肠道中可抑制硫胺素的吸收。

（2）临床症状　雏鸡硫胺素缺乏常突然发生，表现为厌食、消瘦、贫血、体温降低、腿软无力、步伐不稳、行走困难或以跗关节和尾部着地行走，进而两腿痉挛和出现角弓反张，头向背侧极度挛缩，呈"观星"姿势。有的倒地侧卧，头向后仰。种蛋孵化率降低，死胚增加。

（3）剖检病变　见皮下广泛性水肿、胃肠壁萎缩、十二指肠溃疡、生殖器萎缩（公鸡明显）、肾上腺肥大（母鸡明显）、右心肥大、心房和心室扩张。

（4）诊断　根据病史、临床症状和剖检变化做出初步诊断。确诊需检测饲料中硫胺素含量。

2. 防治措施

（1）预防　注意按标准饲料搭配和合理调制；对种鸡监测血液中丙酮酸的含量，以免影响种蛋的孵化率；使用维生素 B_1 的拮抗剂的药物时，加大维生素 B_1 的用量；炎热季节，因需求量高，注意额外补充。

（2）治疗　宜补充维生素 B_1。

【处方1】

硫胺素片　　　　　　　　　　　　　　　　　　5～10mg

用法：1只鸡1次口服，1天1次，连用3～5天。

【处方2】

维生素 B_1 注射液　　　　　　　　　　　　　　1～5mg

用法：1只鸡1次肌内注射，1天1次，连用3～5天。

【处方3】

大活络丹　　　　　　　　　　　　　　　　　　1粒

用法：1只鸡分4次投服，1天1次，连用14天。

六、鸡维生素 B_2 缺乏症

是由饲料中维生素 B_2 缺乏或破坏引起的。

1. 诊断要点

（1）病因　饲料中维生素 B_2 不足或缺乏是本病发生的主要原因。此外，饲料贮存太久或贮存不佳、使用雌激素等均可引起维生素 B_2 缺乏症。饲料中蛋白质和脂肪比例增加，也会使维生素 B_2 的需要量增加。

（2）临床症状　雏鸡维生素 B_2 缺乏症一般发生在2～3周龄，表现为消瘦、生长缓慢、羽毛粗乱、翅膀和尾部羽毛下垂，出现特异性"趾内蜷"性麻痹，或跗关节麻痹、腿外翻、肌无力，严重者脚趾完全向内蜷曲。有的无"趾内卷"现象，但出现严重瘫痪。种蛋孵化率降低，孵化后期出现胚胎死亡高峰，孵出的雏鸡矮小、水肿、羽毛稀少，出现"棒状绒毛""趾内蜷"和麻痹。

（3）剖检病变　见坐骨神经和臂神经肿胀、变软，胃肠壁变薄，肠内有多量泡沫状内容物，肝脏较大而柔软，含较多脂肪。

（4）诊断　根据病史、临床症状和剖检变化做出初步诊断。确诊需检测饲料中维生素 B_2 含量。

2. 防治措施

（1）预防　遵循多样化原则配制全价日粮，饲料贮存时间不宜过长，防止鸡群因胃肠道疾病（如腹泻等）或其他疾病影响对维生素 B_2 的吸收而诱发本病。

（2）治疗　宜补充维生素 B_2。

【处方1】

维生素 B_2 注射液	2～5mg
5％葡萄糖注射液	5ml

用法：1 只鸡 1 次肌内注射，1 天 1 次，连用 3～5 天。

【处方2】

维生素 B_2 片	2mg

用法：1 只鸡 1 次内服，1 天 2 次，连续 2～3 天。

说明：对于大群发病，可在 1kg 饲料中添加维生素 B_2 20mg，连用 1～2 周。

【处方3】

山苦荬（别名七托莲、小苦麦菜、苦菜、黄鼠草、小苦苣、活血草、隐血丹）　适量。

用法：按 10％（预防按 5％）的比例在饲料中添喂，每天 3 次，连喂 30 天。

七、鸡生物素缺乏症

是由饲料中生物素不足或缺乏所致，临床上以生长缓慢、表皮病变和骨骼发育障碍等为特征。

1. 诊断要点

（1）病因　饲料中生物素不足，饲料发霉，高温环境，肠道疾病导致吸收不良，肠道细菌合成生物素受阻等。

（2）临床症状　病鸡表现瘦小，生长不良，羽毛蓬乱，皮肤干燥，死亡率高。嘴角发炎，爪和腿的皮肤发炎开裂，眼睑粘连。种蛋孵化率下降，严重时可降至零。胚胎受损，腿骨和翅骨短小、弯曲和出现鹦鹉嘴。雏鸡由于脚趾部或脚垫皮肤脱落而出现"红掌病"。

（3）剖检病变　一般无肉眼可见病理变化。

（4）诊断　根据临床症状可做出初步诊断。

2. 防治措施

（1）预防　参照鸡维生素 B_2 缺乏症的预防措施。

（2）治疗　宜补充生物素。

【处方1】

生物素	0.1mg

用法：拌入 1kg 饲料中饲喂，连用数天。

【处方2】

酵母粉	适量
鱼粉	适量

用法：拌入饲料中饲喂，连用数天。同时额外添加充足青饲料。

八、鸡叶酸缺乏症

是由饲料中叶酸不足或缺乏所致。

1. 诊断要点

（1）病因　饲料中叶酸不足或缺乏；使用抗菌化合物（如磺胺）干扰叶酸生物合成；饲料或饮水中存在叶酸拮抗因子；制粒等热处理过程引起叶酸损失；慢性肠道感染引起叶酸吸收障碍等原因均可引起叶酸缺乏。

（2）临床症状　病鸡表现食欲降低，生长停滞，羽毛发育不良，巨红细胞性贫血，色素沉着障碍，长骨变短，胫骨弯曲，跗关节肿大，肌腱滑脱。青年鸡缺乏时出现腹泻、颈麻痹呈注视地面状。种蛋孵化率降低、死胚增加，严重时胚胎胫骨变短、弯曲和鹦鹉嘴。

（3）剖检病变　一般无肉眼可见病理变化。

（4）诊断　根据临床症状做出初步诊断。

2. 防治措施

（1）预防　参照鸡维生素 B_2 缺乏症的预防措施。

（2）治疗　宜补充叶酸。

【处方1】

叶酸　　　　　　　　　　　　　　　　　50mg

用法：拌入 1kg 饲料中饲喂，连用数天。

【处方2】

酵母粉　　　　　　　　　　　　　　　　适量

肝粉　　　　　　　　　　　　　　　　　适量

用法：拌入饲料中饲喂，连用数天。同时额外添加充足青饲料。

九、鸡锰缺乏症

又称骨短粗病。是由饲料中锰的含量不足，机体对锰的吸收、利用障碍所引起的一种常见营养代谢病。

1. 诊断要点

（1）病因　微量元素添加剂质量低劣、含锰不足是本病发生的主要原因，也见于饲料中钙、磷过量，使锰的利用率降低；饲料中胆碱、烟酸、生物素和维生素 D、维生素 B_2、维生素 B_{12} 不足，会增加鸡对锰的需要量。

（2）临床症状　雏鸡见腿骨粗短；跗关节肿大、扭转，胫骨下端和跗骨上端弯曲变形，病鸡不能站立。成年鸡产蛋显著减少，蛋壳变薄易破碎，种蛋孵化率降低，出雏前 1～2 天大批死亡。

（3）剖检病变　见腓肠肌肌腱从关节后面的骨突上滑脱（称为"滑腱症"）。胚胎出现骨骼变形、软骨营养不良、肢体短小、鹦鹉嘴、球形头等。

（4）诊断　根据临床症状和剖检特征做出诊断。

2. 防治措施

（1）预防　合理配制日粮，保持饲料中的钙、磷、锰和胆碱等成分的平衡。

（2）治疗　宜补充锰。

【处方1】

硫酸锰　　　　　　　　　　　　　　　15～20g

氯化胆碱　　　　　　　　　　　　　　100g

多维素　　　　　　　　　　　　　　　40g

用法：混饲。拌入 100kg 饲料中饲喂，连用数天。

【处方 2】

0.02%高锰酸钾　　　　　　　　　　适量

用法：饮服，每天更换 2～3 次，饮 2 天，停 2 天，再饮 2 天。

十、鸡硒缺乏症

又称白肌病，是由于硒缺乏引起的，以骨骼肌、心肌及肝组织变质性病变为特征的一种营养代谢病。

1. 诊断要点

（1）病因　主要原因是饲料本身含硒不足；维生素 E 缺乏，也可促使本病的发生；日粮中一些硒的拮抗元素如铜、锌、砷、汞、镉过多时也会影响硒的吸收。

（2）临床症状和剖检病变　与维生素 E 缺乏共同出现的肌营养不良、雏鸡脑软化症和渗出性素质在维生素 E 缺乏症中已有叙述。此外，硒缺乏尚可引发如下症状：

① 胰腺纤维素性增生：常因先天性缺硒所致。6 日龄雏鸡发病率最高，饲料中硒缺乏可加速本病的发生。患鸡常无任何临床症状突然死亡。亚急性发病时，鸡生长不良，羽毛蓬松。剖检见胰腺泡腔扩大，成纤维细胞侵入胰腺腔，原有的腺细胞萎缩仅留下浓染的细胞核，排成一圆圈结构，圆圈外周为纤维组织所环绕。血浆酸性磷酸酶、溶菌酶活性增加。

② 肌胃变性：雏鸡出壳后 7～10 天即死亡，常呈亚急性或慢性经过。表现发育不良，全身衰弱，抑郁，消化紊乱，粪便色暗并混有未消化的饲料。剖检见肌胃角质膜出现由小到大的表层损伤，深层角质膜破坏，并有大量渗出性出血。

③ 肉用仔鸡苍白综合征：本型并不是单纯性缺硒引起，但补硒对防治该病有显著效果。主要发生于 12～30 日龄肉用仔鸡，表现为翅羽基部不全断裂，断裂羽毛干、垂直，状如飞机的螺旋桨。鸡只突然出现软脚，蹲地啄食，进而两脚瘫痪，完全不能站立。剖检见肌胃炎，腺胃与肌胃交界处出血，乳头糜烂出血，肌胃萎缩，极易与非典型新城疫混淆，但用新城疫疫苗紧急接种时死亡加剧。

（3）诊断　根据饲料硒分析、临床症状和剖检变化做出初步诊断。血浆谷胱甘肽过氧化物酶活性降低，或鸡羽毛含硒量低于 0.13mg/kg，或雏鸡血硒量低于 0.03mg/kg 即可确诊。

2. 防治措施

（1）预防　补硒时要特别注意将添加量算准，搅拌均匀；避免饲料贮存时间过长，避免饲料因受高温、潮湿、长期贮存或受霉菌污染而造成维生素 E 的损失；在雏鸡生长期，必要时适量添加维生素 E、硒和含硫氨基酸。

（2）治疗　宜补硒。

【处方 1】

亚硒酸钠注射液　　　　　　　　　0.05mg

用法：1 只鸡 1 次肌内或皮下注射。1 天 1 次，连续 5～8 天。

说明：硒过量会引起毒性反应。

【处方 2】

维生素 E　　　　　　　　　　　1 万单位/千克饲料

植物油   5g

用法：加入饲料中喂服，连续 3～5 天。

【处方3】

亚硒酸钠   0.1mg/kg 饲料

用法：加入饲料中喂服，连续 1 周。

说明：也可配制成每升水含 0.1mg 的亚硒酸钠溶液，给鸡饮用，5～7 天为一疗程。

十一、鸡锌缺乏症

是由饲料中锌绝对或相对不足引起的一种营养缺乏症。

1. 诊断要点

(1) 病因 植物性饲料含锌量低；饲料含钙量过多或以植酸盐过多的黄豆粉作为饲料成分，植酸盐与锌形成一种不溶性混合物；或日粮中钾过多等可引起鸡群锌缺乏；也见于鸡患有慢性消耗性疾病影响了锌的吸收利用。

(2) 临床症状 病鸡采食减少，生长发育缓慢，羽毛粗乱无光且易脱落、折断，严重时羽翼和尾羽全无；皮肤角化过度，腿、趾部皮肤形成鳞片，腿骨粗短，跗关节肿大僵硬。产蛋鸡产蛋减少，孵化率下降，胚胎发育不全，畸形胎增多，无头和内脏胚、无骨骼和肌肉胚增多。

(3) 诊断 根据临床症状做出初步诊断，饲料锌含量测定及补锌效果测定有助于确诊。

2. 防治措施

(1) 预防 合理配制日粮，保持饲料中的锌、钙、磷、锰和镁等成分的平衡。

(2) 治疗 宜补锌。

【处方】

硫酸锌   0.2g/kg 饲料

用法：均匀拌入饲料中饲喂，连用 3～5 天。

说明：严格掌握剂量和用药时间，谨防中毒。

十二、鸡 痛 风

又称鸡肾功能衰竭症、尿酸盐沉积症或尿石症。是指由多种原因引起的血液中蓄积过量尿酸盐不能被迅速排出体外而引起的高尿酸血症。其病理特征为血液尿酸水平增高，尿酸盐在关节囊、关节软骨、内脏、肾小管及输尿管和其他间质组织中沉积。

1. 诊断要点

(1) 病因 饲料中蛋白质含量过高和钙含量过高是引起本病的主要原因。另外，饲料中维生素不足、饮水不足、通风不良等应激因素，以及长期或过量使用磺胺类药物，或某些疾病如传染性法氏囊病、肾型传染性支气管炎、球虫病、鸡白痢、盲肠肝炎等，引起了肾脏功能障碍，也可导致本病发生。

(2) 临床症状 多见于母鸡，尤其是 2～4 月龄的后备母鸡。临床上分为内脏型和关节型痛风。

① 内脏型：一般表现为慢性经过，食欲下降，冠髯苍白、萎缩，贫血，脱羽，

粪便稀薄，含大量白色尿酸盐，呈淀粉糊样，肛门周围羽毛被粪便污染；蛋鸡产蛋率下降。有的发生啄癖。

② 关节型：病鸡腿、翅关节肿胀，尤以趾、跗关节肿胀明显，运动迟缓，跛行，不能站立。

（3）剖检病变　外观消瘦，眼多分泌物，结膜瘀血，冠髯干瘪；腹腔有灰黄色的混有组织和沉淀物的污秽液体；腹腔、内脏表层有白色尿酸盐覆盖；肝微肿，质脆硬，呈紫红相间的"花肝"；胆囊充盈，胆汁浓；肾肿大，呈"花斑肾"。有的病变关节切开后有尿酸盐沉积。

（4）诊断　根据临床症状和剖检变化做出诊断。

2. 防治措施

（1）预防　按照营养标准配料，减少动物性蛋白质含量，供应充足饮用水，避免过量使用磺胺类及氨基糖苷类等对肾脏有毒副作用的药物，提高维生素用量尤其是维生素 A 和维生素 C 等可有效降低发病率。

（2）治疗　目前尚无特效疗法，宜消除病因，对症治疗（消除肾肿、清热解毒、通淋排石）。

【处方1】

阿托方（atophanum）　　　0.2～0.5g

用法：1只鸡1次喂服，1天2次，连用数天。

说明：此药可提高肾脏排泄尿酸盐的能力，减轻关节疼痛，但长期使用对肝、肾有不良影响。

此外，增强尿酸盐排泄的药物还可选用苯基辛可宁酸（120mg/只），丙磺舒（0.1～0.2g/kg 饲料），别嘌呤醇（0.01～0.05g/kg 饲料）；1％碳酸氢钠溶液或0.25％枸橼酸钠溶液（饮水，每天1次，连用2～3天），阿司匹林、碳酸氢钠联合用药（阿司匹林 12.5g、碳酸氢钠 35g，兑水 200kg，连用 5～7 天），枸橼酸钾、碳酸氢钠联合用药（枸橼酸钾 100g、碳酸氢钠 100g、葡萄糖 50g，兑水 125kg，连用 2～5 天），复方阿司匹林可溶性粉（阿司匹林 99g、氯化钠 100g、枸橼酸 1g、碳酸氢钠 700g、氯化钾 10％，混饮，每升水加本品 3g，连用 3 天）。

【处方2】降石汤

降香 3 份，石苇 10 份，滑石 10 份，鱼脑石 10 份，金钱草 30 份，海金砂 10份，鸡内金 10 份，冬葵子 10 份，甘草梢 30 份，川牛膝 10 份。

用法：粉碎混匀，拌料喂服，每只鸡每次服5g，1天2次，连用4天。

说明：用本方内服时，在饲料中补充浓缩鱼肝油（维生素 A、维生素 D）和维生素 B$_{12}$，病鸡可在 10 天后病情好转，蛋鸡产蛋量在 3～4 周后恢复正常。

【处方3】八正散加减

车前草 100g，甘草梢 100g，木通 100g，扁蓄 100g，灯芯草 100g，海金沙150g，大黄 150g，滑石 200g，鸡内金 150g，山楂 200g，栀子 100g。

用法：混合研细末，混饲料喂服，1kg 以下体重的鸡，每只每天 1～1.5g，1kg 以上体重的鸡，每只每天 1.5～2g，连用 3～5 天。

【处方4】排石汤

车前子 250g，海金沙 250g，木通 250g，通草 30g。

用法：煎水，为 1000 只 0.75kg 体重的鸡 1 次饮服量，连服 5 天。

【处方 5】金钱草散

金钱草 60g，车前子 9g，木通 9g，石韦 9g，瞿麦 9g，忍冬藤 15g，滑石 15g，冬葵果 9g，大黄 18g，甘草 9g，虎杖 9g，徐长卿 9g。

用法：混匀，粉碎，按 1kg 饲料 5～10g，拌料饲喂，连用 3～5 天。

【处方 6】茵陈大腹皮散

茵陈 100g，车前子 40g，泽泻 30g，茯苓 50g，百部 30g，板蓝根 50g，大腹皮 50g，地龙 10g，麻黄 15g，桂枝 5g。

用法：混匀，粉碎，按 1 只鸡 1g，拌料饲喂，连用 3 天。雏鸡酌减。

【处方 7】鸡痛风消散

木通 40g，海金沙 30g，诃子 60g，甘草 30g，车前子 30g，猪苓 60g，地榆 40g，乌梅 50g，连翘 40g，苍术 60g。

用法：混匀，粉碎，按 1 只鸡 1g，拌料饲喂，连用 3 天。雏鸡酌减。

【处方 8】

地榆 30g，连翘 30g，海金砂 20g，泽泻 50g，槐花 20g，乌梅 50g，诃子 50g，苍术 50g，金银花 30g，猪苓 50g，甘草 20g。

用法：粉碎过 40 目筛，按 2% 拌料饲喂，连喂 5 天。食欲废绝的重病鸡可人工喂服。

说明：该法适用于内脏型痛风，预防时方中应去地榆，按 1% 的比例添加。

【处方 9】

滑石粉、黄芩各 80g，茯苓、车前草各 60g，猪苓 50g，枳实、海金砂各 40g，小茴香 30g，甘草 35g。

用法：每剂上下午各煎水 1 次，加 30% 红糖让鸡群自饮，第 2 天取药渣拌料，全天饲喂，连用 2～3 剂为一疗程。该方适用于内脏型痛风。

【处方 10】

车前草、金钱草、木通、栀子、白术各等份。

用法：按每只鸡 0.5g 煎汤喂服，连喂 4～5 天。

说明：该方治疗雏鸡痛风，可酌加金银花、连翘、大青叶等，效果更好。

【处方 11】

木通、车前子、瞿麦、萹蓄、栀子、大黄各 500g，滑石粉 200g，甘草 200g，金钱草、海金砂各 400g

用法：共研细末，混入 250kg 饲料中供 1000 只产蛋鸡或 2000 只育成鸡或 10000 只雏鸡 2 天内喂完。

【处方 12】

黄芩 80g，茵陈 100g，车前子 50g，泽泻 40g，茯苓 50g，猪苓 50g，百部 30g，板蓝根 50g，大腹皮 50g，麻黄 15g，桂枝 10g，海金沙 50g，甘草 35g。

用法：混匀，粉碎，按 1kg 饲料 5～10g，拌料饲喂，连用 3～5 天。

十三、肉鸡脂肪肝-肾综合征

是发生于肉用仔鸡的一种以肝、肾肿胀，存在有过量的脂肪，麻痹和突然死亡为特征的疾病，以 3～4 周龄的快大型肉鸡发病率最高。

1. 诊断要点

(1) 病因　可能与饲料中脂肪和蛋白质含量过低，以及生物素的缺乏有关。某些应激因素，如捕捉、惊吓、高温或寒冷、光照不足和断水、断料等均可诱发本病。

(2) 临床症状　病鸡嗜睡，麻痹，麻痹由胸部向颈部蔓延，几小时内死亡，死亡率达 6% 以上。喙和眼周皮肤呈黄褐色，冠髯发绀。有的出现生长缓慢、羽毛生长不良、喙周围皮炎和足趾干裂等典型生物素缺乏症状。

(3) 剖检病变　见肝苍白肿大，色黄，常有出血点或破裂；肾肿胀、淤血，呈多色性。肌胃、十二指肠和嗉囊内有灰色恶臭液体。

(4) 诊断　根据发病情况、临床症状和剖检变化做出诊断。

2. 防治措施

治疗宜消除病因，补充生物素和胆碱。

【处方 1】

生物素　　　　　　　　　　　　适量

用法：按每千克体重 0.05～0.5mg 混入饲料中饲喂，连用 15 天。

【处方 2】

胆碱　　　　　　　　　　　　　适量

用法：按每千克饲料 1.5g 混入饲料中饲喂，连用 10～15 天。

十四、蛋脂肪肝综合征

又称脂肪肝出血综合征，是由遗传、营养、环境、激素、有毒物质等引起蛋鸡的一种营养代谢病，临床上以发病突然、病死率高、过度肥胖和产蛋下降为特征，给蛋鸡养殖业造成了较大的经济损失。

1. 诊断要点

(1) 病因　饲料中碳水化合物和蛋白质过剩可转化成脂肪蓄积，当鸡体缺乏蛋氨酸、胆碱、维生素 B_{12}、生物素及硒等物质时，部分脂肪会在肝细胞中蓄积导致肝病。因此，本病的主要原因有：饲料中碳水化合物过多，蛋白质尤其是富含蛋氨酸的动物性蛋白质以及胆碱、粗纤维等相对不足；饲料中蛋白质含量过高；当营养良好、产蛋率处于高峰时，突然光照、饮水不足及其他应激因素，使鸡群产蛋锐减，因而营养过剩使脂肪蓄积；笼养鸡空间小、营养充足而运动不足，也可导致肥胖。另外，饲料中含有黄曲霉毒素，也可引起肝脏脂肪变性。

(2) 临床症状　主要发生于重型鸡及肥胖的鸡。有的鸡群发病率较高，可高达 31.4%～37.8%。当病鸡肥胖超过正常体重的 25% 时，产蛋率波动较大，可从 60%～75% 下降为 30%～40%，甚至仅为 10%，在下腹部可以摸到厚实的脂肪组织。病鸡冠及肉髯色淡，或发绀，继而变黄、萎缩，精神委顿，多伏卧，很少运动。有些病鸡食欲下降，鸡冠变白，体温正常，粪便呈黄绿色，水样。当拥挤、驱赶、捕捉或抓提方法不当时，可引起强烈挣扎，甚至突然死亡。易发病鸡群中，月均死亡率可达 2%～4%，但有时可高达 20%。

(3) 剖检病变　见皮下、腹腔及肠系膜均有多量的脂肪沉积。肝脏肿大，边缘钝圆，呈黄色油腻状，表面有出血点和白色坏死灶，质地极脆，易破碎如泥样，用刀切时，在切的表面上有脂肪滴附着。有的鸡由于肝破裂而发生内出血，肝脏周围有大小不等的血凝块。有的鸡心肌变性呈黄白色。有些鸡的肾略变黄，脾、心、肠道有程度不同的小出血点。

（4）诊断　根据发病情况、临床症状和剖检变化做出诊断。

2. 防治措施

（1）预防　合理搭配饲料，保持能量与蛋白质平衡，适当限制饲料喂量，禁止使用发霉饲料原料，保持体重适当，适当添加多种维生素、微量元素及氯化胆碱等有利于减少本病的发生。发病后，应立即降低饲料中的能量水平，增加 1%～2% 蛋白质，病情较严重的蛋鸡应直接淘汰。

（2）治疗　宜调整日粮中能量和蛋白质含量的比例，对症治疗（消脂保肝、燥湿解毒、清热疏肝）。

【处方 1】

胆碱　　　　　　　　　　　　　　适量

用法：按每千克饲料 1.5～2g 混入饲料中饲喂，连用 10～15 天。

说明：同时在饮水中添加适量多种电解质维生素，或复方维生素纳米乳，连饮 1～2 周，效果更佳。或在 1000kg 饲料中添加硫酸铜 63g、胆碱 550～1000g、维生素 B$_{12}$ 12mg、维生素 E 2 万单位、蛋氨酸 500g、肌醇 1000g，连续饲喂 10～15 天。或在 1000kg 饲料中加氯化胆碱 1000000g，连喂 10 天。

【处方 2】

柴胡 30g，黄芩 20g，丹参 20g，泽泻 20g，五味子 10g。

用法：混匀、粉碎，按每只鸡 1.0g 于每天早晨拌料一次喂给，一般用药 3 天后症状缓解，后改为隔天用药，10 天后病情控制。若在产蛋高峰到来前用药，按每只每次 0.5g，隔 2 天用 1 次，可提高鸡的产蛋率。按每只鸡 1.0g，每天早晨拌料，一次喂给。

【处方 3】

柴胡 30g，黄芩 20g，丹参 20g，泽泻 20g，五味子 10g，绞股蓝 10g，板蓝根 15g。

用法：混匀、粉碎，按每只鸡 1～3g 拌料，集中一次喂给，连用 5～7 天。

【处方 4】

中药"水飞蓟"（一种药用植物）　　　　　适量

用法：按 1.5% 的量配合到饲料中，可使已患病的鸡治愈率达 80.0%，显效率达 13.3%，无效率仅 6.7%，对已发病的鸡可试用。

十五、肉鸡腹水综合征

是由多种因素（遗传因素、饲养环境、营养、高海拔等）引起的一种综合征，临床上以腹腔积液、腹围下垂等为主要特征。世界上很多饲养肉鸡的国家都有该病的报道，以冬春季节多发，其危害有不断增加的趋势。

1. 诊断要点

（1）病因　较为复杂，主要包括：鸡的品种，肉鸡是本病的常发鸡群；缺氧和寒冷，饲养在高海拔或饲养环境寒冷，通风不足，或空气中氨气、灰尘较多，空气中氧不足，导致肺脏损害，进而引起循环、呼吸系统机能障碍而发生本病。此外，饲料中缺乏硒、维生素 E 或磷，高油脂饲料，饮水中食盐过量，某些药物（如莫能菌素）中毒，微生物（如大肠杆菌）感染等，均可诱发本病。

（2）临床症状　多发生于20～50日龄快速生长的肉用仔鸡，病鸡初期表现精神不振，喜卧，腹部膨大，触之有波动感，随后行动困难，常以腹部着地，呈"企鹅状"，冠髯暗红。发病率5%～40%不等，病死率很高。

（3）剖检病变　见腹腔内有大量淡黄色液体，多达500毫升以上，腹水中混有纤维素凝块，肝脏肿大或萎缩，质地变硬。有的病鸡见心包膜增厚，心包积液，右心肥大，右心室扩张，心壁变薄，肺淤血或水肿，胃、肠显著淤血等。

（4）诊断　根据发病情况、临床症状和剖检变化做出诊断。

2. 防治措施

（1）预防

① 改善鸡群管理及环境条件：调整鸡群密度（快大型肉鸡2周龄之后每平方米不超过10～11只），防止拥挤；适当打开门窗通风，改善通风换气条件，减少鸡舍内二氧化碳和氨的含量，以保证有较充足的氧气流通，尤以冬、春季最为重要；严格控制鸡舍温度，降低湿度，防止过冷、过湿。

② 合理搭配饲料：按照肉鸡生长需要供给营养平衡的优质饲料，禁止饲喂发霉的饲料，减少高油脂饲料，按营养需要求配以食盐量，按科学配方，饲料中补充足量的维生素E、硒和磷，力求钙磷平衡。

③ 每1000g饲料中添加维生素C 0.5g、维生素E 2mg、亚硒酸钠0.1mg，可降低本病的发生率。

④ 早期限饲或控制光照，对该病可起到预防作用。

（2）治疗

① 中兽医辨证论治：脾主运化，如果脾阳虚衰，运化失职，就会出现精神沉郁、食欲不振或废绝；脾喜燥恶湿，如鸡舍潮湿或通风不良、空气污浊，饲料能量和蛋白水平过高、生长过快，脾运化负担过重，湿邪乘虚而入，湿困脾土，聚而为痰，阻塞气道，肺失宣降，输布津液功能降低，故呼吸困难、肺充血水肿；水湿停滞，湿邪伤肝，故见肝瘀血、肿胀；寒湿伤肾，水液外溢，停于肚腹，则见腹水。

② 治则：宜消除病因，抗生素拌料或饮水控制细菌的继发感染，采用保肝、健脾、利水、助消化，调整钠盐平衡，改善饲养环境（缺氧）为主。

【处方1】预防用

① 维生素C　　0.5g

② 维生素E　　0.1g

用法：拌入1kg饲料中饲喂，连续使用。

【处方2】

1%呋塞米（速尿）　　0.3ml

用法：1只鸡1次腹腔注射，每天1次，连用3天。

说明：也可用双氢克尿噻（或速尿）按0.015%拌料，或口服双氢克尿噻每只鸡50mg，或双氢氯噻嗪10mg/kg拌料，每天2次，连服3天。也可给鸡口服50%葡萄糖溶液3～5ml，一次内服，每天2次，连用3～5天。

【处方3】苍苓商陆散

苍术、茯苓、泽泻、茵陈、黄柏、商陆、厚朴各50g，栀子、丹参、牵牛子各40g，川芎30g。

用法：将其烘干、混匀、粉碎，按每天每只鸡1～2g，拌料饲喂，连用3～4天。

【处方4】复方中药哈特维

按丹参、川芎、茯苓，按5：3：2的比例取药。

用法：三药混合后加工成中粉（全部过四号筛），按1kg饲料加药4g饲喂，连用3～4天。

【处方5】肾肿腹水消散

猪苓10g，泽泻10g，苍术30g，桂枝20g，陈皮30g，姜皮20g，木通20g，滑石30g，茯苓20g。

用法：混匀、粉碎，按每天每只鸡5g，拌料饲喂，连用3～5天，预防用量减半。

【处方6】泽苓利水散

黄芪200g，泽泻150g，紫草150g，绞股蓝350g，茯苓150g。

用法：混匀、粉碎，按每天每只鸡4g，拌料饲喂，连用3～5天。

【处方7】运饮灵

猪苓、茯苓、苍术、党参、苦参、连翘、木通、防风及甘草等各50～100g。

用法：将其烘干、混匀、粉碎，按每只鸡每天1～2g，拌料饲喂，连用3～4天。

【处方8】腹水净

猪苓100g，茯苓90g，苍术80g，党参80g，苦参80g，连翘70g，木通80g，防风60g，白术90g，陈皮80g，甘草60g，维生素C20g，维生素E20g。

用法：将中草药烘干、粉碎，并与维生素混匀，按每只鸡每天1g，拌料饲喂，连用3～4天。

【处方9】腹水康

茯苓85g，姜皮45g，泽泻20g，木香90g，白术25g，厚朴20g，大枣25g，山楂95g，甘草50g，维生素C45g。

用法：将中草药烘干、粉碎，并与维生素混匀，按1kg饲料添加15g饲喂，3～5天一个疗程。8～35日龄肉仔鸡预防，每1kg饲料加药4g饲喂。

【处方10】二苓车前子散

猪苓20g，茯苓20g，泽泻20g，白术20g，桂枝10g，丹参20g，滑石40g，车前子20g，葶苈子20g，陈皮20g，附子10g，山楂20g，六神曲30g，炙甘草10g。

用法：混匀、粉碎，按每天每只鸡20g，拌料饲喂，连用3～5天。

【处方11】术苓渗湿汤

白术30g，茯苓30g，白芍30g，桑白皮30g，泽泻30g，大腹皮50g，厚朴30g，木瓜30g，陈皮50g，姜皮30g，木香30g，槟榔20g，绵茵陈30g，龙胆草40g，甘草50g，茴香30g，八角30g，红枣30g，红糖适量。

用法：共煎汤，按每只鸡每天1g饮用，连用3～4天。

【处方12】苓桂术甘汤

取茯苓、桂枝、白术、炙甘草，按4：3：2：2的比例取药。

用法：共煎汤，按每只鸡每天1g饮用，连用3～4天。

【处方13】十枣汤

芫花 30g，甘遂、大戟（面裹煨）各 30g，大枣 50 枚。

用法：煎煮大枣取汤，与它药共为细末，按每只鸡每天 1g，拌料饲喂，连用 3～4 天。

【处方 14】冬瓜皮饮

冬瓜皮 100g，大腹皮 25g，车前子 30g。

用法：共煎汤，按每只鸡每天 1g 饮用，连用 3～4 天。

【处方 15】当归芍药散

当归 30g，川芎 30g，泽泻 30g，白芍 30g，茯苓 30g，白术 20g，木香 20g，槟榔 30g，生姜 20g，陈皮 20g，黄芩 20g，龙胆草 20g，生麦芽 10g。

用法：混合粉碎，过 100 目筛，供 100～150 羽 7～35 日龄肉仔鸡拌料饲喂，连用 3 天。必要时可再用 3 天。

【处方 16】参芪五苓散

党参 50g，黄芪 30g，当归 35g，川芎 35g，丹参 30g，茯苓 60g，泽泻 40g，车前子 40g，石膏 60g，黄连 30g，黄柏 30g。

用法：混匀、粉碎，供 100 只鸡 1 天拌料饲喂，预防剂量减半，每天 1 次，连用 3～5 天。

【处方 17】去腹水散

白术、茯苓、桑皮、泽泻、大腹皮、茵陈、龙胆草各 30g，白芍、木瓜、姜皮、青木香、槟榔、甘草各 25g，陈皮、厚朴各 20g。

用法：按每只每天 1～2g 加水适量煎汁，供病鸡饮用 2～3 天。

【处方 18】当归芍药散

当归 30g，川芎 30g，泽泻 30g，白芍 30g，茯苓 30g，白术 20g，木香 20g，槟榔 30g，生姜 20g，陈皮 20g，黄芩 20g，龙胆草 20g，生麦芽 10g。

用法：混合粉碎，过 100 目筛，供 100～150 只 7～35 日龄肉仔鸡拌料饲喂，连用 3 天为 1 个疗程。

【处方 19】腹水消

丹参 50g，川芎 30g，茯苓 20g。

用法：混匀、粉碎，按每天每只鸡 4g，拌料饲喂，连用 3～5 天。

说明：也可将上述 3 种药物混合煮沸 30 分钟，继续浸泡 2 小时，加开水调至每毫升含生药 1g，每千克水加药 2ml 饮服，每天 2～3 次，连用 3～5 天。

【处方 20】

黄芪 100g，滑石 100g，猪苓 50g，泽泻 50g，白术 50g，白芍 50g，柴胡 50g，葶苈子 60g，桔梗 60g，大青叶 60g，大枣 60g，白头翁 60g，大戟 30g，甘遂 30g。

用法：煎水，供 400 只 20 日龄鸡自饮 1 天，第 2 剂减量 1/3，连用 3～7 剂。

说明：用本方治疗腹水和大肠杆菌感染，共 3 剂，病鸡停止死亡。发病较重者，服药 2～3 天后呼吸困难得到缓解，7 天后基本治愈。

【处方 21】

二丑 500g，泽泻 500g，木通 500g，商陆根 500g，苍术 500g，猪苓 500g，灯芯草 500g，竹叶 250g。

用法：共研细末，按每只鸡每天 1g，拌料饲喂，连用 3 天。

【处方 22】白术 30g，茯苓 30g，桑白皮 30g，泽泻 30g，大腹皮 30g，茵陈

30g，龙胆草 30g，白芍 25g，木瓜 25g，姜皮 25g，青木香 25g，槟榔 25g，甘草 25g，陈皮 20g，厚朴 20g。

用法：煎汁加清水适量，供 40 只鸡饮用，连饮 3 天。

【处方 23】

夏枯草 3 份，瞿麦 3 份，苍术 1 份。

用法：按每只鸡每天 1～2 克煎汤饮用，连用 3～4 天。

【处方 24】

桑白皮 30g，泽泻 30g，陈皮 30g，木通 30g，大腹皮 30g，猪苓 20g，桂枝 20g克，茯苓 60g，车前子 30g，黄芪 60g。

用法：按每只鸡每天 1～2g 煎水饮服，1 天 2 次，连用 3 天。

【处方 25】

葶苈子 60g，黄芪 100g，滑石 100g，猪苓 50g，白头翁 60g，泽泻 50g，白术 50g，白芍 50g，大青叶 60g，柴胡 50g，桔梗 50g，大枣 60g，大戟 30g，甘遂 30g。

用法：按每只鸡每天 1～2g 煎水饮服，1 天 2 次，连用 3 天。

【处方 26】

赤茯苓 24g，大黄 20g，泽泻 20g，茵陈 24g，车前子 24g，青皮 24g，陈皮 24g，白术 24g，莱菔子 32g，猪苓 16g，木通 16g，槟榔 16g，枳壳 16g，苍术 12g。

用法：按每只鸡每天 1～2g 煎汁饮服，日服 1 剂，连用 3 天。

【处方 27】

苍术、陈皮、山楂、桑白皮、猪苓、茯苓、泽泻、木通、二丑、扁蓄、车前草、甘草等各等份。

用法：煎汁后按 1% 比例加入饮水中饮服，连续 3～5 天。

【处方 28】

诺氟沙星（或硫酸新霉素、卡那霉素等）　　　适量

用法：拌料饲喂或肌内注射。

说明：用于大肠杆菌等引起的腹水综合征。

第二节　鸡常见中毒病的诊疗与处方

一、鸡食盐中毒

食盐是鸡体生命活动中不可缺少的成分，饲料中加入一定量食盐对增进食欲、增强消化机能、促进代谢、保持体液的正常酸碱度，增强体质等有十分重要的作用。但若采食过量，可引起中毒，雏鸡更为敏感。

1. 诊断要点

（1）病因　常见原因是计算有误，添加食盐过量或搅拌不均匀；配料中鱼干或鱼粉含盐量过高，造成饲料中食盐含量过高；食槽清理不及时，底部食盐沉积过多，可导致部分鸡中毒；沿海或滩涂地区饮水中食盐浓度偏高。此外，也见于用食盐防治鸡群啄癖过程中，当食盐浓度超过 2%、饲喂时间过长或饮水不足，也可发

生中毒。

（2）临床症状　当雏鸡饲料中食盐含量达 1％，成年鸡饲料食盐含量达 3％，或饮水中浓度达到 0.9％时，能引起鸡中毒死亡。其症状随中毒轻重程度而异。中毒鸡一般精神委顿、厌食、口渴增加，随后发生腹泻、呼吸困难，有时呈惊厥、麻痹、胸腹朝天、仰卧挣扎等神经症状，最后衰竭死亡。

（3）剖检病变　见皮下组织水肿，腹腔和心包积水，雏鸡有明显的消化道充血、出血，内脏器官水肿，脑膜血管充血扩张，肾脏、输尿管和排泄物中有尿酸盐沉积。

（4）诊断　主要根据病史、临床症状和剖检病变可做出初步诊断。

2. 防治措施

（1）预防　按照饲料配合标准，加入 0.25％～0.5％的食盐，以 0.37％最为适宜。

（2）治疗　消除病因，适当控制饮水，对症镇静解痉。

立即停用可疑饲料和饮水，换上新鲜淡水或糖水，且少量多次供给饮水，若一次大量饮水反而会导致组织严重水肿及脑水肿。急性病例一般难以恢复。

【处方 1】

| 葡萄糖酸钙 | 1ml |

用法：1 只鸡 1 次肌内注射，雏鸡 0.2 ml、成年鸡 1ml。

【处方 2】

| 鞣酸蛋白 | 0.2～1g |

用法：1 只鸡 1 次灌服。

【处方 3】

| 5％氯化钾注射液 | 8ml |

用法：1 只鸡 1 次分点皮下注射，按 1kg 体重 4ml（0.2g）用药。

说明：早期进行嗉囊切开冲洗，有助于病鸡的恢复。

二、鸡磺胺类药物中毒

是由过量服用磺胺类药物或使用不当引起。

1. 诊断要点

（1）病因　临床上由于应用磺胺类药物不当、剂量过大、拌料不匀、饮水中药物搅拌不匀或连续使用时间过长等均易引起中毒。1 月龄以下雏鸡对磺胺类药物尤其敏感。

（2）临床症状　病鸡精神沉郁，全身虚弱，食欲锐减或废绝，呼吸困难，冠髯青紫，可视黏膜黄疸，贫血，翅下有皮疹；腹泻，粪便呈酱油色或灰白色，或蛋清样稀粪；急性病例有的见兴奋、摇头、惊厥、麻痹等神经症状；蛋鸡产蛋急剧减少，产软壳、薄壳蛋，蛋壳表面粗糙。

（3）剖检病变　见全身性出血性变化。皮下、胸肌和大腿内侧肌肉斑状出血；肝脏肿大，紫红或黄褐色，有出血斑点；肾肿大呈土黄色，有出血斑点，输尿管变粗，充满白色尿酸盐；腺胃黏膜、肌胃角质膜下及小肠黏膜出血；心肌呈条纹状出血，并有灰色结节。

（4）诊断　根据磺胺药使用史、临床症状和剖检变化做出诊断。

2. 防治措施

（1）预防　严格按药物的剂量、用法及疗程用药。1月龄以下的雏鸡和产蛋鸡，应尽量避免使用磺胺类药物。尽量选用含抗菌增效剂的磺胺类药物，治疗肠道疾病时，应尽量选用在肠道内吸收率低的磺胺类药物。

（2）治疗　宜切断毒源，及时排毒解毒。

【处方1】预防

复合维生素B	适量
维生素K	适量

用法：在使用磺胺药时，添加于饲料中，并保证充足饮水。

【处方2】

碳酸氢钠（小苏打）	1％浓度
5％葡萄糖水	适量

用法：加入饮水中自由饮水，至鸡恢复。

【处方3】

维生素K	3～5mg
维生素C	0.2g

用法：拌入1kg饲料喂服，至鸡恢复。

三、鸡呋喃类药物中毒

是由于过量服用呋喃类药物或使用不当引起。鸡对该药敏感性较高，尤其是雏鸡，剂量稍大即可中毒。

1. 诊断要点

（1）病因　剂量过大是引起中毒的主要原因。呋喃唑酮可溶于水，应滤去未溶解的残渣，饮水中添加浓度为拌料浓度的一半，并注意在天气炎热或某些疾病过程中饮水增多时，严格控制其浓度，防止中毒。

（2）临床症状　中毒鸡精神呆滞，羽毛蓬松，两翅下垂，减食或废食，呼吸缓慢，站立不稳，行走蹒跚，有时尖叫、摇头、转圈、惊厥，表现出神经症状，严重的抽搐死亡。

（3）剖检病变　见口腔黏膜黄染，腺胃、肌胃内容物呈深黄色，角质膜易脱落，肠黏膜充血、出血，心肌发硬，肝脏淤血、稍肿大，胆囊充盈。

（4）诊断　根据用药史和临床症状、剖检变化可做出初步诊断。

2. 防治措施

（1）预防　严格按照药物剂量使用，鸡正常治疗剂量为内服10～12mg/kg或按0.02％～0.04％拌料，连用3～5天。预防量为0.01％～0.02％拌料，连用5～7天。

（2）治疗　立即停止用药，宜排毒、解毒。

【处方1】

10％葡萄糖水	3～5ml

用法：1只鸡1次灌服或自由饮服，至鸡恢复。

说明：也可用0.01%高锰酸钾溶液供鸡饮用。

【处方2】

维生素C注射液	0.1ml
维生素B$_1$注射液	0.1ml

用法：1只鸡1次肌内注射，1天2次，连用2天。

【处方3】

0.5%～1%百毒解	适量

用法：加入饮水中饮服，至鸡恢复。

四、鸡马杜拉霉素中毒

马杜拉霉素又称克球星、抗球王、加福等，主要用于球虫病的预防。剂量过大或使用不当即引起中毒。

1. 诊断要点

（1）病因　马杜拉霉素用药剂量过大、重复用药、使用不当、拌料不均匀等是其中毒的主要原因。

（2）临床症状　轻度中毒时食欲锐减，相互啄羽，脚爪皮肤干燥。中毒严重时出现神经症状，颈向后仰，转圈或两腿僵直后伸，有的兴奋异常，乱扑乱跳，原地转圈，后期两腿瘫痪。有的突然死亡。

（3）剖检病变　见胸肌、腿肌充血、出血；肝脏肿大，表面有出血点；心脏表面有出血点；肠黏膜弥漫性出血。

（4）诊断　根据马杜拉霉素用药史、临床症状、剖检变化可做出初步诊断。

2. 防治措施

（1）预防　严格按药物的剂量、用法及疗程用药。

（2）治疗　立即停止用药，宜对症治疗。

【处方1】

5%葡萄糖	适量
0.02%维生素C	适量

用法：加入饮水中自由饮服，至鸡恢复。维生素C也可肌内注射。

【处方2】

复合多维	适量

用法：拌入饲料中喂服，至鸡恢复。

【处方3】

甘草	适量
绿豆	适量

用法：煎水自由饮服，至鸡恢复。

五、鸡土霉素中毒

土霉素是常用的广谱抗生素，使用不当或剂量过大常可引起中毒。

1. 诊断要点

（1）病因　土霉素用药剂量过大、重复用药、使用不当、拌料不均匀等是其中毒的主要原因。

（2）临床症状　一般呈慢性经过，病禽精神沉郁，采食下降，腹泻，羽毛蓬乱无光，生长缓慢，蛋鸡产蛋明显下降，龙骨弯曲。

（3）剖检病变　见腺胃壁、十二指肠壁水肿，黏膜呈脓性脱落，黏膜下层有弥漫性大小不等的出血点；肌胃角质膜角化、龟裂或溃疡；肝土黄色，肿胀质脆；肾肿大充血，输尿管扩张；有的心脏、肝、肺、气囊表面有石灰样渗出物。

（4）诊断　根据土霉素用药史、临床症状、剖检变化可做出初步诊断。

2. 防治措施

（1）预防　严格按药物的剂量、用法及疗程用药。

（2）治疗　立即停止用药，宜对症治疗。

【处方1】

5％葡萄糖　　　　　　　　　　　　　　　适量

用法：加入饮水中自由饮服，至鸡恢复。

【处方2】

甘草　　　　　　　　　　　　　　　　　　适量

绿豆　　　　　　　　　　　　　　　　　　适量

用法：煎水自由饮服，至鸡恢复。

六、鸡喹乙醇（快育灵）中毒

喹乙醇是一种常用的添加剂，有促进家禽生长和抗菌双重作用，临床中使用不当则引起中毒。

1. 诊断要点

（1）病因　喹乙醇用量过大或连续用药时间过长、药物在饲料中搅拌不均匀等均可引起中毒。

（2）临床症状　病鸡精神沉郁，食欲减少或废绝，排绿色稀粪，蹲伏少动，肢体颤抖，流涎，重者张口呼吸，冠髯变为暗红色，嗉囊扩张，充满液体。1～3天内死亡。死前尖叫、拍翅挣扎。

（3）剖检病变　见口腔内有黏液，腺胃黏膜及肠道黏膜发红、出血；肝脏初期呈暗紫红色，后色淡呈淡黄色或红白相间，质脆，切面糜烂多血；胆囊肿大，充有黑绿色胆汁；肾脏肿大，有出血点；心肌变软，有的病鸡心冠脂肪有散在出血点。有的成年母鸡卵泡变形、破裂。

（4）诊断　根据用药史和临床症状、剖检变化可做出初步诊断。

2. 防治措施

（1）预防　严格按照药物的剂量、用法和疗程用药。

（2）治疗　立即停止用药，治宜排毒解毒。

【处方】

葡萄糖　　　　　　　　　　　　　　　　　适量

多种维生素　　　　　　　　　　　　　　　适量

用法：加入饮水中自由饮服，至症状缓解。

七、鸡氟乙酰胺中毒

氟乙酰胺对鸡的口服致死量为每千克体重10～30mg，被鸡误摄入而发生中毒。

1. 诊断要点

（1）病因　由于误食被氟乙酰胺污染的蔬菜、饮水，或含有此毒物的毒饵而发生中毒。

（2）临床症状　病鸡出现呈典型的神经症状，如抽搐、惊厥、乱冲乱跑，或呈仰卧姿势，或双脚呈八字形，脚软无力。呼吸困难，流涎。

（3）剖检病变　见胸腹部皮下有出血点，腹水增多，色淡红，肺肿大质脆。肝肿大、色淡、质脆，切面多汁。胆囊充满黄绿色浓稠胆汁，十二指肠弥漫性出血，内容物糊状、红染。脑实质轻度水肿。

（4）诊断　根据临床症状和剖检变化可做出初步诊断，确诊须作毒物分析。

2. 防治措施

（1）预防　加强饲养管理，避免鸡群接触到毒物。

（2）治疗　断绝毒源，治宜排毒解毒。

【处方 1】

乙酰胺（解氟灵）　　　　　　　　40～100mg

用法：1 只鸡肌内注射剂量，6～12 小时再注射 1 次，首次量为全日量的一半。

【处方 2】

白酒　　　　　　　　　　　　　　3～5ml

用法：1 只鸡 1 次灌服，再灌服清水 12～18ml，3～5 小时后再重复 1 次。

【处方 3】

5％葡萄糖水　　　　　　　　　　适量

用法：饮服或灌服，至鸡恢复。

【处方 4】

巴比妥片　　　　　　　　　　　　0.03g/kg 体重

注射用维生素 B_1　　　　　　　　0.3mg/kg 体重

注射用维生素 C　　　　　　　　　25～65mg/kg 体重

用法：巴比妥灌服，维生素 B_1 和维生素 C 肌内注射。

八、鸡高锰酸钾中毒

高锰酸钾是一种常用的消毒药和外用药，对黏膜有较强的腐蚀性和刺激性，不正确使用时易引起中毒。

1. 诊断要点

（1）病因　饮水中高锰酸钾的浓度达 0.03％时对消化道黏膜就有一定刺激性和腐蚀性，达 0.1％即可引起鸡明显中毒。成年鸡口服高锰酸钾的致死量为 1.95g。其毒性作用主要是腐蚀消化道黏膜，也损害肾脏、心脏和神经系统。

（2）临床症状　病鸡口腔、舌和咽部黏膜变为紫红色并水肿，呼吸困难，有时腹泻。一般 1 天内死亡。

（3）剖检病变　见整个消化道黏膜出现腐蚀现象和出血，严重者嗉囊黏膜大部分脱落。

（4）诊断　根据用药史和临床症状、剖检变化可做出初步诊断。

2. 防治措施

（1）预防　严格高锰酸钾的使用。

（2）治疗　切断毒源，保证充足洁净饮水，保护胃肠黏膜。

【处方1】

鲜牛奶或奶粉　　　　　　　　适量

用法：加入饮水中自由饮服。

【处方2】

百毒解　　　　　　　　　　　适量

用法：加入饮水中自由饮服。

九、鸡黄曲霉毒素中毒

是鸡采食了被黄曲霉菌、毛霉菌、青霉菌侵染的饲料，尤其是由黄曲霉菌侵染后产生的黄曲霉毒素而引起的一种中毒病。临床上以急性或慢性肝中毒、全身性出血、腹水、消化机能障碍和神经症状为特征。2～6周龄的鸡对黄曲霉菌毒素最敏感。

1. 诊断要点

（1）病因　禽采食受潮、受热而发霉变质的饲料引起中毒。

（2）临床症状　最急性病例常无明显症状而突然死亡。病程稍长者表现为精神不振，嗜睡，消瘦，贫血，体弱，冠苍白，腹泻，粪便中混有血液，鸣叫，运动失调，甚至严重跛行，死亡前出现抽搐、角弓反张等神经症状。青年鸡和成年鸡一般为慢性中毒，食欲减退，羽毛松乱，开产期推迟，产蛋减少，蛋小，蛋的孵化率降低。中毒后期出现伸颈张口呼吸，昏睡，最终死亡。

（3）剖检病变　急性中毒死亡雏鸡可见肝肿大，色淡，呈黄白色，表面有出血斑点；肾脏苍白；胸部皮下和肌肉出血。成年鸡慢性中毒可见肝变黄，硬化，表面分布白色结节；心包和腹腔积液；小腿皮下出血。个别肝脏发生癌变。

（4）诊断　根据临床症状和病理变化可做出初步诊断，确诊需检测饲料中的黄曲霉菌毒素含量。

2. 防治措施

（1）预防　根本措施是不喂霉变的饲料。平时要加强饲料的保管工作，特别是温暖多雨的谷物收割季节更要注意防霉。凡被霉菌毒素污染的用具、鸡舍、地面要彻底清理，并用2%次氯酸钠消毒。

（2）治疗　宜立即更换饲料，投服盐类泻剂，排出肠道内毒素，并采取对症治疗。

【处方1】

硫酸钠　　　　　　　　　　　10～20g

用法：1只鸡1次内服，并给予大量饮水。

说明：也可用硫酸镁5g。

【处方2】

制霉菌素　　　　　　　　　　3万～4万单位

用法：混于饲料中，1只鸡1次喂服，连喂1～2天。

【处方3】

5％葡萄糖　　　　　　　　　　　10ml

用法：喂服或饮服，对急性中毒鸡有一定作用。

【处方4】

2％次氯酸钠　　　　　　　　　　适量

过氧乙酸　　　　　　　　　　　　适量

用法：饲料仓库用过氧乙酸喷雾，用具、鸡舍、地面用次氯酸钠消毒，杀灭霉菌孢子。

十、鸡棉籽饼中毒

是由于饲料中棉籽饼内含有的棉酚蓄积过多所致。

1. 诊断要点

（1）病因　饲料中棉籽饼比例过大；用带壳的土榨棉籽饼配料，其游离棉酚含量较高，也易引起中毒。此外，棉籽饼发热变质，或饲料中维生素A、钙、铁及蛋白质不足，也会促使棉籽饼中毒的发生。

（2）临床症状　病鸡食欲减退，排黑褐色稀粪，常混有黏液、血液和脱落的肠黏膜。公鸡精子减少，活力减弱，种蛋受精率和孵化率降低。商品蛋品质降低，贮存稍久蛋黄和蛋白出现粉红色，煮熟的蛋黄较坚韧并稍有弹性，称为"橡皮蛋"。严重中毒时，病鸡呼吸困难，出现抽搐等神经症状。

（3）剖检病变　见心肌松软无力，血管壁通透性增高，腹腔积水，肝脏充血肿大、色黄质硬，肺脏充血水肿。

（4）诊断　根据病史和临床症状、剖检变化做出初步诊断。

2. 防治措施

（1）预防　尽量不使用棉籽饼，若要使用，必须做好棉籽饼的脱毒处理。

（2）治疗　预防为主，治宜排毒解毒。

【处方1】预防用

硫酸亚铁　　　　　　　　　　　　1kg

用法：饲料中每配入100kg棉籽饼拌入1kg硫酸亚铁。

说明：棉籽饼在蛋鸡饲料中的比例以5％～6％为宜，肉仔鸡饲料中不超过10％，经过去毒处理的不超过15％。添加棉饼的饲料一般不宜长期饲喂，须每隔1～2月停用10～15天，并尽可能供给充足的青饲料。

【处方2】

硫酸镁　　　　　　　　　　　　　1～2g

用法：1只鸡1次内服，1天1次，连用3～5天。

【处方3】

1％阿托品注射液　　　　　　0.1～0.25ml（0.1～0.25mg）

用法：1只鸡1次分点皮下注射，1天1次，连用3～5天。

【处方4】

注射用维生素C　　　　　　　50～125mg

用法：1只鸡1次肌内注射，1天1次，连用3～5天。

十一、鸡肉毒梭菌毒素中毒

是由鸡摄入了肉毒梭菌产生的外毒素引起的一种中毒病。临床上以全身肌肉麻痹、头颈伸直、软弱无力（又称软颈病）为特征。雏鸡易感性高于成年鸡。

1. 诊断要点

（1）病因　摄食腐败的动物尸体、肉类、蔬菜等，或啄食其上的蝇蛆而中毒。本病多见于温暖潮湿的季节。

（2）临床症状　潜伏期的长短取决于鸡摄入毒素的多少，一般多为4～20小时。病鸡羽毛松乱、容易脱落，头颈软弱无力、低垂，翅膀、腿部因肌肉麻痹而垂翅、跛行、瘫痪，有的病例发生腹泻，排出含有多量尿酸盐的绿色稀粪，最后因心脏和呼吸衰竭死亡。中毒较轻者仅表现共济失调，可以恢复。

（3）剖检病变　无肉眼可见的病理变化。

（4）诊断　根据病因、病史和临床症状可做出初步诊断，确诊需检查病鸡血清内的毒素。

2. 防治措施

（1）预防　应注意环境卫生，严禁饲喂腐败的鱼粉、肉骨粉等饲料，在夏天应将散养场地上的死亡动物的尸体及时清除。

（2）治疗　宜排毒解毒。

【处方1】

10％硫酸镁溶液	20～50ml

用法：1只鸡1次灌服。

说明：也可用蓖麻油灌服。

【处方2】

C型肉毒梭菌抗毒素	3～5ml

用法：1只鸡1次肌内或腹腔注射，每4～6小时1次，直至病情缓解。

【处方3】

杆菌肽	0.1g/kg 饲料
链霉素	1g/L

用法：杆菌肽拌料喂服，链霉素加入饮水中饮服，直至病情缓解。

十二、鸡有机磷农药中毒

常用的有机磷农药有一六〇五、一〇五九、三九一一、乐果、敌敌畏、敌百虫等。鸡对这类农药极敏感，吸入其挥发的气体，或局部皮肤接触其稀释液，即可发生中毒和死亡。

1. 诊断要点

（1）病因　常见于鸡误食喷洒过有机磷农药的作物和种子；也见于鸡舍用敌敌畏灭蚊，以及用敌百虫溶液杀灭鸡的外寄生虫时浓度过大，或饮水被有机磷农药污染。有时也见于意外事故。

（2）临床症状　中毒鸡主要表现为流涎，频频做吞咽动作，流泪，腹泻，呼吸困难，冠髯变为青紫色，最后倒卧、抽搐、昏迷、死亡。

（3）剖检病变　见嗉囊、胃内容物有大蒜味，胃肠黏膜出血、溃疡，肝肾肿大、质脆、脂肪变性。

（4）诊断 根据用药史、临床症状和剖检变化可做出初步诊断。

2. 防治措施

（1）预防 养鸡场内所购进的有机磷农药应与常规药物分开存放并由专人负责保管，严防毒物误入饲料或饮水中；使用有机磷农药毒杀体表寄生虫或鸡舍内外的昆虫时，药物的计量应准确；驱虫最好是逐只喂药，或经小群投药试验确认安全后再大群使用；不要在新近喷撒过有机磷农药的地区放牧；不要用喷撒过有机磷农药后不久的菜叶、青草、谷物喂鸡等。

（2）治疗 宜排毒解毒。

【处方1】

2％解磷定注射液　　　　　　　　　0.2～0.5ml

用法：1只鸡1次肌内注射。同时在饲料中添加维生素C，用3％～5％的葡萄糖饮水，效果更佳。

【处方2】

1％硫酸阿托品注射液　　　　　　　0.1～0.2ml

用法：1只鸡1次皮下注射。

【处方3】

1％～2％石灰水上清液　　　　　　5～7ml

用法：1只鸡1次灌服。

说明：美曲膦酯（敌百虫）中毒时禁用。

【处方4】

1％的硫酸铜或0.1％高锰酸钾水溶液　　2～10毫升

用法：1只鸡1次灌服，对经口食入有机磷农药的不少病例有效。

十三、鸡有机氯农药中毒

有机氯农药包括氯丹等，常用于治疗外寄生虫和杀灭蚊蝇等，因而引起鸡中毒。

1. 诊断要点

（1）病因 由误食喷过有机氯农药的作物、种子、昆虫、蝇类引起；也见于用有机氯农药杀灭外寄生虫和杀灭蚊蝇等时用量过大，或体表接触面积过大经皮吸收而中毒；或饲料、饮水等被该类药物污染而中毒。

（2）临床症状 急性中毒时，先兴奋后抑制，不断鸣叫，两翅扇动，角弓反张，很快死亡。短时间内不死亡者，精神沉郁，肌肉震颤，预后不良。

（3）剖检病变 见消化道出血、溃疡或坏死，肝肿大变硬，胆囊充盈，肾肿大出血，肺充血、气肿，心肌、骨骼肌斑点状坏死。

（4）诊断 根据用药史、临床症状和剖检变化可做出初步诊断。

2. 防治措施

（1）预防 参照鸡有机磷农药中毒中预防部分的内容。

（2）治疗 宜排毒解毒。

【处方1】

硫酸钠　　　　　　　　　　　　　2g

用法：配成 10％水溶液，1 只鸡 1 次灌服。

【处方 2】

1％～2％石灰水上清　　　　　　　　　　10～20ml

用法：1 只鸡 1 次灌服。

说明：经皮肤接触中毒者，须用肥皂水刷洗羽毛和皮肤。

【处方 3】

10％葡萄糖水　　　　　　　　　　　　10ml

用法：1 只鸡 1 次灌服或饮服。

【处方 4】

1％硫酸阿托品注射液　　　　　　　　　0.1～0.3 ml

用法：1 只鸡 1 次肌内注射。

十四、鸡磷化锌中毒

由杀鼠剂磷化锌引起的鸡的一种中毒性疾病。磷化锌对鸡的致死量为每千克体重 7～15mg。

1. 诊断要点

（1）病因　鸡误食含磷化锌的毒饵或被污染的饲料引起。

（2）临床症状　病鸡精神沉郁，流涎，口渴，口有大蒜味，腹泻，粪便在暗处见有荧光，常有痉挛症状，呼吸困难，冠髯暗紫色。慢性中毒则表现为消化机能紊乱，腹泻，粪便呈暗绿色。

（3）剖检病变　见嗉囊、胃肠内容物有大蒜味，心包积水，腹水，胃黏膜溃烂，气管内充满白色胶样分泌物和泡沫，肺淤血、水肿，肝淤血、肿胀。

（4）诊断　根据临床症状、剖检变化可做出初步诊断。

2. 防治措施

（1）预防　加强饲养管理，避免鸡群接触到毒物。

（2）治疗　立即切断毒源，治宜排出毒物和阻止毒物吸收、解毒。

【处方 1】

高锰酸钾溶液　　　　　　　　　　　适量

用法：按 0.1％比例放入饮水中饮服。

【处方 2】

0.1％～0.5％硫酸铜溶液　　　　　　　　适量

用法：灌服。

【处方 3】

5％碳酸氢钠　　　　　　　　　　　　1～2ml

5％葡萄糖生理盐水注射液　　　　　　　适量

用法：1 只鸡 1 次静脉注射。

十五、鸡砷中毒

是由鸡摄入了砷制剂及其污染的饲料、饮水等引起。

1. 诊断要点

（1）病因　鸡采食了用砷农药洒过的谷物、蔬菜，或种子、灭鼠毒饵等，也见于饮用了被砷污染的饮水，或采食被砷农药毒死的昆虫等。

（2）临床症状　病鸡表现为精神沉郁，食欲废绝，翅膀下垂，口流臭水样液体，运动失调，步态不稳，头颈痉挛向一侧扭曲，鸡冠肉髯青紫。

（3）剖检病变　见嗉囊、肌胃、肠道出血，有黏性渗出物；肌胃有时见液体蓄积；肝脏质地变脆，呈黄棕色，胆囊扩张；肾肿大、变性；心肌出血，脂肪组织变软、水肿，呈橘红色，血液呈深红色、水样，不易凝固。

（4）诊断　根据临床症状、剖检变化可做出初步诊断。

2. 防治措施

（1）预防　加强饲养管理，避免鸡群接触到毒物。

（2）治疗　治宜排出毒物、解毒。

【处方】

氢氧化铁溶液　　　　　　　　　　3～5ml

用法：1只鸡1次灌服。

说明：氢氧化铁溶液配制方法为硫酸亚铁10份、水30份，氧化镁2份、水10份，两者分别保存，用时等量混合。

十六、鸡硫酸铜中毒

硫酸铜常作为饲料添加剂，如添加浓度过高或使用方法不当，易引起中毒。

1. 诊断要点

（1）病因　饲料中添加浓度过大是引起硫酸铜中毒的主要原因。饮水中硫酸铜浓度达1/1500时即引起中毒，达1/400时，鸡可立即致死。

（2）临床症状　轻度中毒病鸡精神不振，生长受阻，肌肉营养不良；严重者表现短暂兴奋，然后萎靡、衰弱、麻痹、惊厥、昏迷、死亡。

（3）剖检病变　见食道、嗉囊出现凝固性坏死，胃肠黏膜轻度炎症，肝、肾变性。

（4）诊断　根据硫酸铜使用史、临床症状和剖检变化可做出初步诊断。

2. 防治措施

（1）预防　按照鸡的生长需要补充硫酸铜。

（2）治疗　立即停止使用硫酸铜，治宜排毒解毒。

【处方】

鸡蛋清　　　　　　　　　　　　　3～5ml

用法：1只鸡1次灌服。

十七、鸡氨气中毒

鸡对氨气较敏感，鸡舍内氨气浓度高于20mg/L时，即会出现不同程度的中毒现象。

1. 诊断要点

（1）病因　鸡舍内粪便清除或垫料更换不及时，或舍内通风换气不良所致。

（2）临床症状　鸡舍内氨味明显，人进入时感觉刺鼻，流泪，呼吸困难，胸闷，睁不开眼。病鸡羞明流泪，呼吸加快，粪便变稀，采食下降；严重时食欲废绝，鼻流稀薄黏液并伴有灰白色分泌物，伸颈呼吸，冠髯发绀，有的甩头，头颈前伸或后仰,呼吸麻痹,倒地,突然大批死亡。蛋鸡产蛋率下降。

(3) 剖检病变 见尸体松软,不易僵化;皮肤、腿、胸肌苍白,皮下有出血点;血液稀薄;喉头水肿、充血并有渗出物蓄积,气管和支气管黏膜充血、出血,肺水肿、淤血、深紫色、有坏死,气囊轻度浑浊;心包积水,心冠脂肪有点状出血,心肌柔软;肝、脾、肾肿大;腹腔有淡黄色或红色液体。

(4) 诊断 根据发病情况、临床症状和剖检变化可做出初步诊断。

2. 防治措施

(1) 预防 及时清除鸡舍内的粪便或垫料,加强通风换气,避免氨气蓄积。

(2) 治疗 宜中和毒物、对症治疗。

【处方 1】

0.03%硫酸铜	适量

用法:加入饮水中饮服。

【处方 2】

1%醋酸	5~10ml

用法:饮服或灌服。

【处方 3】

1%硼酸溶液	适量

用法:冲洗眼睛。

【处方 4】

5%糖水	适量
普康素	适量
维生素 C	0.05~0.1g

用法:普康素、糖加入饮水中饮服,维生素 C 灌服。1 天 1 次,连用 2 天。

【处方 5】

北里霉素	110~330mg/kg 饲料

用法:拌入饲料中饲喂,以防继发感染。

第三节 鸡常见内科病及疑难杂症的诊疗与处方

一、鸡嗉囊卡他

又称软嗉病,是嗉囊黏膜的炎症。各品种的雏鸡均可发生,偶见于成年鸡。

1. 诊断要点

(1) 病因 主要原因是采食发霉、腐败的饲料和污水,刺激黏膜引起发病;偶见于采食磷、砷、食盐、汞等化学物质中毒;还可继发于新城疫、白色念珠菌感染、毛滴虫病等。

(2) 临床症状 病鸡嗉囊膨大柔软,内有大量液体/气体,挤压时可从口腔中流出污黄色酸臭液体和排出恶臭气体,其食欲废绝,倦怠无力,头颈伸展,两翅下垂,冠髯发紫。重症病例出现呼吸困难,甚至窒息死亡。慢性病例则出现消化障碍,逐渐消瘦,嗉囊扩张下垂。

(3) 剖检病变 见嗉囊内充满大量带酸臭味液体/气体,有时可见嗉囊黏膜损伤，严重的病例见嗉囊黏膜上有糠麸样的渗出物。

（4）诊断　根据临床症状和剖检病变可作出初步诊断，确诊需要病原学检测。

2. 防治措施

（1）预防　杜绝饲喂霉变饲料，平时做好相关疾病的预防工作。

（2）治疗　宜消除嗉囊内容物，消炎止酵。

【处方1】

2％硼酸溶液	适量
土霉素	1/2～1片

用法：首先将病鸡倒提，按摩嗉囊，将嗉囊内容物经口排出，再用硼酸液灌至嗉囊膨大时，揉捏1～2分钟，再倒提病鸡排出药液。然后灌服土霉素。隔日再进行一次。

说明：需禁食1～2天后再饲喂易消化食物。也可选用1.5％碳酸氢钠溶液，或0.2％高锰酸钾溶液或0.5％鞣酸溶液冲洗嗉囊。

【处方2】

0.1％～0.2％磺胺二甲基嘧啶溶液	适量

用法：混入饮水中饮服，1天2次，连用3～4天。

【处方3】

磺胺脒	0.1～0.3g

用法：1只鸡1次拌料内服，1天2次，连用2～3天。

说明：上述治疗无效者，行嗉囊切开术。

二、鸡嗉囊阻塞

又称硬嗉病，以嗉囊膨大、硬实为特征。雏鸡易发。

1. 诊断要点

（1）病因　由于采食干硬谷物，易膨胀饲料或异物引起，偶见于鸡控食时间太长后，鸡快速抢食诱发。

（2）临床症状　病鸡嗉囊明显膨大、坚硬，精神沉郁，减食或停食，严重时呼吸困难，冠髯发紫，甚至因呼吸障碍而死亡。

（3）剖检病变　见嗉囊内充满大量干硬的谷物、饲料或异物等。

（4）诊断　根据临床症状和剖检病变可作出初步诊断。

2. 防治措施

（1）预防　严格按饲养流程进行鸡的饲喂。

（2）治疗　治宜排除阻塞物。

【处方1】

植物油	20～30ml

用法：将植物油注入嗉囊内，再按摩嗉囊，将病鸡头向下，尾部抬高，使阻塞物由口排出。

说明：也可用温开水注入嗉囊。

【处方2】

保和丸	10粒

用法：一次喂服后灌少量水，成鸡8～10粒、中鸡6～8粒、雏鸡4粒。

【处方3】

0.1％高锰酸钾溶液或2％硼酸溶液　　　适量

用法：用此药液冲洗嗉囊，排出嗉囊内容物。

说明：上述方法无效者，用嗉囊切开术。术后2～3天，饲喂易消化的饲料。

三、鸡腺胃炎

是腺胃表层黏膜及其深层组织炎症的总称，其中有卡他性、纤维素性、出血性和化脓性等几种变化。

1. 诊断要点

（1）病因　主要由于采食了发酵、发霉或有腐蚀性的饲料所致。此外，禽流感、新城疫、急性禽霍乱、马立克病、沙门菌病、腺胃寄生虫病、喹乙醇中毒、饲料中纤维含量不足等也可引起腺胃病变。

（2）临床症状　病鸡食欲减退或废绝，顽固腹泻，进行性消瘦，软弱无力，喜卧。有些病例有嗉囊柔软、膨大，充满液体和气体的临床表现。最后病鸡常体温降低，衰竭死亡。

（3）剖检病变　见腺胃乳头有肿胀、渗出、出血、炎症、坏死等。

（4）诊断　根据临床症状和剖检病变可作出初步诊断。

2. 防治措施

（1）预防　杜绝饲喂霉变、霉烂、变质饲料，合理配制饲料，平时做好相关疾病的疫苗接种和驱虫工作。

（2）治疗　停喂霉变、霉烂、变质饲料，抗菌消炎。

【处方1】

硫酸新霉素　　　　　　　　　　　　35～70mg/L

用法：加入饮水混匀，供鸡饮用，1天2次，连用3天。

说明：该药在雏鸡开口、蛋鸡产蛋高峰期慎用，用药后最好使用微生态制剂调理肠道。

【处方2】

硫酸铁溶液　　　　　　　　　　　　适量

高锰酸钾溶液　　　　　　　　　　　适量

碘化钾溶液　　　　　　　　　　　　适量

用法：加入饮水中饮喂。硫酸铁溶液按1月龄鸡0.05％、2～4月龄鸡0.15％～0.2％、成年鸡0.25％添加，连续2～3天后，再饮服0.005％高锰酸钾溶液2～3天，最后改饮0.005％碘化钾溶液。

四、鸡肌胃糜烂症

是由多种致病因素引起鸡的肌胃内金（角质膜）糜烂、溃疡的一种消化道疾病。主要发生于肉鸡，其次为蛋鸡，发病年龄多数在2～2.5月龄。本病以食欲减少，精神倦怠，呕吐黑色物，贫血、消瘦及肌胃角质膜糜烂、溃疡为特征，因而又曾称为"黑色呕吐病"。

1. 诊断要点

（1）病因　由于某些鱼粉中含有较多的组胺和肌胃糜烂素，被鸡摄入后，刺激腺胃，使腺胃腺体分泌功能亢进，分泌物中的酸和酶对肌胃产生腐蚀作用，使肌胃角质膜溃疡，角膜下层出血，血液与酸作用而使胃肠内容物变成棕黑色。此外，在发生支原体感染、采食饲料中呕吐毒素超标的临床病例，也可见到类似的病变。

（2）临床症状　采食减少，喜蹲伏，羽毛粗乱、蓬松，发育缓慢，消瘦，贫血，倒提病鸡从口腔中流出黑色或煤焦样物质，排出棕色或黑褐色软粪。有时突然倒地抽搐死亡。

（3）剖检病变　见口腔、食道、嗉囊、腺胃、肌胃和肠腔内有棕黑色的液体，肌胃和腺胃交界处黏膜水肿、充血、出血，有时溃疡穿孔，嗉囊扩张，内充满黑色液体，十二指肠可见卡他性炎症或局部坏死。

（4）诊断　根据临床症状和剖检变化可做出初步诊断。

2. 防治措施

（1）预防　控制日粮中鱼粉含量在8％以内，禁止添加含肌胃糜烂素高的鱼粉及霉变的饲料原料，平时加强饲养管理，搞好环境卫生，饲养密度适中，合理通风，避免应激等措施。必要时需加强种鸡支原体的净化。

（2）治疗　停喂霉变、霉烂、变质饲料，对症治疗。

【处方1】

碳酸氢钠　　　　　　　　　　　　适量

用法：按0.1％～0.2％比例加入饲料或饮水中，1天2次，连用2天。

【处方2】

硫酸铜　　　　　　　　　　　　　适量

用法：按0.05％比例加入饮水中，每天1次，连续2天。

【处方3】

维生素K_3　　　　　　　　　　　0.5～1mg

止血敏　　　　　　　　　　　　　50～100mg

青霉素　　　　　　　　　　　　　5万单位/千克体重

用法：1只鸡1次肌内注射，1天1次，连用2～3天。

【处方4】

白及5kg、甘草5kg、白头翁5kg、血见愁5kg。

用法：粉碎后连同500g西咪替丁加入1000kg饲料中，混合均匀后使用，连用3天后停用2天，再继续饲喂5～7天。

五、鸡胃肠炎

由于采食发霉变质饲料、不洁饮水或异物及食物中毒引起的一种疾病。

1. 诊断要点

（1）病因　主要原因是饲养失调、饲料腐败变质、环境污染、感染、中毒等使鸡胃肠黏膜及深层组织发生炎症。气候突变也可诱发本病。

（2）临床症状　食欲减退或废绝，饮欲增加，粪便稀而恶臭，混有黏液或血液，呼吸促迫，体温升高，抽搐或昏迷死亡。

（3）剖检病变　见腺胃出血、溃烂，肌胃充血、出血、坏死，肠道膨大，呈灰白色或黑褐色，十二指肠充血、出血、坏死，大肠有出血点，内容物因病变程度而呈现多种颜色。

（4）诊断　根据临床症状和剖检变化做出初步诊断。

2. 防治措施

（1）预防　加强饲养管理，杜绝饲喂霉变/霉烂/变质饲料，供给清洁饮水，合理配制饲料，平时做好相关疾病的疫苗接种和驱虫工作。

（2）治疗　宜消炎助消化。

【处方1】

磺胺脒　　　　　　　　　　　　　　0.1～0.3g

用法：按1kg体重0.05～0.15g拌料内服，1天2次，连用2～3天。

【处方2】

乳酶生　　　　　　　　　　　　　　0.5～1g

用法：1只鸡1次内服，1天1次，连用2～3天。

说明：也可选用酵母片0.1g内服。

【处方3】

5％葡萄糖注射液　　　　　　　　　适量

5％碳酸氢钠注射液　　　　　　　　适量

维生素C　　　　　　　　　　　　　适量

用法：重症病鸡静脉注射，1天1次，连用2～3天。

【处方4】

0.1％高锰酸钾溶液　　　　　　　　适量

用法：饮服，连续数日。

【处方5】

环丙沙星　　　　　　　　　　　　　适量

用法：按0.007％比例拌入料中饲喂，连用3天。

六、鸡脚趾脓肿

是脚垫和趾关节及周围组织的局部被细菌感染形成的球性脓肿，常发生于体型较大的鸡。

1. 诊断要点

（1）病因　鸡舍垫料、垫网及运动场地粗糙、坚硬或有尖锐物，擦伤或刺伤鸡的脚趾底部，引起葡萄球菌、链球菌等细菌感染而发病。

（2）临床症状　病鸡不愿走动、卧地不起、跛行。脚底皮肤发炎，肿胀，化脓，时间稍长，脓肿逐渐变成干酪样，有的炎症蔓延至整个脚部。

（3）剖检病变　切开脚底肿胀物见其内含乳白色脓汁，有的呈干酪样坏死，有的脓肿形成溃疡面。

（4）诊断　一般根据临床症状和剖检病变可做出初步诊断。

2. 防治措施

（1）预防　加强鸡舍内垫料、垫网及运动场地的管理，去除发病因素。

（2）治疗　局部外伤处理，配合抗菌消炎。

【处方1】

浓碘酊　　　　　　　　　　　　　　适量

用法：涂擦患部。

【处方2】

3％硼酸溶液或0.1％高锰酸钾溶液　　　适量

用法：冲洗患部。

【处方3】

土霉素　　　　　　　　　　　　　　　适量

用法：撒入患部。

【处方4】

青霉素　　　　　　　　　　　　2万～5万单位

注射用水　　　　　　　　　　　0.5ml

用法：1只鸡1次肌内注射，1天2次，连用3天。

七、鸡皮下气肿

又称"气脖子"，是鸡的一种常见病。

1. 诊断要点

（1）病因　粗暴抓捉或尖锐物刺破气囊，或肱骨、胸骨等有气腔的骨发生骨折，或阉割时损伤气囊，或先天性呼吸道缺陷，使气体溢于皮下。多见于12周龄以内的鸡。

（2）临床症状　病鸡精神沉郁，呆立，呼吸困难，行走不便，颈部羽毛逆立，触诊皮肤紧张有弹性，叩诊呈鼓音。

（3）剖检病变　见气肿皮下充满气体。

（4）诊断　根据临床症状和剖检病变可做出初步诊断。

2. 防治措施

（1）预防　抓鸡时轻拿轻放，阉割时尽量避开气囊。

（2）治疗　宜放气。

【处方】手术疗法

用针头刺破气肿皮肤，放气；或用烧红的铁条在膨胀部烙个破口，以便随时放出气体。

八、鸡泄殖腔炎

又称肛门淋，是一种慢性炎症。常发生于成年母鸡，偶见于公鸡、雏鸡。

1. 诊断要点

（1）病因　本病与饲料中维生素缺乏、产的蛋过大、人工授精时翻肛不当或受精器具被污染、局部创伤和细菌感染等都有关。

（2）临床症状　泄殖腔周围羽毛污染，泄殖腔黏膜附有黄白色假膜，且有尿酸盐及炎性渗出物；泄殖腔黏膜发炎红肿，有炎性分泌物。重症者泄殖腔周围组织溃烂，并蔓延至直肠黏膜，病鸡因频频努责而引起泄殖腔脱垂。

（3）剖检病变　见泄殖腔充血、出血、炎性渗出、坏死等。

（4）诊断　根据临床症状和剖检病变可做出初步诊断。

2. 防治措施

（1）预防　加强饲养管理，注意环境卫生，合理配制饲料，做好人工授精的无菌操作。

（2）治疗　抗菌消炎。

【处方1】

0.5％高锰酸钾溶液　　　　　　　　　　适量

用法：患部冲洗。

【处方2】

四环素或土霉素软膏　　　　　　　　　　适量

用法：患部冲洗后涂擦。

说明：泄殖腔脱垂者应手术整复。

【处方3】

庆大霉素注射液　　　　　　　　　　2万单位

用法：1只鸡1次肌内注射，1天2次，连用3～4天。

【处方4】

氨苯磺胺　　　　　　　　　　　　　　适量

用法：泄殖腔内撒布。

九、鸡输卵管炎和输卵管脱垂

指输卵管由于多种原因引起的炎症，并脱出于泄殖腔之外。

1. 诊断要点

（1）病因　饲料配比不当，动物性饲料过多，或缺乏维生素 A、维生素 D、维生素 E 等；产蛋过多、过大，卵破裂于输卵管等；细菌感染引起输卵管发炎。

（2）临床症状　病鸡排出黄白色脓样分泌物，并污染泄殖腔周围羽毛。产蛋困难，蛋壳带血迹。随后病鸡体温升高，不安，卧地不起，走路时腹部着地，进而发生腹膜炎、输卵管垂脱。

（3）诊断　根据临床症状可做出初步诊断。

2. 防治措施

（1）预防　加强饲养管理，合理配制饲料，做好人工授精的无菌操作。

（2）治疗　消除病因，助产、整复（用手术整复脱出的输卵管），抗菌消炎。

【处方1】

0.5％高锰酸钾溶液　　　　　　　　　　适量

用法：冲洗泄殖腔和输卵管。

说明：也可选用 0.01％新洁尔灭或 2％硼酸的溶液。

【处方2】

青霉素　　　　　　　　　　　　2万～5万单位

注射用水　　　　　　　　　　　　　0.5ml

用法：1只鸡1次肌内注射，1天2次，连用3天。

【处方3】

卵康素　　　　　　　　　　　　　100g/L

用法：加入饮水中，1天分2次喂服，连用4～5天。

十、鸡中暑

中暑包括日射病和热射病，是鸡在炎热夏季的常见疾病之一。

1. 诊断要点

（1）病因　在高温高湿情况下，因饲养密度大，通风不良或饮水不足而引起。

（2）临床症状　病鸡呼吸急促，张口喘气，翅膀张开，随后出现晕眩，不能站立，大量饮水，最后惊厥死亡。

（3）剖检病变　见脑出血或颅内出血，肺淤血、水肿，心冠脂肪点状出血，肝肿大，土黄色，有出血点。

（4）诊断　根据发病季节、发病情况和临床症状、剖检病变可做出诊断。

2. 防治措施

（1）预防　加强饲养管理，做好防暑降温，及时更改饲喂时间，饲料中添加碳酸氢钠和维生素C，并供应充足的饮水。

（2）治疗　发现中暑时，将病鸡置于阴凉通风处或浸于冷水中片刻或冷水喷洒，以降低体温。同时进行对症治疗。

【处方1】

十滴水或风油精　　　　　　　　　　　1～2滴

用法：1只鸡1次喂服。

说明：也可选用人丹4～5粒，内服；藿香正气水灌服，每只5～10ml。同时用针刺破鸡冠顶部或翅膀内侧血管放血。

【处方2】

酸梅汤加冬瓜水或西瓜水　　　　　　　适量

用法：自由饮服或灌服。

说明：也可选用碳酸氢钠按0.1%～0.2%的比例混饮，维生素C按照每吨饲料添加200～400g；或口服补液盐（葡萄糖88g、氯化钠14g、氯化钾6g、碳酸氢钠10g，溶解于4000ml水中，供鸡自由饮用）；或复方氯化铵可溶性粉（氯化铵66.2g、氯化钾33.3g、维生素B$_1$ 0.08g、维生素B$_2$ 0.08g、维生素B$_6$ 0.075g、维生素E 0.27g），每升水加2g溶解，供鸡自由饮用。

【处方3】清暑散

香薷30g，白扁豆30g，麦冬25g，薄荷30g，木通25g，猪牙皂20g，藿香30g，茵陈25g，菊花30g，石菖蒲25g，金银花60g，茯苓25g，甘草15g。

用法：按1只鸡1～3g，拌料饲喂，连用3～5天。

【处方4】香薷散

香薷30g，黄芩45g，黄连30g，甘草15g，柴胡25g，当归30g，连翘30g，栀子30g，天花粉30g。

用法：按1只鸡1～3g，拌料饲喂，连用3～5天。

【处方5】应激安散

刺五加80g，酸枣仁80g，远志60g，茯苓30g，麦芽30g，陈皮30g，甘草30g，金银花30g，延胡索15g，厚朴30g，木香20g，秦皮30g，黄连15g，黄芪80g，白头翁80g，炒神曲30g，龙胆50g，炒山楂30g，黄芩30g，党参50g，黄柏30g，苦参30g，艾叶30g，白术80g。

用法：按1kg体重1～2g，拌料或水煎，1天2次，连用3～5天。

【处方6】解暑抗热散

滑石51g，甘草8.6g，碳酸氢钠40g，冰片0.4g。

用法：按1只鸡1～3g，拌料饲喂，连用3～5天。

【处方7】

甘草3份，薄荷1份，绿豆10份。

用法：煎汤，自由饮服。

【处方8】

黄连150g，黄柏150g，黄芩150g，栀子150g，生石膏200g，甘草200g。

用法：煎汤，1只鸡1饮饮用3ml，1天1～2次，连用数天。

【处方9】清暑消食散

田基黄150g，铁线草150g，金钱草150g，葫芦茶30g，岗茶30g，布渣叶30g，地龙200g，崩大碗200g，海金沙200g，冰糖草200g，白省叶200g，地稔200g。

用法：煎汁自饮或拌料饲喂6000只鸡，连用3～5天。

十一、蛋鸡水泻

是蛋鸡进入夏季后经常发生的一种以持续性水样腹泻为特征的疾病。病鸡发病率高，死亡率低。

1. 诊断要点

（1）病因　12周以后饲料中麸皮、米糠过多；饲料变更后含有较高的石粉/贝壳粉或盐分，刺激肠道蠕动；开产前期饲料中蛋白质含量过高，劣质饲料原料过多；饲料中橘青霉素、赭曲霉毒素超标；造成肾脏损伤的某些病毒病（如肾型传支、传染性法氏囊病）；机体自身的某些激素失调等。

（2）临床症状　病鸡刚开产即腹泻，大量水夹杂一些未消化饲料，泄殖腔周围羽毛潮湿；精神正常，饮水增多，产蛋率上升缓慢，一般产蛋率上升到80％时，水泻症状停止。用药效果较差。

（3）剖检病变　脏器的肉眼病变不明显。

（4）诊断　根据发病情况、临床症状可做出初步诊断。

2. 防治措施

（1）预防　加强饲养管理，合理配制日粮，消除发病因素等。

（2）治疗　控制饮水量约原饮水量2/3。治宜促消化对症治疗，补充电解质。

【处方1】

大黄苏打片　　　　　　　　　　　0.1g/kg 饲料

酵母片　　　　　　　　　　　　　0.1g/kg 饲料

用法：拌料喂服，1天2次，连用3～5天。

【处方2】

硫酸阿托品注射液　　　　　　　　0.35～0.4mg/L

用法：加入饮水中饮服，1天2次，连用3～5天。

【处方3】

肠毒康［硫酸新霉素、磷霉素钠、病毒唑、肠黏膜修复因子］　100g/250kg

用法：加入饮水中饮服，1天1次，连用3～5天。

【处方 4】

电解多维	适量
维生素 E	适量
维生素 A	适量

用法：电解多维加入饮水中饮服。维生素 E 和维生素 A 拌入料中饲喂，连用数天。

十二、顽固性腹泻

顽固性腹泻一般不具传染性，呈局部地区流行，蛋鸡发生在开产之后或产蛋高峰期，肉鸡也常见。

1. 诊断要点

（1）临床症状　病鸡精神不振，翅膀下垂，鸡冠发白，机体消瘦，生长不良。粪便稀薄如水，混有白色黏液，粪便颜色呈多样性，泄殖腔周围羽毛被粪便污染。蛋鸡产蛋率低或徘徊不前，蛋壳颜色发白等。

（2）剖检病变　见机体消瘦，肠黏膜充血、出血、脱落，严重时呈急性出血性肠炎，略肿胀，有的病例见肠道上有霉菌斑块；盲肠扁桃体出血；输卵管水肿、充血、出血，卵泡掉入腹腔后形成卵黄性腹膜炎。

2. 防治措施

（1）预防　及时调整饲料，搞好环境卫生，定期进行消毒，定期添加电解多维，防止多种应激等。

（2）治疗　消除病因，中兽医以补肾固本、健脾和胃、涩肠燥湿、调理中气为治则。本病易反复发作，宜采取中西医结合方案。

【处方 1】

环丙沙星	适量

用法：按 0.007％ 比例拌入料中饲喂，连用 3 天。

说明：也可选用其他抗生素拌料或饮水，同时在饮水中添加口服补液盐（葡萄糖 88g、氯化钠 14g、氯化钾 6g、碳酸氢钠 10g，溶解于 4000ml 水中，供鸡自由饮用），抗生素用完后在饲料中添加微生态制剂或葡萄糖氧化酶或低聚木糖及多种维生素、电解质等，效果更佳。

【处方 2】白龙散

白头翁 600g，龙胆 300g，黄连 100g。

用法：按 1 只鸡 1 天 1～3g，拌料饲喂，连用 5 天。

【处方 3】白头翁散

白头翁 60g，黄连 30g，黄柏 45g，秦皮 60g。

用法：按 1 只鸡 1 天 2～3g，拌料饲喂，连用 3～5 天。

【处方 4】泻必康散

白头翁 40g，黄连 10g，黄柏 20g，秦皮 20g，厚朴 10g，山药 40g，诃子 20g，山楂（炭）60g，马齿苋 40g，地锦草 40g，辣蓼 20g，穿心莲 40g，金樱子 40g，石榴皮 20g，地榆 60g，苍术 20g，赤石脂 40g。

用法：按 1 只鸡 1 天 1.5g，拌料饲喂，连用 5 天。

【处方 5】化湿止泻散

茯苓 150g，薏苡仁 150g，泽泻 60g，车前子 150g，藿香 100g，苍术（炒）150g，葛根 100g，炒扁豆 150g，黄柏 100g，穿心莲 150g，石榴皮 50g，赤石脂 150g，山楂 90g，麦芽 100g，木香 100g。

用法：按 1 只鸡 1 天 1g，拌料饲喂，直至痊愈。

【处方 6】三黄汤

黄连 4g，黄柏 4g，大黄 2g。

用法：煎汁，供 100 只 1 月龄肉鸡 1 天饮水，1 天 1 剂，连用 3 天。

【处方 7】健脾止痢散

党参 60g，黄芪 60g，白术 500g，炒地榆 500g，黄芩 50％，黄柏 500g，白头翁 500g，苦参 500g，秦皮 50g，焦山楂 500g。

用法：混匀、粉碎，按 1 只鸡 1 天 1.5g，拌料饲喂，连用 3～5 天。

【处方 8】止痢灵

苍术 2 份，厚朴、白术、干姜、肉桂、柴胡、白芍、龙胆草、黄芩各 1 份。

用法：制成粗粉，加入适量木炭末混匀。按成年鸡每次 5g、雏鸡每次 2～3g，拌入饲料中喂服，1 天 2 次，连用 3～5 天。

【处方 9】泻痢灵

黄连 30g，葛根 30g，黄芩 15g，白头翁 20g，藿香 10g，木香 10g，厚朴 20g，茯苓 20g，炒白芍 20g，炒山药 30g，炒三仙 30g。

用法：混匀、粉碎。按 30 日龄内雏鸡每只每天 0.5g，30～60 日龄 1g，60 日龄以上 1.5g，加沸水浸泡 30～60 分钟，上清液饮水，药渣拌料喂服。1 天 1 次，连用 3～5 天。

【处方 10】

苍术 50g，厚朴 25g，白术 25g，干姜 25g，肉桂 25g，柴胡 25g，白芍 25g，龙胆草 25g，黄芩 25g，十大功劳 25g，木炭 100g。

用法：共研细末，按雏鸡 1～3g、成年鸡 3～5g，拌料饲喂，1 天 2 次，连用 3～5 天。病重不采食的鸡应灌服。预防量减半，间断喂服。

【处方 11】

杨树花口服液　　　　　　　　　适量

用法：按每升水 1～2ml（每毫升相当于原生药材 1g），混饮，至痊愈。

十三、肉用仔鸡胸骨囊肿

是由于胸部龙骨发生损伤引起的一种外科疾病。

1. 诊断要点

（1）病因　肉鸡生长迅速，体重较大，腿脚相对软弱而经常蹲伏，胸部与地面、潮湿板结的垫料或笼具接触、摩擦而损伤，引起发炎、囊肿。

（2）临床症状　病鸡患部皮肤发红、变厚、粗糙，皮下形成囊状组织，并蓄积黏稠液体，按压有波动感。

（3）剖检病变　见囊腔内充满淡棕色液体，后期见干酪样物。

（4）诊断　根据临床症状、剖检病变可做出诊断。

2. 防治措施

（1）预防　增厚垫料，防潮勤换；预防腿病；及时抬高料线/料桶和水线/

水壶。

（2）治疗　采取综合性防制措施，治宜抗菌消炎。

【处方】

青霉素	2万～5万单位
注射用水	0.5ml

用法：1只鸡1次肌内注射，1天2次，连用3天。

十四、肉鸡猝死综合征

又称急性死亡症、急性心脏病、翻筋斗病，是肉鸡生产中一种危害较大的疾病。肉用仔鸡多发于3～6周龄，肉用种鸡多发于30～32周龄，火鸡则多发于31周龄左右。

1. 诊断要点

（1）病因　与营养、遗传、环境条件、酸碱平衡等均有关。当日粮中脂肪水平较高、生物素缺乏，或应激、通风不良、饲养密度过大，或使用离子载体类抗球虫药时，都可使本病的发病率显著升高。

（2）临床症状　本病一年四季均可发生，以外表健康、体况良好的鸡突然死亡为特征。表现为突然失去平衡，跌倒，两翅猛烈扑打，肌肉痉挛，尖叫，约1分钟后猝死。死亡鸡多数呈仰卧状态，颈伸直或扭曲。

（3）剖检病变　见鸡冠、肉髯及泄殖腔黏膜充血，肌肉苍白；肺淤血、水肿，呈暗红色；心脏扩张，心肌松软，心包有积液；肝质脆、色苍白，胆囊空虚；脑充血、有出血点；脾脏、胸腺淤血。

（4）诊断　根据发病情况、临床症状和剖检病变可做出诊断。

2. 防治措施

（1）预防　科学配制日粮，加强饲养管理和通风，减少饲养密度，防止应激等。

（2）治疗　采取综合性防制措施。

【处方1】

碳酸氢钾	0.6g/L
碳酸氢钠	3.6g/kg 饲料

用法：碳酸氢钾加入饮水中饮服，连用3天；碳酸氢钠拌入饲料中饲喂，连用数天。

【处方2】

生物素	300μg/kg 饲料

用法：拌入饲料中饲喂，连用数天。

十五、肉鸡肠毒综合征

是肉鸡群中存在的一种以腹泻、粪便中含未消化饲料、采食量明显下降、生长缓慢、色素沉着障碍、脱水为特征的疾病。

1. 诊断要点

（1）病因　寄生虫（球虫、绦虫）、细菌（大肠杆菌、梭菌等）感染、病毒感染（如新城疫）、饲料霉变、肠道菌群失调等均可引起。

（2）临床症状　常发生于 12～40 日龄肉鸡。初期无明显症状，随后水样腹泻，粪便颜色呈黄色、淡黄色、红褐色等；中后期则多在黎明前猝死，个别鸡神经兴奋、瘫痪、衰竭死亡，死亡率不高。

（3）剖检病变　见小肠和空肠黏膜水肿增厚，出现麸皮样坏死膜，易剥离，黏膜出血，严重脱落，内容物呈血色蛋清样或黏脓样、柿子样、胡萝卜样，其他脏器无明显肉眼可见病变。

（4）诊断　根据临床症状和剖检病变可做出初步诊断。

2. 防治措施

（1）预防　加强饲养管理、搞好卫生消毒、消除发病因素等可降低发病率。

（2）治疗　遵循多病因的治疗原则，以增强机体的免疫力为基础，治疗球虫病和肠道致病菌混合感染为前提，采用中西医治疗，标本兼治。

【处方 1】

肠毒康［硫酸新霉素、磷霉素钠、病毒唑、肠黏膜修复因子］　　　100g/200kg

球爽（磺胺氯比嗪钠、妥曲珠利、止血因子和修复因子）　　　100g/200kg

黄金维他　　　　　　　　　　　　　　　　　　　　　　　适量

用法：肠毒康和球爽加入饮水中饮服，1 天 2 次，同时饮服黄金维他，连用 3～5 天。

【处方 2】

肠毒素治（复方硫酸新霉素可溶性粉）　　　　　　3g/10L

速效肠毒健（黄连解毒散）　　　　　　　　　　1000g/500kg 饲料

黄金维他　　　　　　　　　　　　　　　　　适量

用法：肠毒素治饮水，速效肠毒健拌料饲喂，同时饮服黄金维他，连用 3～5 天。

【处方 3】

杀球止痢（复方妥曲珠利颗粒）　　　　　　　　30mg/L

速效肠毒健（黄连解毒散）　　　　　　　　　　1000g/500kg 饲料

黄金维他　　　　　　　　　　　　　　　　　适量

用法：杀球止痢饮水，速效肠毒健拌料饲喂，同时饮服黄金维他，连用 3～5 天。

【处方 4】清瘟止痢散

大青叶 15g，板蓝根 15g，紫草 10g，拳参 15g，绵马贯众 15g，地黄 10g，玄参 10g，黄连 10g，白头翁 15g，木香 10g，柴胡 10g，甘草 6g。

用法：按 1kg 饲料 5g，拌料混饲，连用 3～5 天。

【处方 5】三味拳参散

拳参 1400g，穿心莲 1000g，苦参 1600g。

用法：按 1kg 饲料 5g，拌料混饲，连用 3～5 天。

【处方 6】金叶清瘟散

金银花 320g，大青叶 320g，板蓝根 240g，蒲公英 160g，紫花地丁 160g，柴胡 240g，鹅不食草 128g，连翘 160g，甘草 160g，天花粉 120g，白芷 120g，防风 80g，赤芍 48g，浙贝母 112g，乳香 16g，没药 16g。

用法：按 1kg 饲料 5～10g，拌料混饲，连用 3～5 天。

【处方7】

杨树花口服液　　　　　　　　适量

用法：按每升水 1～2ml（每毫升相当于原生药材 1g）混饮，1 天 2 次，连用 3～5 天。

【处方8】白马黄柏散

白头翁 300g，马齿苋 400g，黄柏 300g。

用法：按 1 只鸡 1.5～6g，拌料混饲，连用 3～5 天。

此外，以球虫感染为主的病例，请参照鸡球虫病防治的相关条目。

十六、肉鸡（或蛋雏鸡）生长迟缓综合征

1. 诊断要点

（1）病因　多种因素均可引起本病的发生，如营养偏低、疾病（隐性新城疫、慢性呼吸道病、大肠杆菌病、球虫病或慢性肾炎等）、各种原因造成的腹泻或因消化不良引起的料便、鸡只脱水、高温、饲养管理不善等。

（2）临床症状　病鸡精神委顿，冠髯皱缩，羽毛松乱、无光泽，腹泻或者厌食，喜饮水，发育不良，生长迟缓，料肉比过高；蛋鸡无产蛋高峰或产蛋率低下等。

2. 防治措施

（1）预防　采取改善饲养管理、搞好卫生、加强通风、制定合理的光照和饲喂制度、饲喂优质饲料等措施可降低发病率。

（2）治疗　抗生素饮水或拌料，配合复方维生素纳米乳口服液或优质鱼肝油及微生态制剂或低聚木糖、葡萄糖氧化酶等治疗。

【处方1】健鸡散

党参 20g，黄芪 20g，茯苓 20g，六神曲 10g，麦芽 10g，山楂（炒）10g，甘草 5g，槟榔（炒）5g。

用法：按 1kg 饲料 20g，混饲，1 天 1 次，连用 7 天。

【处方2】

姜粉 24g，肉桂 50g，肥草 9g，硫酸亚铁 9g，八角茴香 8g。

用法：共研细末，1 只鸡 1 次喂服 0.5～1g，1 天 1 次，连用 5～7 天。

【处方3】

干辣椒 12g，姜粉 23g，五加皮 23g，八角茴香 7g，硫酸亚铁 12g。

用法：共研细末，1 只鸡 1 次喂服 0.5～1g，2 天 1 次，连用 5～7 次。

【处方4】

苍术干粉　　　　　　　　适量

用法：按 2%～5% 比例和适量钙剂拌入料中饲喂，至痊愈。

十七、笼养蛋鸡产蛋疲劳综合征

又称骨质疏松症、骨软化症，是笼养鸡由于代谢障碍而发生的以腿软弱、麻痹、易骨折为特征的一种营养代谢性疾病，主要发生于笼养高产母鸡或产蛋高峰期。本病在世界各地均有发现，给蛋鸡生产造成了一定的损失。

1. 诊断要点

（1）病因

① 饲料中钙缺乏：饲料中钙的添加太晚，已经开产的鸡体内钙不能满足产蛋

的需要，导致机体缺钙而发病。

② 过早使用蛋鸡料：由于过高的钙影响甲状旁腺的机能，使其不能正常调节钙、磷代谢，导致鸡在开产后对钙的利用率降低。

③ 钙、磷比例不当：钙、磷比例失当时，影响钙吸收与在骨骼的沉积。

④ 维生素 D 缺乏：产蛋鸡缺乏维生素 D 时，肠道对钙、磷的吸收减少，血液中钙、磷浓度下降，钙、磷不能在骨骼中沉积。

⑤ 缺乏运动：如育雏、育成期笼养或上笼早、笼内密度大。

⑥ 光照不足：由于缺乏光照，使鸡体内的维生素 D 含量减少。

⑦ 应激反应：高温、严寒、疾病、噪声、不合理的用药、光照和饲料突然改变等应激均可成为本病的诱因。

（2）临床症状　发病初期产软壳蛋、薄壳蛋，鸡蛋的破损率增加，产蛋数量下降，种蛋的孵化率降低，但食欲、精神、羽毛均无明显变化。随后病鸡出现站立困难，腿软无力，常蹲伏不起，负重时以翅或尾部支撑身体，严重时发生骨折，在骨折处附近出现出血和瘀青，或瘫痪于笼中。最后消瘦、衰竭死亡。未发生骨折的病鸡若及时移至地面饲养，多数病鸡会自然康复。

（3）剖检病变　血液凝固不良，翅骨、腿骨易骨折，骨断面处有出血或瘀青，喙、爪、龙骨变软易变曲，胸骨凹陷，肋骨和胸骨接合处形成串珠状，胫骨、膝盖骨、股骨、胸骨末端等易发生骨折。有的病鸡可出现肌肉、肌腱的出血。甲状旁腺肥大，比正常肿大约数倍。内脏器官无明显异常。

（4）诊断　该病根据临床症状、病理剖检变化可做出初步诊断。实验室检查相关指标（血钙水平往往降至 9mg/dL 以下，血清中碱性磷酸酶活性升高）有助于该病的确诊。

2. 防治措施

（1）预防　完善饲养配方，补钙和调整钙、磷比例，在蛋鸡开产前 2～4 周饲喂含钙 2%～3% 的专用预开产饲料，当产蛋率达到 1% 时，及时换用产蛋鸡饲料，笼养高产蛋鸡饲料中钙的含量不要低于 3.5%，并保证适宜的钙、磷比例，保证充足的矿物质、维生素（尤其是维生素 D）。给蛋鸡提供粗颗粒石粉或贝壳粉。做好血钙监测。

（2）治疗　治宜补充钙磷，适当增加活动。

【处方】

维生素 D_3 或维生素 AD_3　　　　适量

用法：按每千克饲料 2000 IU 拌料饲喂，连用 5 天。

说明：同时增加饲料中钙磷含量，将病鸡移至宽松笼内或地面饲养。经 2～3 周，鸡群的血钙就可上升到正常水平，发病率就会明显减少。

十八、初产母鸡瘫痪症

是发生于初产母鸡的一种以瘫痪为主要症状的疾病。

1. 诊断要点

（1）病因　体质衰弱，不适应初产的刺激；开产前缺乏适当运动；蛋在输卵管滞留时间过长，引发输卵管炎症；以及大肠杆菌引发腹膜炎等，均可发生本病。

（2）临床症状　病鸡除表现瘫痪外，还有蜷趾麻痹症（脚趾向内弯曲）。日发病率约 0.2%～0.5%，持续 2 周左右。

（3）剖检病变 见输卵管中有成熟蛋或软壳蛋，输卵管后段发生炎症，有腹膜炎。

（4）诊断 根据临床症状和剖检病变可做出诊断。

2. 防治措施

（1）预防 加强青年鸡的管理，使其在产蛋前体重、整齐度及胫骨长度达标。

（2）治疗 助产，治宜补充维生素。

【处方1】

复合维生素 B　　　　　　　　　适量

用法：加入饲料中使其达正常饲料中含量的 2 倍，饲喂，连用数天。

【处方2】

庆大霉素注射液　　　　　　　　2万～4万单位

用法：1 只鸡 1 次肌内注射，1 天 2 次，连用 3～5 天。

十九、产蛋异常综合征

产蛋异常综合征指的是蛋鸡种鸡无产蛋高峰、产蛋率徘徊不前及产蛋量下降的总称。

1. 诊断要点

（1）病因

① 无产蛋高峰的原因：a. 育雏期患过某种疾病，如传染性支气管炎（尤其是 1 日龄感染生殖型传染性支气管炎）、禽流感等病造成生殖系统受到严重的破坏，或生殖系统发育不良。b. 青年鸡发育不良，平均体重与胫骨长度不达标，尤其体重达标而胫骨长度不达标；或长期饲养不经改良的同一品种，致使生产性能下降。c. 日粮营养水平偏低，不能满足高产时鸡对营养的需求，致使生殖功能低下，易歇产。

② 产蛋率徘徊不前的原因：a. 饲养管理不善（如鸡舍污染严重、环境卫生条件差等），光照不合理（如时间过短、光照过弱、光照时间不稳定）。b. 新城疫、大肠杆菌病、新母鸡病等隐性感染致使产蛋率徘徊不前。c. 饲料营养偏低，不能满足高产的需求，或者蛋鸡/种鸡开产之后未能及时足量地补充钙源和蛋白质，致使产蛋增长缓慢。

③ 产蛋量下降的原因：a. 新城疫、禽流感等病毒病隐性感染，或大肠杆菌病等细菌病的存在，或菌毒混合感染等引起生殖系统炎症造成产蛋量下降，致使白壳蛋、薄壳蛋、砂壳蛋、血斑蛋或粪斑蛋等增加。b. 应激因素，如饲料（饲料质量不稳定或更换饲料造成的换料应激等）、防疫（如疫苗接种反应）、惊吓、天气突变、异常噪声、外物入侵、光照不稳定等均可诱发产蛋下降。c. 药物影响，使用对产蛋有影响的药物，用药时断水时间或/和断料时间过长等；或长期使用药物致使肠道菌群紊乱，影响鸡饲料的消化和吸收。

（2）临床症状

① 产蛋高峰期无产蛋高峰，产蛋率为 80% 左右，或者比预产期的产蛋率低 10%～15%，或开产比正常时间推迟 10～20 天，或产蛋高峰维持时间短，只有 10～15 天，但鸡群采食、精神均正常。

② 产蛋增长期（开产之后或疾病之后），产蛋率上升缓慢，甚至徘徊不前，或者忽高忽低，不断反复。

③ 产蛋率缓慢下降，下降幅度不大，蛋壳变差，白壳蛋、薄壳蛋、砂壳蛋或血斑蛋等增加，采食量、精神正常。

2. 防治措施

（1）预防　采取综合防制措施，如饲喂优质全价饲料，搞好环境卫生，定期进行消毒，并做好常规疫苗的免疫接种，定期添加电解多维，防止多种应激等。

（2）治疗　发病后，针对病因、病症治疗，消除输卵管炎症，促进受损伤生殖系统功能恢复正常。

【处方1】

庆大霉素注射液　　　　　　　　　　　　　　2万～4万单位

用法：1只鸡1次肌内注射，1天2次，连用3～4天。

说明：也可选用其他抗生素饮水或拌料饲喂，同时配合鱼肝油拌料或复方维生素纳米乳饮水，效果更佳。

【处方2】益母增蛋散

黄芪60g，熟地黄60g，当归80g，淫羊藿150g，女贞子150g，益母草150g，板蓝根80g，丹参50g，紫花地丁50g，山楂80g，地榆50g，甘草40g。

用法：按每千克饲料5～10g，混饲，连用3～5天，停喂3天，再连用3～5天。

【处方3】激蛋散

虎杖100g，丹参80g，菟丝子60g，当归60g，川芎60g，牡蛎60g，地榆50g，肉苁蓉60g，丁香20g，白芍50g。

用法：按每千克饲料10g，混饲，连用3～5天，停喂3天，再连用3～5天。

【处方4】加味激蛋散

松针300g，玄明粉300g，麦芽200g，虎杖33.4g，丹参26.6g，菟丝子20g，当归20g，川芎20g，牡蛎20g，地榆16.7g，肉苁蓉20g，丁香6.6g，白芍26.7g。

用法：按每千克饲料25g，混饲，连用5天。

【处方5】降脂激蛋散

刺五加50g，仙茅50g，何首乌50g，当归50g，艾叶50g，党参80g，白术80g，山楂40g，六神曲40g，麦芽40g，松针粉200g。

用法：按每千克饲料5～10g，混饲，连用3～5天，停喂3天，再连用3～5天。

【处方6】板蓝根当归散

板蓝根60g，当归60g，苍术40g，黄连60g，金银花100g，六神曲70g，麦芽90g，诃子20g。

用法：按每千克饲料20g，混饲，连用7天。

【处方7】九味黄芪颗粒

黄芪225g，续断150g，白术150g，杜仲225g，白芍90g，补骨脂150g，山药300g，大枣150g，砂仁75g。

用法：煎汁，按每升水0.5g，混饮，连用3～5天。

【处方8】五味贞芪散

女贞子100g，淫羊藿100g，松针650g，五味子100g，黄芪50g。

用法：按每千克饲料5g，混饲，连用5～7天。

【处方9】蛋鸡宝

党参100g，黄芪200g，茯苓100g，白术100g，麦芽100g，山楂100g，六神曲100g，菟丝子100g，蛇床子100g，淫羊藿100g。

用法：按1只鸡1～3g，混饲，连用7天。

二十、新母鸡病

新母鸡病是近几年来我国蛋鸡生产中最为突出的疾病之一，给养鸡业带来很大损失。刚开产的鸡群当产蛋率超过20％时陆续暴发，凌晨1～2点为死亡高峰。

1. 诊断要点

（1）病因

① 滤过性病毒病（如冠状病毒病）引起。

② 输卵管炎、肾炎的存在或大肠杆菌病的继发。

③ 日粮中钙、磷缺乏或比例失调，饲料配方不合理等。

④ 应激因素，包括生理性应激和环境应激。如当鸡舍内、外温差太小或通风不良时造成血氧含量过低，热应激造成体温升高，呼吸加快造成大量二氧化碳流失，加上饮水不足，导致体内 pH 值上升，造成碱性偏高中毒等。

（2）临床症状　产蛋母鸡（150 日龄左右）突然发病、死亡，初期发病率高，此后病鸡零星死亡，病程可达数周。病鸡精神沉郁，排白色或水样稀便、恶臭或蛋清样粪便，泄殖腔周围羽毛被沾污，脱水，皮肤干燥，眼睛下陷，产蛋率上升缓慢或停止不前。有的病鸡瘫痪不起，子宫部内常有一已经形成的硬壳蛋，挤出后可好转，若不能排出，病鸡可在夜间突然死亡。

（3）剖检病变　见皮肤脱水、干燥，鸡冠、肉髯及面部呈紫色；肌肉瘀血或苍白；嗉囊扩张，内含大量刚食入的食物；腺胃变薄、变软，溃疡或穿孔，腺胃乳头流出红褐色液体，黏膜有血水样脓液渗出物，肌胃内含有发酵饲料，卡他性肠炎，肠道内有黏液栓塞物；胸腔壁出血、潮红；肾脏肿大，有白色尿酸盐沉积；肝脏瘀血或有散在灰白色坏死灶；胰腺变性、坏死，或呈黄白相间状；输卵管水肿，卵泡充血、出血，子宫部常有一硬壳成形蛋，多伴发卵黄性腹膜炎。

2. 防治措施

请参考蛋鸡产蛋异常综合征防治措施中的描述。

二十一、鸡肿头综合征

是以头部肿胀及呼吸道症状为特征的一种急性病，4～7周龄的商品肉鸡和育成鸡常发病，也见于成年蛋鸡，传播迅速，2 日内可波及全场各群，发病率一般为10％～50％，病死率为1％～20％，病程为 10～14 天。

1. 诊断要点

（1）病因

① 环境因素：潮湿、污浊的饲养环境加上通风不良等因素造成鸡舍内有害细菌大量繁殖和有害气体含量严重超标，诱发肿头综合征。

② 疾病因素：禽肺病毒病、大肠杆菌病、慢性呼吸道病、传染性鼻炎、禽痘、

流感等造成鸡群不同程度的肿头肿脸，且呈现传播之势。

③ 疫苗因素：传染性喉气管炎疫苗、传染性支气管炎疫苗、新城疫疫苗等滴鼻、点眼后，引起眼睑肿胀乃至整个头部肿大，特别是喉气管炎疫苗免疫后的肿头肿脸长时间难以消除，药物或灭活疫苗颈部皮下注射后造成脖颈部发炎肿胀，炎症波及面部及整个头部。

④ 营养因素：饲料营养不平衡，如维生素 A 缺乏引起的眼部或面部肿胀。

（2）临床症状　病鸡咳嗽、喘鸣，眼鼻流出分泌物，结膜炎，鼻窦和眶下窦及面部肿胀。产蛋鸡表现为精神沉郁，产蛋量下降，斜颈、定向障碍等，部分病鸡在48 小时内脸部明显水肿。

（3）剖检病变　头部周围皮下组织充满胶冻状渗出物或化脓；严重时肉髯发绀和肿胀，结膜炎，角膜溃疡。蛋鸡见卵黄性腹膜炎，腹腔内有脱落的卵黄和蛋壳碎片等。

2. 防治措施

（1）预防　改善鸡舍卫生条件，降低饲养密度，合理通风与换气，减少空气中的氨气浓度，做好常规疫苗的接种等。

（2）治疗　选用敏感抗生素饮水或拌料，配合多种维生素电解质或复方维生素纳米乳饮水，饲料中添加清热解毒、活血化瘀、止咳平喘的中药制剂辅助治疗。

【处方1】普济消毒散

大黄 30g，黄芩 25g，黄连 20g，甘草 15g，马勃 20g，薄荷 25g，玄参 25g，牛蒡子 45g，升麻 25g，柴胡 25g，桔梗 25g，陈皮 20g，连翘 30g，荆芥 25g，板蓝根 30g，青黛 25g，滑石 80g。

用法：按 1 只鸡 1 天 1～3g，拌料饲喂，连用 3～5 天。

【处方2】黄连、玄参、陈皮、桔梗各 1000g，黄芪、板蓝根、连翘各 2000g，马勃、牛蒡子、薄荷、僵蚕、升麻、柴胡、甘草各 500g。

用法：分 3 份，每天 1 份，水煎取汁，供 3000 只鸡饮用，1 天 2 次，连用 3 天。

二十二、鸡 啄 癖

又称恶食癖、异嗜癖。患鸡喜啄食羽毛、肌肉、蛋品及其他异物，降低了肉用鸡的级别，增加蛋品损耗和鸡群死亡率，造成很大的经济损失。

1. 诊断要点

（1）病因　主要是饲料营养不足，如缺盐、微量元素、维生素、含硫氨基酸、糠麸等。管理不良时，如密度过大、光照太强、不合理混群等也可诱发本病。某些疾病，如外寄生虫感染、外伤等也可发生本病。

（2）临床症状　根据癖好的不同，主要分为啄肛癖、啄羽癖、食肉癖、食蛋癖、啄趾癖、异食癖等几种病型。

（3）诊断　根据临床症状做出诊断。

2. 防治措施

消除病因，平衡日粮，雏鸡及时断喙，根据鸡的不同生长阶段及时补充矿物质和微量元素。

【处方1】

氯化钠   1%～2%

用法：加入饲料或饮水中，连续2～3天。

说明：用于缺少食盐引起的啄肛、啄趾、啄翅等恶癖。该法使用时应密切关注鸡群状态，防止氯化钠过量中毒。也可用以下两法治疗鸡啄蛋癖：①蛋壳炒后让鸡啄食；②鲜蚯蚓洗净，煮3～5分钟，拌入饲料饲喂，每只蛋鸡每天喂50g左右，既能防治啄蛋癖，又可增加蛋白质，提高产蛋量。

【处方2】

生石膏   0.5～3g/只

用法：拌入饲料中饲喂，连用3天。

【处方3】

硫酸钠   0.5～1g/只

用法：拌入饲料中饲喂，连用3天。

【处方4】

维生素 B_{12} 10mg

用法：1只鸡1次肌内注射，1天1次，连用3～7天。

【处方5】

硫酸亚铁   0.5g

用法：拌入1kg饲料中饲喂，连用3～7天。

【处方6】

茯苓250g，防风250g，远志250g，郁金250g，酸枣仁250g，柏子仁250g，夜交藤250g，党参200g，栀子200g，黄柏500g，黄芩200g，麻黄150g，甘草150g，臭芜荑500g，炒神曲500g，炒麦芽500g，石膏500g（另包），秦艽200g。

用法：混匀、粉碎，开水冲调，焖30分钟，一次拌料，供1000只成年鸡5天使用（小鸡酌减），1天1剂，连用3～5天。

【处方7】

茯苓8g，远志10g，柏子仁10g，甘草6g，五味子6g，浙贝母6g，钩藤8g。

用法：水煎取汁，供10只鸡1次内服，1天3次，连用3～5天。

说明：本方治疗鸡啄癖，效果良好。还可选用以下方剂：①牡蛎90g，1kg体重每天3g，拌料内服；②远志200g，五味子100g，共研细末，混于10kg饲料中，供100只鸡1天喂服；③羽毛粉，按3%的比例拌料饲喂。

【处方8】生石膏粉，苍术粉。

用法：在饲料中添加3%～5%生石膏粉及2%～3%的苍术粉饲喂，连用3天。

说明：本法适用于鸡啄食羽毛癖。应用本方同时注意清除嗉囊内羽毛，可用灌油、钩取或嗉囊切开术。

参 考 文 献

[1] 孙卫东. 鸡病诊治原色图谱 [M]. 北京：机械工业出版社，2018.

[2] 刘永生. 鸡病早防快治 [M]. 第 2 版. 北京：中国农业科学技术出版社，2018.

[3] 刘永明，赵四喜. 禽病临床诊疗技术与典型医案 [M]. 北京：化学工业出版社，2017.

[4] 刘金华，甘孟侯. 中国禽病学 [M]. 第 2 版. 北京：中国农业出版社，2016.

[5] 沈建忠，冯忠武. 兽药手册 [M]. 第 7 版. 北京：中国农业大学出版社，2016.

[6] 王新华. 鸡病诊疗原色图谱 [M]. 第 2 版. 北京：中国农业出版社，2015.

[7] 孙卫东. 土法良方治鸡病 [M]. 第 2 版. 北京：化学工业出版社，2014.

[8] 胡元亮. 兽医处方手册 [M]. 第 3 版. 北京：中国农业出版社，2013.

[9] Y M Saif 著，苏敬良，高福，索勋译. 禽病学 [M]. 第 12 版. 北京：中国农业出版社，2012.

[10] 刁有祥. 鸡病诊治彩色图谱. 北京：化学工业出版社，2012.

[11] 崔治中. 禽病诊治彩色图谱（第二版）. 北京：中国农业出版社，2010.

[12] 吕荣修. 禽病诊断彩色图谱. 北京：中国农业大学出版社，2004.

[13] 辛朝安. 禽病学 [M]. 第 2 版. 北京：中国农业出版社，2003.

鸡病诊疗与处方手册